Für Baba

Vorwort	12
Warum ist Nachhaltigkeit so wichtig?	
Der Grüne Hund als Anregung etwas zu ändern	14

Zum Wohle der tierischen Freunde:
Zwischen Hundeliebe und Kuhkonsum — 18

Zwei Tonnen Hund	
Wie Baba in mein Leben trat	24
Deutsche Tierheime kämpfen um ihre Existenz	
Jedes zweite Tierheim am Rande der Insolvenz	27
Durch Konsumverhalten Tierschutz praktizieren –	
Und was man noch für einen nachhaltigen Tierschutz machen kann	33
→ *So gründest du einen Verein*	*37*
Mopsfidel? Weit gefehlt!	
Über das Massenphänomen Qualzucht	40
Qualzucht: 18 Hunderassen auf dem Index	
Christoph Jung über das gestörte Mensch-Hund-Verhältnis und die dringende Wende in der Hundezucht	45
Auf unterschiedlichen Wegen zum Tierwohl	
Ziele und Herausforderungen deutscher und internationaler Tierschutzorganisationen	53
→ *Kurze Geschichte des Tierschutzes*	*60*
»Ich kann viele Katzen retten, aber kein einziges Schwein«	
Wie eine Tierschützerin für die Rechte der Nutztiere kämpft	61
Tierschutzhunde brauchen kein Mitleid	
»Bio Hund und Katz« vereint Tierschutz mit Ernährungsberatung, Tierheilpraxis und Tierpension	64
Tops & Flops	66

Was kommt in den Napf? Zwischen den Interessen der
Futtermittelindustrie und den Hundebedürfnissen — 68

Eine saubere Sache	
»Clean Feeding« plädiert für einen reinen Hundenapf	75

»Schlecht gebarft ist immer noch besser als Fertigfutter«
  Über das Geschäft mit kranken Tieren 80
Zu viel Fleisch macht krank
  Warum ein Tierarzt vegane Fütterung verordnet 83
Ist Bio-Fleisch die Alternative?
  Auch in der Biohaltung leben und sterben Tiere häufig unter
  schlechten Bedingungen 88
Hundeliebe und Kuhverachtung existieren nah beieinander
  Über das schizophrene Verhältnis zu Tieren 91
Veganes für den Hund?
  PETA Deutschland e.V. will alle Tiere schützen und plädiert für
  vegane Hundeernährung 94
»Die Futtermittelbranche kennt keine Ekelgrenzen«
  Hans-Ulrich Grimm über seine Recherchen zu »Katzen würden
  Mäuse kaufen« 98
→ *Der Hundefuttermarkt* *103*
Futtermittel-Sorten: Definition und Wirklichkeit
  Warum der gesunde Menschenverstand besser ist als Etiketten 104
Analytische Bestandteile und Zusammensetzung von Futter
  Futterdeklarationen lesen lernen 108
→ *Worauf man bei den Inhaltsstoffen achten muss* *110*
Hundefutter von der blonden Kuh
  »Oscar & Trudie« macht Bio-Hundefutter im Glas 112
Bio-Hundefutter: Früher etwas für Aliens
  Hermann's Manufaktur: Von Etepetete zum Marktführer 115
Ist BALF das neue BARF?
  J. Meißmer macht Frischfleisch durchs Trocknen haltbar 119
Naftie: Karma in der Dose
  Kann man mit Hundefutter die Welt besser machen? 122
VegDog: Tierliebe aus der Dose?
  Zwischen Bauplänen und veganem Nassfutter 126
Canivora: Von der Weide in den Napf
  Eine Schweizer Einkaufsgemeinschaft macht das Barfen leichter 130

Fleischlos. Getreidefrei. Kreativ.
  Die Green Dog Bakery   133
Psychotherapie im Keks
  Phyllis setzt auf Bachblüten für Hunde   136
Kreatives im Napf
  Kochpfoten.de bietet erprobte Rezepte für Hundehalter   139
Tops & Flops   142

Gesundheit:
Zwischen Schulmedizin und Naturheilkunde   **144**
Wie wirksam ist die Schulmedizin?
  Branchen-Kritikerin Jutta Ziegler hält nichts von Entwurmung,
  Spot-Ons und Light-Futter   148
Impfpraxis: Zwischen reellen und imaginären Risiken
  Tierheilpraktikerin Anne Sasson über den Sinn und Unsinn
  von Impfungen   157
→ *Leitlinien fürs Impfen*   *160*
Durchfall: Die häufige Plage
  Anne Sasson über die Ursachen und Heilmethoden   161
Ekzeme: Lästige Hautveränderungen
  Die Suche nach Ursachen und die Wahl der richtigen
  Behandlung   164
Da ist der Wurm drin
  Über den unbekümmerten Umgang mit der chemischen
  Entwurmung und natürliche Alternativen   168
wurmCHECK: Mit DNA-Analyse gegen Parasiten
  Oder warum Entwurmung nur bei Befall sinnvoll ist   170
→ *Alternative Entwurmungsmethoden*   *173*
»Am Ende haben alle Angst«
  Eine Studentin der Veterinärmedizin packt aus   176
Statt Spritze und Tablette
  Alternative Behandlungsmethoden von Akupunktur bis
  Vitalblutdiagnostik   180

Antibiotika und Kortison: Muss das sein?
    Zwei Tierärztinnen auf alternativen Wegen ... 186
Sunasar: Bachblüten to go
    Bachblüten-Mixe für Hunde in allen Lebenslagen ... 189
Akupunktur ohne Nadel
    Doggy Deluxe bietet in Berlin Shiatsu für Hunde ... 192
Der Mann hinter dem Molekül X
    Dirk Schrader: Ein streitbarer Tierarzt mit einem Faible für Chlorioxid ... 195
Tops & Flops ... 198

Pflege- und Therapieprodukte:
Zwischen Chemiekeule und Naturkosmetik ... **200**
Zecken- und Flohschutz
    Die natürlichen Alternativen für chemische Spot-ons, Shampoos
    und Sprays ... 205
Wenn Hildegard von Bingen heute leben würde
    Oder wie »Lila loves it« Natur mit High-Tech verbindet ... 209
»Wir haben Angst vor Giftködern, schmieren aber Gift ins Hundefell«
    »Hund und Herrchen« oder wozu der Hund Naturkosmetika brauchen ... 213
Eine handgemachte Seife muss reifen
    LindGrow macht Seifen für Hunde mit Ekzemen, Parasiten
    und unerwünschten Duftnoten ... 216
Tops & Flops ... 219

Zubehör für Hunde: Zwischen Mode und Minimalismus ... **220**
Giftiges Hundespielzeug
    Studie testet Kunststoff-Spielzeuge bekannter Marken ... 224
Nähross statt Stethoskop
    Wie aus einer Tierärztin eine Sattlerin wurde ... 227
Ein Traum von 40 Fuß Länge
    Oder wie Sleepy Dog den Sprung von China nach Deutschland schaffte ... 230
Hundenerd: Wie ein guter Turnschuh
    Ein Hundegeschirr, das mit Druck fertig wird ... 234

Treusinn: Aus Sehnsucht nach schönen Sachen
   Wie ein althochdeutscher Begriff die moderne Hundeszene erobert   237
Hanf für Hunde!
   Robustes Seilspielzeug von Betty Woof   241
Quadratisch, praktisch, Hund
   Darling Little Place: Inneneinrichtung von Hunden mitentwickelt   245
Unique Dog: Stil mit Sinn
   Ökologisches Zubehör für Haustier und Halter   247
Hundeträume im Upcycling-Stil
   Hundezubehör aus alten Sicherheitsgurten   250
Wie Berlin-Kreuzberg
   »FreiSchnauze« bietet kreative Handarbeit für Schweizer Hundehalter   253
Ohne Chichi und Bling-Bling
   Hundeladen für echte Hundskerle   255
Das kommt in die Tüte
   Kotbeutel: Zusammensetzung und ökologischer Abdruck   257
Die perfekte Tüte gibt es noch nicht
   Die Qual der Wahl bei Gassibeuteln   263
Der »Poop« mit Pepp
   Pooplino macht Hundekotbeutel aus recycelten PET-Flaschen   266
Tops & Flops   269

Anhang   272

»Dortmunder Appell«
   für eine Wende in der Zucht zum Wohle der Hunde   274
Hundefutter-Lexikon
   Die Zutaten aufgeschlüsselt   278
Zusatzstoffe: Das Spiel mit den »E«
   Was versteckt sich hinter den E-Nummern?   289
Bedenkliche Zutaten in Hundeshampoos
   Chemische Formeln leicht gemacht   292

Anmerkungen	298
Bildverzeichnis	300
Adressverzeichnis	**302**
Tierschutz-Organisationen	305
Futter	308
Tierärzte	310
Heilpraktiker	310
Ernährungsberater	310
Hundezubehör	310
Pflegeprodukte	312

Vorwort

Als ich auf die Idee zu diesem Buch kam, war ich der festen Überzeugung, einen Ratgeber zu schreiben, der jedem interessierten und offenen Hundemenschen DEN grünen Weg zeigen wird. Der Plan in meinem Kopf war klar: Wenn ich nur plausibel erkläre, warum ich einen Hund adoptiere und nicht kaufe, wieso ich ihn mit frischer Nahrung statt mit Trockenpellets versorge und ihn versuche fern von Chemie zu halten, applaudiert die breite Leserschaft – von meinen schlagenden Argumenten tief beeindruckt – und ändert ihre eigenen Gewohnheiten. Mit der Zeit überkam mich aber ein leiser Zweifel, ob ich mit meiner Linie nicht doch ins Missionieren verfalle. Ja, ich wollte anstecken, mitreißen, begeistern. Eine Lawine lostreten. Aber Besserwisserin sein wollte ich nicht.

Auf der Suche nach dem grünen Weg habe ich in den letzten Monaten 7.000 Kilometer in Deutschland, Österreich und der Schweiz zurückgelegt. In Gesellschaft meiner beiden Hunde fuhr ich mit dem Auto. Wenn ich alleine gereist bin, wählte ich den Zug. Ich habe viele außergewöhnliche Menschen getroffen, hinter die Kulissen ihrer grünen Konzepte geschaut und die Nachhaltigkeit ihrer Ideen unter die Lupe genommen. Und mit jedem neuen Gesprächspartner, mit jeder neuen Geschichte begriff ich, dass es nicht den einen grünen Weg gibt. Und auch nicht die eine Methode, einem Hund ein möglichst artgerechtes Dasein zu bieten. Und es gibt erst recht nicht ein effektives Mittel, das Schicksal der Nutztiere schlagartig und dauerhaft zu verbessern. Vor allem aber hatte ich selbst auch die Einsicht: Ein 100 Prozent umweltfreundliches Konsumverhalten ist in der heutigen Zeit so gut wie ausgeschlossen. Es sei denn, du lebst als Selbstversorger auf einem Bauernhof, brauchst kein Auto und musst auch nicht die Entscheidung treffen, ob eine vegane, aber erdölbasierte Hundeleine besser ist als eine aus Leder von artgerecht gehaltenen Wasserbüffeln, weil du dir selbst eine Leine basteln kannst: mit einer Schnur aus Hanf, den du im Garten anbaust. Wenn du überhaupt eine Leine brauchst.

Also ist es – für meine Verhältnisse – ein leiseres Buch geworden und ganz sicher kein Paukenschlag. Ein Buch der vielen nachhaltigen Pfade für Hundehalterinnen und Halter, aber kein Wegweiser für den einen grünen Weg, den es im 21. Jahrhundert nicht mehr geben kann. Denn die Welt ist so komplex geworden, die Industrie so global verflochten, dass man die Auswirkungen einzelner Entscheidungen kaum überblicken kann. Wir können nur kleine Schritte gehen, um die Welt – die eigene und die der Tiere – ein Stückchen besser zu machen. Jeder auf seine Art. Hauptsache, wir tun etwas. Ich hoffe, mein Buch macht deinen Weg dahin leichter.

Kinga Rybinska mit ihren beiden Tierschutz-Hündinnen Shila und Fasa

Warum ist Nachhaltigkeit so wichtig?

Der Grüne Hund als Anregung etwas zu ändern

Ich bin sicher, »Nachhaltigkeit« schafft es irgendwann mal aufs Podium beim Unwort des Jahres. Zum Buzzword des Monats ist es sicherlich in verschiedenen Unternehmen schon mehrmals gewählt worden. Der Begriff erscheint irgendwie überall. Er unterwandert regelrecht alle Bereiche des privaten und des öffentlichen Lebens. Leider ohne nennenswerte Folgen für die Umwelt – der Mensch bleibt ein Verbrecher, das Tier zieht immer den Kürzeren. Der Mensch ist für die Massentierhaltung, Überfischung, pflanzliche Monokulturen, Qualzucht, Artensterben, BSE und andere Umweltkatastrophen verantwortlich. Und dieses Buch wird das nicht ändern. Nicht global jedenfalls. Es kann aber viele einzelne Menschen erreichen. Es erreicht auch dich. Und irgendwann mal kommt der Stein ins Rollen.

Nachhaltigkeit ist der einzige Weg

Für mich ist Nachhaltigkeit keine Worthülse und auch keine Alternative, sondern die einzige Möglichkeit, den Weltuntergang etwas hinauszuschieben. In der heutigen Gesellschaft sehe ich gerade die Hundehalter prädestiniert dafür, mit gutem Beispiel voranzugehen: Hundemenschen sind – in der Regel – tierlieb und naturverbunden. Ist das nicht die perfekte Voraussetzung, das Augenmerk auch auf die Belange der Umwelt im größeren Kontext zu richten? Den Blick für die Kuh zu schärfen, die in der Futterdose landet? Und sich auch klar über die Auswirkungen zu werden, die Haustiere auf die Umwelt haben? Schließlich tragen sie mit der von uns verabreichten fleischbasierten Ernährung nicht unerheblich zu der Umweltbelastung bei. Ich bin überzeugt, dass du als ein wissensdurstiger Hundehalter genug Bereitschaft mitbringst, deine eigene kleine Welt und das Wohl deines Hundes auch in größeren Dimensionen zu sehen.

Nachhaltigkeit in Wirtschaft, Ökologie und Soziologie

Nach dem bekannten Drei-Säulen-Modell[1] ist Nachhaltigkeit ein Zusammenspiel aus Wirtschaft, Ökologie und Soziologie, alle Komponenten sind dabei ebenbürtig. Das übergeordnete Ziel ist, in der Gegenwart keine irreversiblen Veränderungen an der Welt vorzunehmen, die die Existenz von künftigen Generationen negativ beeinflussen könnten. **Ökologische Nachhaltigkeit** hat den Anspruch, keinen Raubbau an der Natur zu betreiben. Die natürlichen Lebensgrundlagen dürfen nur in dem Maße beansprucht werden, wie sich diese auch regenerieren können. **Soziale Nachhaltigkeit** sieht vor, dass alle den gleichen Zugang zu Chancen haben, Ressourcen gerecht verteilt sind und keine Gruppe bevorzugt oder vernachlässigt wird. **Ökonomische Nachhaltigkeit** betrifft eine Wirtschaftsweise, die auf langfristigen Erfolg ausgerichtet ist, Ressourcen sparsam einsetzt und Prozesse effizient gestaltet. Nach eben diesen Kategorien habe ich auch die Themen, Interviewpartner, Manufakturen und Konzepte ausgewählt, die hier vorkommen: gute Konzepte, umweltfreundliche Materialien, biologisch erzeugte Lebensmittel mit kurzen Transportwegen, mitarbeiterfreundliche Arbeitsmodelle, soziale Werkstätten, langfristige Strategien. Für mich persönlich bedeutet Nachhaltigkeit vor allem aber die dauerhafte Fähigkeit zu teilen: Denn regionale Manufakturen mit grünen Zielen geben anderen sehr viel ab. Sie zahlen bessere Löhne, kaufen teurer ein, unterstützen oft Menschen mit Behinderung, erlauben eigenen Mitarbeitern eine gute Work-Life-Balance, spenden an den Tierschutz, gewähren Tieren mehr Lebensraum und schenken ihnen eine längere Zeit auf Erde. Kurzum: Sie teilen gerne.

Die Grenzen der Nachhaltigkeit

Bei meinen Recherchen habe ich gezielt nach »grünen Überzeugungstätern« gesucht, die mit ihrem Engagement zugunsten der Umwelt, des Menschenwohls und des Tierschutzes keine – primär – wirtschaftlichen Ziele verfolgen. Es gibt schließlich genug Unternehmen, die den Begriff Nachhaltigkeit oder Corporate Social Responsibility nur für Werbezwecke missbrauchen. Die Spreu vom Weizen zu trennen – also die echten Macher von den Wort-Jongleuren zu unterscheiden – war noch relativ einfach. Das Feuer und die Leidenschaft – selbst wenn sie auf leisen Sohlen kommen – lassen sich ja auf Dauer nicht vortäuschen. Viel schwieriger war es, die Grenzen der Nachhaltigkeit zu akzeptieren oder auch kleine Zwischenschritte als grüne Erfolge zu honorieren.

Mein Anliegen
Mit meiner Wahl der Gesprächspartner habe ich versucht, ein ganzes Spektrum der modernen, nachhaltigen Hundehaltung abzubilden: von der Adoption über Ernährung und therapeutische Behandlungen bis zum Zubehör für Hund und Halter. Ich habe eingefleischte Experten, aber auch blutige Anfänger zu Wort kommen lassen. In meinem Buch erscheinen Unternehmer, die mit ihren grünen Konzepten bereits auf dem Markt etabliert sind, Privatpersonen, die ihr Leben dem Tierschutz gewidmet haben, und Ärzte oder Therapeuten, die nach Lösungen in der Natur statt im Arzneimittelverzeichnis suchen. Sie alle sind ein lebender Beweis dafür, dass grüne Aktivitäten nicht nur möglich, sondern auch sinnstiftend und – angesichts der erschreckenden Entwicklung weltweit – auch unbedingt notwendig sind. Die breite Palette der unterschiedlichen grünen Alternativen soll möglichst viele Hundehalter zum Nachdenken und Nachahmen anstiften – auch, wenn sie sich nur für die eine oder andere Änderung in ihrem Leben entscheiden.

Ein alternatives Handbuch
Es ist mir durchaus bewusst, dass dieses Handbuch ein eher ungewöhnliches Format hat: »Grüner Hund« ist kein herkömmliches Nachschlagewerk mit rein wissenschaftlichen, alphabetisch gelisteten Inhalten. Vielmehr findet man hier Reportagen und Interviews zu ausgewählten Sachfragen. Deswegen ist »Grüner Hund« eine Art Handbuch für Enthusiasten, die sich Zusammenhänge erlesen.

Ein letzter Dank

Meiner Schwester Kasia möchte ich für ihren unerschöpflichen Optimismus danken, mit dem sie mich immer wieder ansteckt. Matthias danke ich für seine Geduld und den Glauben an mich. Ein Fels in der Brandung. Meinen Freunden verdanke ich ihre Zeit, ihr Know-how und ihre guten Vibrations, die mich durch das ganze Projekt begleitet haben. Den vielen – mir bekannten und auch fremden – Unterstützern, die das Crowdfunding-Projekt für sinnvoll erachtet haben, bin ich sehr verbunden. Ohne euch gäbe es das Buch nicht. Danke.

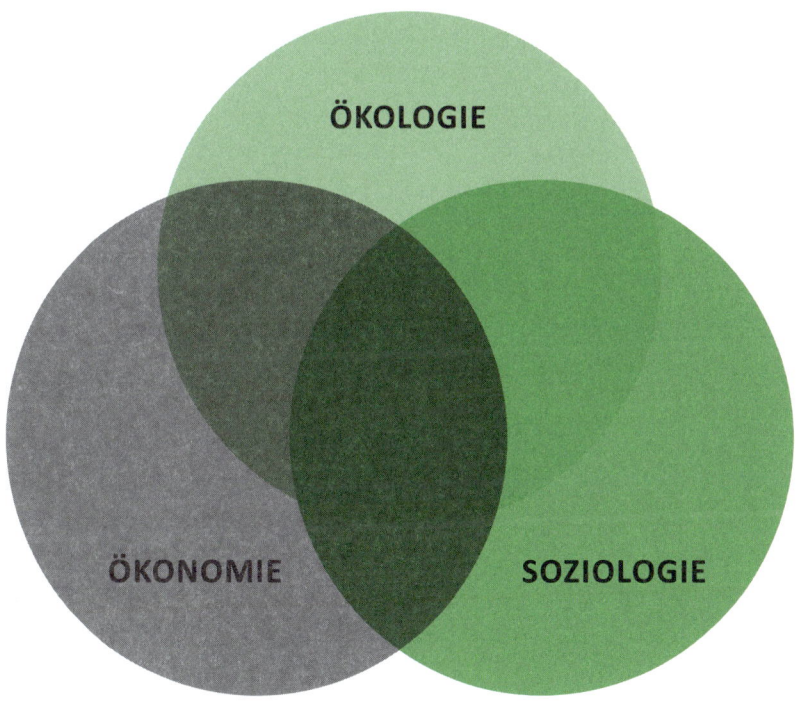

Nachhaltigkeit nach dem Drei-Säulen-Modell

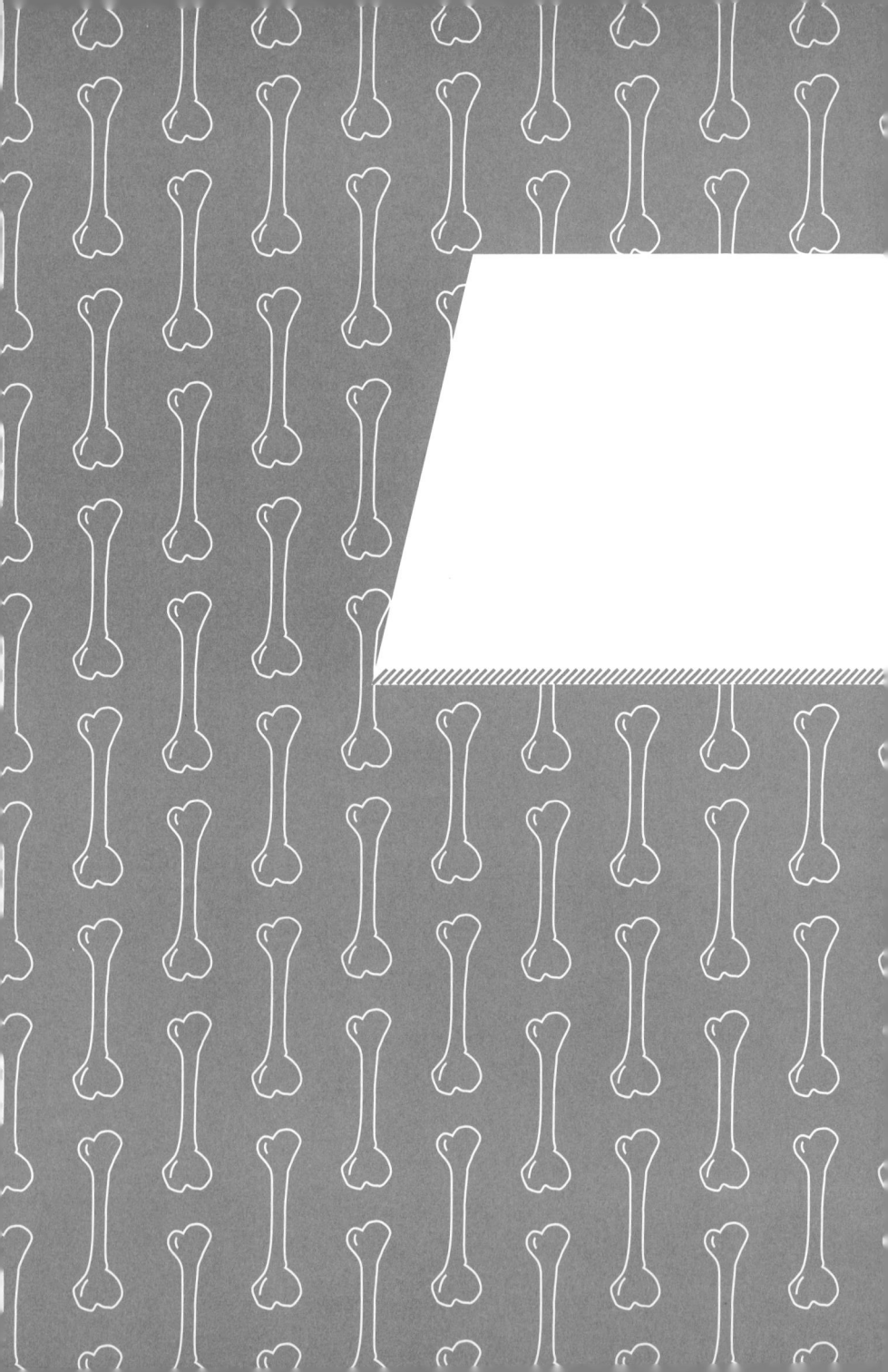

Zum Wohle der tierischen Freunde: Zwischen Hundeliebe und Kuhkonsum

Eigentlich ist mein ganzes Buch dem Tierschutz gewidmet. Denn in meinen Augen gehört dazu nicht nur, dass man ab und an für bedürftige Tiere spendet. Der Tierschutz fängt im Futternapf der Haustiere an. Oder sogar schon im Stall der Nutztiere, die später im Futternapf landen. Tierschutz heißt auch: schonende, nach Möglichkeit chemiefreie Behandlung im Krankheitsfall, naturbelassene Pflegemittel oder unbedenkliches Zubehör, mit dem der Hund in Berührung kommt.

Das ewige Dilemma

Tierschutz ist extrem vielschichtig, weil wir – wie es Melanie Joy treffend formuliert – »Hunde lieben, Schweine essen und Kühe tragen« und den Widerspruch meist erfolgreich ausblenden.[2] Doch er existiert. Die Nutztiere, die später in dem Napf unserer ach so geliebten Hunde landen, verdienen ebenfalls Respekt und ewige Dankbarkeit. Viele Tierschutzorganisationen greifen diesen Widerspruch auf und plädieren für vegetarische oder vegane Ernährung, wie etwa die PETA, die Albert Schweitzer Stiftung oder die SOKO Tierschutz. Die wenigsten Tierhalter würden in der Konsequenz für ihren Hund einen veganen Lebensstil wählen. Trotz des Schicksals der Nutztiere argumentieren Tierhalter mit der artgerechten Ernährung der so genannten Carnivoren (Fleischfresser). Ich gehöre auch dazu, bin allerdings überzeugt, dass auch moderate Mengen von hochwertigem Fleisch im Hundenapf langfristig eine Verbesserung für die Nutztiere nach sich ziehen. Vorausgesetzt, mehr Menschen reflektieren ihr Konsumverhalten. Und vorausgesetzt, die Politik macht mit. Die Massentierhaltung in der heutigen Form gehört jedenfalls schnellstens verboten. Nicht nur im Interesse der Nutztiere, sondern auch zum Wohle der Menschen (und ihrer Haustiere), die dadurch vor ungesunden Zusätzen, die im Billigfleisch vorhanden sind, und klimaschädlichen Auswirkungen der ausbeuterischen Landwirtschaft verschont werden.

Weltweiter Fleischkonsum steigt

Der Fleischkonsum in Deutschland fällt seit einigen Jahren. Die positive Entwicklung ändert aber leider nichts an der Zahl der Tierschlachtungen, weil das überschüssige Fleisch exportiert wird: In Ländern wie China oder Brasilien konsumieren die Menschen im Zuge ihres steigenden Wohlstands nicht nur selbst mehr Fleisch, sondern halten auch mehr Haustiere, die ebenso Fleisch bzw. viel mehr fleischbasiertes Futter bekommen. Noch ist der Trend zu mehr Fleisch global unaufhaltsam. Doch gibt es Zeichen, die auch in eine andere Richtung weisen.

Gut für die Seele

Aktuell haben 44 Prozent aller deutschen Haushalte einen tierischen Mitbewohner. Das wirkt sich aufs Gemüt aus – und zwar äußerst positiv, besonders im Falle der Hundehalter. Zahlreichen Untersuchungen zufolge fördern Hunde soziale Kontakte[3], lindern Stresssymptome[4] und beruhigen. Menschen mit Tieren haben einen niedrigeren Blutdruck im Vergleich zu Menschen unter ähnlichen Lebensumständen ohne Tierkontakt[5]. Hundehalter leiden zudem seltener an saisonal bedingten Depressionen, dem sogenannten »Winter-Blues«. Chronisch kranke oder frisch operierte Menschen, die einen Hund an ihrer Seite haben, sind entspannter, spüren weniger Schmerzen und benötigen weniger Medikamente. Das Beobachten von Tieren, Streicheln und Körperkontakt zu ihnen bauen Aggressionen ab. Tierkontakt wirkt auch angstmindernd, vor allem Hunde reduzieren Ängste bei Menschen. Regelmäßige Bewegung mit dem Tier beugt Übergewicht vor, unterstützt das Immunsystem und senkt Cholesterinwerte. Das wirkt sich wiederum positiv auf die Herz-Kreislauf-Gesundheit aus. Laut der Heimtierstudie[6] der Universität Göttingen erspart die Hundehaltung dem deutschen Gesundheitswesen jährlich 1,5 bis 3 Milliarden Euro. Unter diesem Gesichtspunkt bieten Hunde die beste Grundlage, um positiv gestärkt und im Einklang mit der Natur zu leben – sie machen uns jedenfalls leicht, auf grünen Wegen unterwegs zu sein. Eigentlich.

Schlecht fürs Klima

Bei den unumstrittenen Vorteilen der Haustierhaltung und ihrer positiven Auswirkung auf die menschliche Psyche darf aber fairerweise auch die Tatsache nicht verschwiegen werden, dass Hunde (und Katzen) mit ihrer fleischhaltigen Nahrung einen beträchtlichen Treibhausgas-Ausstoß verursachen. Die Umweltfolgen einer fleischbasierten Ernährung sind weitaus größer als die einer pflanzlichen, weil für die Produktion mehr Fläche, mehr Energie und mehr Wasser benötigt werden. Auch Faktoren wie Bodenerosion, Pestizideinsatz und Abfallmenge spielen eine Rolle. Laut einer US-Analyse[7] hat der Fleischkonsum von Haustieren, die in 70 Prozent aller amerikanischen Haushalte gehalten werden, 64 Millionen Tonnen Kohlendioxid jährlich zur Folge, allein in den USA. Soviel beträgt die Klimabilanz[8] – also der hinterlassene CO_2-Fußabdruck – aller Einwohner von Berlin und Hamburg. Doch nicht nur die Futterproduktion, sondern auch die Abfallbeseitigung wirken sich negativ auf die Ökobilanz aus, schließlich muss das, was an Futter hineingeht, auch wieder hinaus: Geht man von durchschnittlich 300 Gramm Häufchen pro Tag pro Hund aus, fallen bei den – je nach Quelle – zwischen 7,9[9] und 10[10] Millionen in Deutschland lebenden Hunden etwa 2,4 bis 3 Millionen Tonnen Kot täglich an. Eine gewaltige Menge, die teilweise entsorgt werden und teilweise verrotten muss. Sinnvoll für die Umwelt wäre ebenfalls die teilweise pflanzliche Hundeernährung sowie alternative Proteinquellen aus Insekten wie Mehlwürmern oder Fliegenlarven. Sie sind anspruchslos in der Aufzucht, können meist mit organischen Abfällen gefüttert werden und haben nur geringen Platzbedarf. Allerdings gilt das nicht ausschließlich für Hunde, sondern auch für Menschen, deren Zahl bis zum Jahr 2050 auf neun Milliarden steigen soll und die mit ihrem bewussten Konsumverhalten einen wichtigen Beitrag zur Klimarettung leisten können.

Jeder kann zum Tierschützer werden

Auf dem Weg in die tierfreundlichere Zukunft kann jeder von uns etwas tun: dem Hund weniger, dafür aber hochwertiges, regionales Fleisch kaufen, das nicht aus grausamen Industriebetrieben kommt. Öfters kochen statt bloß die Tüte aufreißen. Fleischsnacks gegen vegane Leckerlis tauschen, einen bis zwei vegetarische Tage in der Woche einführen. Insektenfutter in Betracht ziehen. Und: Den besten Freund adoptieren statt design zu lassen.

Hausschwein als Fleischlieferant – kein Liebesobjekt

Zwei Tonnen Hund
Wie Baba in mein Leben trat

Baba war ein Zufall. Ich wollte einen ganz anderen Hund adoptieren, eine aufgeweckte Belgische Schäferhündin, die allerdings anderswohin vermittelt wurde. In Freiburg führte ich damals die Tierheimhunde aus und nahm häufiger Clementine mit, eine stark übergewichtige Rottweiler-Hündin. Ein armer, fetter Findling mit unbekannter Vergangenheit. Clementine war auf unseren Gassi-Runden in der Regel teilnahmslos, lief gleichgültig neben mir an der Leine und interessierte sich weder für mich noch für die Umgebung. Ich hatte nicht allzu viel Freude mit ihr, sie tat mir aber leid – ich wollte, dass sie wenigstens etwas von ihren 30 überschüssigen Kilos verliert. Bei einem unserer Gassi-Gänge begleitete mich mein damaliger Partner. Und Clementine war wie ausgewechselt: Sie brachte uns Stöckchen, animierte zum Spielen, legte sich mit Schwung auf den Rücken, um am Bauch gekrault zu werden, und schmuste mit uns. Sie tat einfach alles, was ein agiler, neugieriger, lebenslustiger Hund tut. »Sag mal, wollen wir nicht die Clementine adoptieren?«, fragte ich meinen Freund in einem Anfall von Übermut. »Bist du verrückt, zwei Tonnen Hund?«, fragte er zurück.

///

Hauptsache Rudel
Ein paar Tage später zogen die zwei Tonnen Hund bei uns ein. Aus Clementine wurde Baba, auf Polnisch »Weib«. Der Name schien mir passend, weil der süße Klotz so grobmotorisch und ungraziös unterwegs war, keine Elfe und ganz sicher keine Lady. »Rammbock« hätte ihr aber auch gestanden. Sehr schnell haben wir herausgefunden, wie Baba tickt. Nicht mein Freund, also nicht die männliche Gesellschaft, wie ich ursprünglich vermutet hatte, war der Grund für Babas gute Laune, sondern die Nähe des »Rudels«. Baba war nur ein ganzer Hund, wenn zwei oder mehr Menschen in der Nähe wa-

ren. Dann versprühte sie ihren Charme und glänzte mit überdurchschnittlicher Intelligenz. Sie lief immer ohne Leine – außer in der Stadt, als Alibi – und niemals weiter als fünf Meter von ihrem Menschen entfernt, meist direkt bei Fuß. Sie erledigte sogar ihr Geschäft auf Kommando, wartete dann aber oft, bis ich von meinem Abstecher zum Mülleimer wieder zurückkam und wir den weiteren Weg fortsetzen konnten. Der Tüte hinterher zu traben und wieder zurück, schien ihr häufig sinnlos. Sie war eine Einzelgängerin, anderen Hunden gegenüber vollkommen gleichgültig. Es zählte nur der Mensch. Wir verstanden uns wortlos. Sie war uns eine großartige Partnerin und treue Begleiterin. Eine Persönlichkeit, ein Dickkopf, ein süßer Fratz. Im Laufe der Zeit hat sie ihre überflüssigen Pfunde verloren, an Grazie aber keinen Deut gewonnen.

Dreijährige Freundschaft

Nach drei gemeinsamen Jahren, sie war ungefähr zehn, mussten wir sie leider wegen eines akuten Nieren- und Leberversagens gehen lassen. 2007 war ich wissenstechnisch leider nicht so weit wie heute. Ich hatte Baba regelmäßig entwurmen und impfen lassen, sie hatte auch Trockenfutter bekommen. Mit dieser Speiseplangestaltung gehörte ich zu den 45 Prozent der Hundehalter[11], die ihren Tieren Trockenfutter vorsetzen. Nach Einschätzung des Hamburger Tierarztes Dirk Schrader sind 80 Prozent der Todesfälle bei älteren Hunden und Katzen krebsbedingt. Den Zuwachs bei den Tumoren führt er auf das industrielle Futter zurück. »Mit den Umsatzzahlen der Futterindustrie stieg die Krebsrate massiv an«, behauptet der Arzt, der im Buch »Katzen würden Mäuse kaufen« zitiert wird.[12]

Unwissen schützt vor Strafe nicht

Babas Gebrechen führe ich auf mein Unwissen zurück. Und auf meine Gutgläubigkeit den Tierärzten gegenüber. Das Bewusstsein, das Leben des geliebten Tieres eigenhändig verkürzt zu haben, tut sehr weh. Ich klammere mich nur noch an den Gedanken, dass sie mit uns drei glückliche Jahre genossen hat. Unwissenheit schützt leider nicht vor Strafe. Für uns war es der viel zu frühe Abschied und die unsägliche Leere, die Baba hinterlassen hat. Von ihrer Vergangenheit wussten wir gar nichts. Außer, dass sie Vorbesitzer hatte, die ihr unheimlich viel beigebracht und sie krankhaft übergewichtig haben werden lassen. Dem gemeinsamen Lebensabschnitt mit Baba verdanke ich meine Schwäche für Rottweiler – und eine ganze Menge unvergesslicher Erinnerungen, die mich immer noch zum Lächeln bringen. Ich hatte Baba nie als Welpe erlebt, konnte sie nicht aufwachsen sehen – das ist bei Tierheimhunden sehr selten. Doch niemals – niemals! – hätte ich Baba gegen einen Welpen mit einer perfekten Ahnentafel getauscht. Nach meinen Begleitern werde ich immer in den Tierheimen suchen. Von Hundezucht halte ich nichts. Die Tierheime quellen über, dort gibt es Hunde jeder Größe, jeden Alters, Rassehunde und Mischlinge, die alle sehnsüchtig auf ihre Chance warten und die sich oft selbst aufgeben, wenn sie Hoffnung auf ein Zuhause verloren haben. Wer Tiere wirklich liebt, müsste eins adoptieren statt es designen zu lassen. Niemand braucht einen maßgeschneiderten Hund. Einen Hund zu adoptieren macht mich nicht zu einem besseren Menschen. Es macht aber das Hundeleben besser. Und das ist ein verdammt gutes Gefühl.

Baba, halb Hund, halb Mensch

Deutsche Tierheime kämpfen um ihre Existenz
Jedes zweite Tierheim am Rande der Insolvenz

Es wird wieder voll hinter den Mauern des hauptstädtischen Tierheims im Nordosten Berlins – die Ferienzeit beginnt. Zahlreiche Hunde, aber auch Katzen und Kleintiere, werden von ihren Besitzern ausgesetzt oder mit fadenscheinigen Begründungen abgegeben. Hinter Gittern des futuristisch anmutenden Rundbaus, der 2001 auf einer Fläche so groß wie 22 Fußballfelder errichtet worden ist, sitzen gerade 233 Hunde. Am schlimmsten trifft es die sogenannten Kampfhunderassen, die nur selten vermittelt werden. In Berlin sind das der Pitbull-Terrier, der American Staffordshire-Terrier und der Bullterrier sowie ihre Kreuzungen. Aber auch alte und kranke Tiere verbringen im Tierheim Monate, gar Jahre, bis sie ein Zuhause finden. Wenn überhaupt. Denn manchmal lautet das Urteil eben »lebenslänglich«. »Früher hat ein Hund durchschnittlich 110 Tage bei uns verbracht bis er adoptiert wurde. Heute sind es im Schnitt schon 148 Tage«, erklärt Kerstin Butenhoff, Pressereferentin des Tierheims. »Im Vergleich dazu bleiben die Listenhunde deutlich länger bei uns, durchschnittlich 484 Tage.« Eine Dissertation[13] an der Tierärztlichen Hochschule Hannover hat in 16 nordrhein-westfälischen Tierheimen unter 291 beobachteten Hunden eine Verweildauer von knapp 13 Monaten im städtischen und knapp 14 Monaten im ländlichen Gebiet dokumentiert. Deutlich über ein Jahr also. Eine lange Zeit für das verhältnismäßig kurze Hundeleben. Ein grünes, nachhaltiges Thema ist das deshalb, weil wir uns fragen sollten, ob wir die Hundezuchtmaschinerie immer weiter befeuern wollen oder einmal genauer hinschauen auf die Tiere, die »verwertungsökonomisch« eben nicht gleich weggehen.

Deutsche Tierheime gefährdet

In Deutschland existieren rund 1.400 Tierheime[14], dazu zählen auch tierheimähnliche Einrichtungen, Wildtierauffangstationen, Pflegestellen und Gnadenhöfe. Das Berliner Tierheim ist das größte nicht nur in Deutschland, sondern in ganz Europa und mit über 175 Jahren der zweitälteste Tierschutzverein der Bundesrepublik, gleich hinter dem 180 Jahre alten Stuttgarter Verein. Das Tierheim in der Hauptstadt bekommt wenig Unterstützung von der Kommune und finanziert sich vor allem von Spenden, Mitgliedsbeiträgen und Nachlässen zugunsten des Tierschutzvereins Berlin (TVB). Lediglich für die Fundtiere der Tiersammelstelle, die das Tierheim für Berlin betreibt, zahlt die Stadt. Über 90 Prozent der im Deutschen Tierschutzbund vereinten Tierheime nehmen Fundtiere und von den Kommunen beschlagnahmte Tiere auf. »Circa 80 Prozent davon erhalten Gelder über eine Pauschalzahlung, die anhand der Ausgaben der letzten Wirtschaftsjahre ermittelt wird«, erklärt Lea Schmitz, Pressereferentin beim Deutschen Tierschutzbund e. V. in Bonn. Die sogenannte Pro-Kopf-Umlage liegt nach Angaben des Deutschen Tierschutzbundes zwischen 0,20 und 1,50 Euro und ist regional unterschiedlich. Im Norden und Osten sei der Durchschnitt tendenziell höher als im Süden und Westen. Im Schnitt liege die Pro-Kopf-Pauschale bei etwa 0,50 Euro.

Nur punktuelle Verbesserung

Positive Entwicklungen und eine vorläufige Stabilisierung der angespannten Lage gibt es nur punktuell, etwa in den Tierheimen in Essen, Köln, Hameln, Gifhorn, Münster und Berlin. Das Berliner Tierheim beispielsweise hat einen neuen Vertrag mit dem Land ausgehandelt, der seit dem 1. Januar 2017 gilt. Insgesamt ist die Pauschalzahlung von 660.00 Euro pro Jahr auf 1,4 Millionen Euro erhöht worden. Das hört sich zwar recht viel an, im letzten Jahr sind bei dem Tierschutzverein allerdings Kosten in Höhe von rund drei Millionen Euro entstanden. »Die Vereine haben einen Rechtsanspruch auf den Ersatz von 100 Prozent ihrer Aufwendungen für die Aufnahme von Fundtieren und beschlagnahmten Tieren, in der Regel werden aber Verträge ausgehandelt, die diesen Bedarf nur zu 30 – 60 Prozent abdecken. Die Vereine nehmen damit ein wirtschaftliches Minus in Kauf, um überhaupt

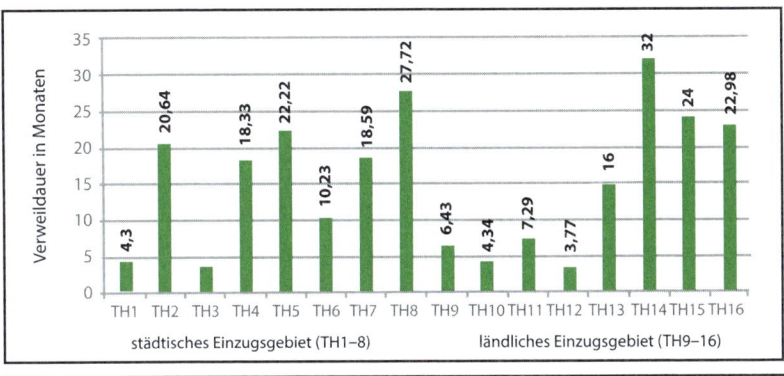
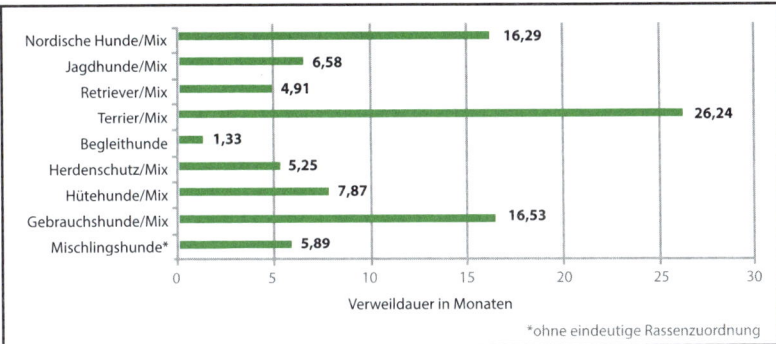

oben: Durchschnittliche Verweildauer von 291 beobachteten Hunden in 16 Tierheimen im städtischen und ländlichen Einzugsgebiet Nordrhein-Westfallens, Dissertation Ursula Mischke-Koning

unten: Durchschnittliche Verweildauer von 291 beobachteten Hunden in 16 Tierheimen Nordrhein-Westfallens unterteilt nach Gruppen, Dissertation Ursula Mischke-Koning

etwas in der Hand zu haben«, ergänzt Lea Schmitz. »Die Verpflichtung, Fundtiere aufzubewahren, besteht für sechs Monate. Nur 3 Prozent der von uns befragten Tierheime erhalten eine Kostenerstattung für eine Dauer der vollen sechs Monate«. Viele bekämen die Kosten nur für 28 Tage erstattet, andere Kommunen zahlen einen Pauschalbetrag. Allen gemeinsam sei, dass die Aufwandserstattung auch nicht annähernd kostendeckend ist. Die Differenz fangen die Tierheime in der Regel mit Spenden auf. »Sie subventionieren die Kommunen mit Spendengeldern«, so Lea Schmitz. »Oft ist die

Gesetzgebung zusätzlich belastend, statt hilfreich, besonders wegen der Hundeverordnungen der Länder, durch die insbesondere große Hunde und bestimmte Rassen im Tierheim landen und nur schwer vermittelbar sind. Das stellt die Tierheime vor kaum zu lösende Aufgaben.«

Knauserig trotz 300 Millionen Hundesteuer
Die unzureichende Finanzierung ist eines der größten Probleme, mit denen die deutschen Tierheime zu kämpfen haben. Das haben auch Sitzungen eines Runden Tisches ergeben, den das Bundesministerium für Ernährung und Landwirtschaft im September 2016 und April 2017 mit Vertretern der Tierschutzverbände und der für den Tierschutz zuständigen Landesministerien abgehalten hat. Zahlreiche Tierheime klagen darüber, notwendige Erweiterungen, Reparaturen, Sanierung oder Modernisierung nicht durchführen zu

Im Berliner Tierheim warten zurzeit über 230 Hunde auf eine zweite Chance können. Die Situation der Tierheime nannte Thomas Schröder, Präsident des Deutschen Tierschutzbundes ein »staatliches Versagen auf allen Instanzen«. Schuld daran sei vor allem ein sogenanntes »Bermudadreieck des Föderalen Systems«, in dem sich Bund, Länder und Kommunen die Kompetenzen gegenseitig zuschieben würden. Die Kommunen »winden sich häufig aus ihren gesetzlichen Pflichten, Fundtiere angemessen zu versorgen, indem sie Definitionen für Tiere in Not so auslegten, dass faktisch kaum ein Tier als Fundtier gelte«, so Schröder. Der Deutsche Tierschutzbund fordert einen Sonderinvestitionstopf von einmalig 50 Millionen Euro für dringende Maßnahmen in den Tierheimen. Das wäre lediglich ein Sechstel der 300 Millionen Euro, die die Kommunen jährlich an Hundesteuer einnehmen.

Sonderfall Auslandstiere

Neben den herkömmlichen Abgabe- und Fundtieren nehmen manche Tierheime auch noch Straßenhunde oder Tierheiminsassen aus ausländischen Tötungsaktionen auf. Die Praxis ist selbst unter Tierschützern sehr umstritten. Die Verfechter argumentieren damit, dass die Tiere in ihrem Ursprungsland kaum eine Überlebenschance haben, weil sie dort nach kurzer Frist im Tierheim eingeschläfert oder auf der Straße misshandelt, vergiftet oder durch Autos getötet werden. Die Gegner des Hundeimports führen an, dass das Grundproblem im Ausland dadurch nicht gelöst und die Vermittlung der inländischen Tierheiminsassen zusätzlich erschwert wird. Es gibt eine Reihe unseriöser Organisationen, die unter dem Deckmantel des Tierschutzes einen florierenden Welpenhandel betreiben. Gute Tierschutzorganisationen, die Hunde nach Deutschland vermitteln, setzen dagegen auf nachhaltige Hilfe, indem sie ein Umdenken in der Bevölkerung fördern, sichere Refugien für Straßenhunde vor Ort bauen und vor allem Kastrationen unterstützen.

Tiere vom ausländischen Tierschutz finden selten den Weg ins deutsche Tierheim. Eine Ausnahme bilden Abgabetiere, die über andere Organisationen aus dem Ausland vermittelt wurden, ihre Halter sie aber aus irgendwelchen Gründen wieder zurückgeben. »Vielen Menschen kommt eine Adoption romantisch und easy vor. Dabei sind das oft Straßenhunde, die ein Leben an der Leine und in der Wohnung nicht gewohnt sind und ihre Vorliebe für Müll auf der Straße nicht ablegen werden«, sagt Kerstin Butenhoff. »Manchmal sind aber auch die einfachsten Voraussetzungen nicht gegeben: Ein Hund mit kaputter Hüfte beispielsweise kann nicht in der dritten Etage wohnen. Wenn die Information auf beiden Seiten – der Tierschutzorganisationen und der Tierhalter – fehlt, ,,führt es nicht selten zu prekären Situationen und endet mit einer Abgabe des Tieres bei uns. Da die Auslandstierschutzvereine meist keine Tierheime betreiben, können sie ihre vermittelten Tiere auch nicht wieder zurücknehmen.«

Lieber Tiere aus lokalen Tierheimen?

Eine Adoption im lokalen Tierheim hält Kerstin Butenhoff für sehr einfach. »Nicht etwa, weil unsere Vergabekriterien lascher sind, wir haben auch strenge Regeln. Aber der Interessent kann sich vor Ort ein besseres Bild von dem Tier machen, es richtig kennenlernen. Und auch wir können den potenziellen Halter besser einschätzen.« Manche Interessenten gehen schon mal mit leeren Händen nach Hause, wenn sie die Voraussetzungen nicht erfüllen. »Eine Absage erntet böse Kommentare, wir müssen aber im Interesse der Tiere handeln. Es geht nicht um unsere Ansprüche, sondern um die der Tiere. Eine Adoption aus der Laune heraus darf nicht stattfinden«. Das Tierheim möchte wissen, ob in dem künftigen Haushalt auch andere Tiere leben und wie lange der Hund alleine bleiben soll. Die potenziellen »Adoptiveltern« müssen sich auch Fragen nach ihrer Hundeerfahrung und ihrem Lebensstil gefallen lassen. Ein sportlich ambitionierter Hund wird beispielsweise auf der Couch nicht glücklich. »Bei der Adoption sollen auch alle Familienmitglieder dabei sein und sich bewusst für das konkrete Tier entscheiden«, so Kerstin Butenhoff.

! Deutscher Tierschutzbund
www.tierschutzbund.de

Durch Konsumverhalten Tierschutz praktizieren –

Und was man noch für einen nachhaltigen Tierschutz machen kann

Das Schöne am Tierschutz: Du kannst immer und überall etwas tun. Das Unschöne: Du wirst nie am Ziel ankommen, denn Tierleid wird es immer geben. Das Tätigkeitsspektrum ist enorm und erlaubt es jedem, der gewillt ist, abhängig von individuellen Möglichkeiten und Vorlieben, etwas zu bewegen.

///

Eigenes Konsumverhalten ändern

Der Tierschutz beginnt bekanntlich auf dem eigenen Teller, auch wenn die Verdrängung einwandfrei funktioniert. Du musst nicht gleich zum militanten Veganer werden, die Kluft zwischen der Hunde- oder Katzenliebe und dem auch so geliebten Steak oder Schnitzel auf dem Teller kannst Du aber durchaus etwas verkleinern, indem du dich bewusster ernährst. Lege regelmäßig vegetarische oder vegane Tage in der Woche ein – du entdeckst neue Geschmäcke und tust gleichzeitig etwas Gutes. Isst du auswärts, verzichte auf Fleisch – professionelle Köche können aus pflanzlichen Zutaten wunderbare Speisen kreieren, den Fleischgeschmack wirst du gar nicht vermissen. Kaufe weniger, dafür hochwertiges Bio-Fleisch aus sicherer Quelle, die Freude darüber wird doppelt so groß sein, wenn du seltener in den Genuss kommst und dann auch noch an einem Stück Fleisch kaust, das zu einem glückliche(re)n Tier gehörte. Kaufst du vegane oder vegetarische Produkte, greife zu kleinen, lokalen Marken, die ihre Produkte aus Überzeugung tierleidfrei herstellen. Mit Produkten großer Konzerne wie die Rügenwälder Mühle & Co. finanzierst du weiterhin den Tod der Tiere. Denn damit machen die weltweit agierenden Unternehmen den größten Umsatz. Das Gleiche gilt für deinen Hund oder deine Katze – statt dem Haustier ein minderwertiges Futter internationaler Konzerne vorzusetzen, greife zu kleineren, engagierten Futtermarken, die auf Qualität und Tierwohl achten.

Geld richtig spenden
Geht es über den eigenen Teller- und Napfrand hinaus, stehen dir unzählige Möglichkeiten zur Verfügung, den Tierschutz zu unterstützen. Die zeitlich am wenigsten intensive Methode ist die finanzielle Hilfe. Hier ist die Hürde seitens der Tierschutzorganisationen denkbar niedrig – unterschiedlichste Varianten der Geldüberweisung findest du auf den Webseiten. Du kannst bestimmte Projekte einmalig oder systematisch unterstützen, Mitglied in einer Organisation werden – was mit einem regelmäßigem (Mindest-)Beitrag verbunden ist, oder eine Patenschaft für ein Tier übernehmen. Große, bekannte Tierschutzorganisationen haben mehr Reichweite, größere Medienwirkung und ein stärkeres Lobby, aber auch einen Wasserkopf an Mitarbeitern, die du mit deiner Spende ebenfalls finanzierst. Je geringer der Verwaltungsapparat und je kürzer die Wege, umso besser lässt sich der Einsatz der Spenden nachvollziehen. Überzeuge dich vor Ort von der Arbeit der Organisation, dann bekommst du ein gutes Gefühl über die Aktiven, deren Beweggründe und die dringendsten Probleme. Frag offensiv, wo deine Spende landet und frag nach einem Jahresbericht oder anderen Dokumentationen. Wirst du zu der Spende gedrängt – ob durch Zeitdruck wegen übertriebener Dringlichkeit oder gefühlsbetonte, gar grausame Bilder, die Mitleid erregen wollen, ist das eher ein schlechtes Zeichen. Unterstützungswürdige Hilfswerke räumen freiwillig ein Widerrufsrecht oder eine Kündigung zum beliebigen Zeitpunkt. Ein wichtiges Qualitätsmerkmal ist übrigens das DZI Spenden-Siegel (www.dzi.de).

Zeit oder Sachen schenken
Besonders vor dem Winter werden oft Sachspenden wie Decken und Betten für ausländische Tierheime und Straßenhunde gesucht. Die städtischen Tiertafeln, also Vereine, die in Not geratene Tierhalter unterstützen, nehmen immer dankbar Tierfutter und Zubehör an und verteilen es dann weiter an Bedürftige. Hast du etwas Zeit übrig, kannst du in dem lokalen Tierheim Hunde ausführen oder Katzen Gesellschaft leisten. Zahlreiche Vereine brauchen auch Unterstützung bei allen anfallenden Arbeiten rund um unser Tierheim, bei Werbearbeit, Sammelaktionen, Büroaufgaben, bei der Betreuung von Futterplätzen und Patenschaften, bei Vereinsfesten oder Hausmeister- und Handwerkertätigkeiten. Die Liste der möglichen Aktivitäten ist unendlich lang, mit Sicherheit findest du etwas, was dir persönlich liegt und in deinen Lebensstil passt.

Pflegestellen: Hilfe am Tier
Sowohl lokale Tierheime als auch ausländische Tierschutzorganisationen suchen händeringend nach Pflegestellen. Lokale Tierheime wollen meist einem alten oder kranken Tier einen ruhigen Lebensabend oder stressfreie Rekonvaleszenz garantieren, für international tätige Tierschutzvereine ist eine Pflegestelle vor Ort die beste Möglichkeit, für ein bedürftiges Tier aus dem Ausland nach einem neuen Zuhause in Deutschland zu suchen. Die Kosten für Futter und medizinische Versorgung werden von der jeweiligen Organisation übernommen – du musst für die angemessene Betreuung sorgen. Überlege dir solchen Schritt ganz genau und hole möglichst viele Informationen über das Tier ein. Dem meist schon ohnehin gestressten Tier wird am wenigsten geholfen, wenn es von einer Pflegestelle zur anderen rübergereicht wird, weil es nicht stubenrein ist oder weil der Vermieter sein Veto eingelegt hat.

Der eigene Verein: Das etwas größere Kaliber
Deutschland ist das Land der Vereinsmeier: Aktuell gibt es hierzulande rund 600.000 eingetragene Vereine. Einen Verein zu gründen, ist ein deutsches »Grundrecht«, und dir stehen vielfältige Möglichkeiten offen.

Der Verein als Rechtsform ist steuerbegünstigt oder gar steuerbefreit. Als eine gemeinnützig anerkannte Initiative kannst du öffentliche Ressourcen verbilligt oder kostenlos nutzen. Es gibt darüber hinaus öffentliche Hilfen und Unterstützungen für gemeinnützige Einrichtungen. Im Vergleich zu einem Wirtschaftsunternehmen hält sich der bürokratische Aufwand für die Führung eines Vereins in Grenzen, eine Buchführung ist allerdings nötig, wenn aus deiner Initiative ein eingetragener Verein werden soll. Vor allem aber muss ein Verein sinnstiftend sein – wie etwa der kleine Tierschutzverein von Rebekka Hügli, die bedürftige Hunde, Katzen und Pferde betreut und sie in vertrauenswürdige Hände weitervermittelt – oder ihnen einen Gnadenplatz auf ihrem großen Grundstück bietet. Die Arbeit des Vereins finanziert sie teilweise über ihre Tierheilpraxis und private Tierpension.

So gründest du einen Verein

1. Mitglieder definieren
Um einen Verein zu gründen, brauchst du mindestens sieben Mitglieder, die einen nicht gewinnorientierten Zweck gemeinsam verfolgen wollen.

2. Gründungsversammlung: Name, Vorstand & Vertretung
Alle Vereinsmitglieder müssen eine so genannte Gründungsversammlung abhalten, bei der die Vereinssatzung verabschiedet und ein Vorstand gewählt wird.

Der Name
Der Name des Vereins ist rechtlich relevant, er muss sich von anderen deutlich unterscheiden und darf auch nicht irreführend sein und etwa über Art und Größe des Vereins täuschen. Recherchiere den Namen von Vereinen am besten in deinem Registerbezirk, damit du nicht aus Versehen gegen Namens- und Markenrechte verstößt. Das würde dich später gegebenenfalls dazu zwingen den Namen zu ändern. Außerdem drohen Schadenersatzforderungen.

Der Vorstand
Der Vorstand ist neben der Mitgliederversammlung das einzige Pflichtorgan eines Vereins. Der Vorstand leitet den Verein und vertritt ihn nach außen. Die Satzung regelt, wie der Vorstand zusammengesetzt wird, bestimmte Pflichtämter wie etwa den Schriftführer oder Kassenwart gibt es aber nicht. Der Vorstand muss nicht aus mehreren Personen bestehen.

3. Vereinssatzung verabschieden
Eine Satzung kann auch ohne Hilfe eines Rechtsanwalts formuliert werden. Diese Elemente dürfen in einer Satzung nicht fehlen:
- der Vereinsname,
- der Vereinssitz (meint nur den Ort, keine genaue Adresse),
- Regelung zur Eintragung des Vereins,

- Vereinszweck,
- Regeln für Aus- und Eintritt von Mitgliedern,
- die vereinbarten Mitgliedsbeiträge,
- Regeln zur Beurkundung von Beschlüssen (Protokollierung),
- Regelungen zur Bestimmung des Vorstandes und
- zur Einberufung der Mitgliederversammlung.

Das, was die Satzung nicht regelt, wird durch das BGB und seine Auslegung durch die Rechtsprechung festgelegt.

4. Gemeinnützigkeit beantragen

Selbst wenn die Satzung einen gemeinnützigen oder sozialen Zweck vorsieht, ist der Verein nicht automatisch steuerlich als gemeinnützig eingestuft. Die Gemeinnützigkeit und damit die Berechtigung für die Steuerbefreiung prüft erst das zuständige Finanzamt auf Antrag – der Verein muss dabei den Vorgaben des § 52 AO entsprechen. Wenn du die Satzung dem Finanzamt vor Eintragung zur Prüfung vorlegst, hast du die Möglichkeit, falls erforderlich noch Änderungen durchführen zu können. Wurde die Gemeinnützigkeit anerkannt, prüft das Finanzamt in Abständen von rund drei Jahren nach, ob die Gemeinnützigkeit noch besteht.

5. In Vereinsregister eintragen

Der »eingetragene Verein« (e.V.) ist ins Vereinsregister eingetragen und damit amtlich als juristische Person anerkannt. Dadurch kann der Verein in seinem Namen klagen und verklagt werden, oder aber auch ins Grundbuch eingetragen werden. Es gibt zwar immer wieder nicht eingetragene Vereine, ihre rechtliche Situation ist allerdings schwierig, insbesondere in Bezug auf die Haftungsregelungen. Im Sinne der Rechtssicherheit für alle Beteiligten sollst du also eine Eintragung ins Vereinsregister vornehmen.

Die Eintragung des Vereins kann nur durch den gewählten Vorstand erfolgen. Dabei ist häufig die Beglaubigung eines Notars notwendig – allerdings nicht in allen Bundesländern. Auch das Protokoll der Gründungsversammlung und die Gründungssatzung sind von allen Mitgliedern unterschrieben vorzulegen. Im Ergebnis bekommt man einen Registerauszug vom Amt, der anschließend fürs Finanzamt wichtig wird.

6: Bankkonto eröffnen und Verein bei Finanzamt melden

Der Verein muss ein Bankkonto eröffnen und sich beim Finanzamt anmelden. Dafür ist der Registerauszug nötig. Auch ist eine Buchführung Pflicht.

Kosten der Vereinsgründung
- Notargebühr für die Beglaubigung der Anmeldung (ca. 25 Euro zuzüglich Schreib- und Zustellgebühren)
- Registergebühr für eine Eintragung beim zuständigen Amtsgericht (ca. 50 Euro)
- die Bekanntmachung der Eintragung (zwischen 10 und 30 Euro)

Literaturtipp: Gerhard Geckle, Der Verein. Wie Sie einen e. V. erfolgreich gründen und führen (Haufe Taschenguide, Freiburg 2016

Mopsfidel? Weit gefehlt!
Über das Massenphänomen Qualzucht

Schwere, lebenslange Atemnot – eine allzu häufige Diagnose bei Möpsen, französischen und englischen Bulldoggen, Shih-Tzu, Pekinesen, Boston Terriern oder Boxern. Im Fachjargon heißt das Phänomen Brachyzephalie (»brachis« = kurz und »cephalus« = Kopf) und ist eine Folge gezielter Zucht und strengen Rassestandards: Eine menschengemachte Erbkrankheit, die zu schweren gesundheitlichen Schäden, qualvollen Leiden und nicht selten lebensbedrohlichen Zuständen bis zum Erstickungstod führt. Der Sauerstoffmangel verursacht auf Dauer auch schwere Herzerkrankungen. Durch Zuchtauslese wurde der Schädel, ganz besonders Nase und Unterkiefer, immer weiter verkürzt, damit auch erwachsene Tiere ihre niedlich-kindliche Stupsnase behalten. Bedient wird hier das Kindchen-Schema. Durch die sukzessiven Änderungen ist der Schädel zu kurz geworden.

///

Dramatische Zunahme der Krankheiten

Dass Qualzucht zu einem Massenphänomen geworden ist und längst nicht nur unter den schwarzen Schafen der Züchterszene vorkommt, davon zeugen die drastisch gestiegenen OP-Zahlen. »Früher hatten wir solche Eingriffe drei bis vier Mal im Jahr, heute sind es drei- bis vierhundert Eingriffe jährlich«, erklärt Dirk Schrader, Seniorchef einer Hamburger Tierarztpraxis. In seiner Klinik, aber auch in mehreren anderen bundesweit, müssen die Tierärzte regelmäßig die Auswüchse einer fehlgeleiteten Rassezucht beheben. Charakteristisch für Brachyzephalie sind verengte Nasenlöcher und Nasenhöhlen, ein verlängertes und verdicktes Gaumensegel sowie Veränderungen am Kehlkopf. Das führt zu lauter, schnarchender Atmung und in schweren Fällen zu akuter Atemnot. Im Laufe des Hundelebens nehmen die

Beschwerden noch zu, weil der zu enge Atmungsgang in der Nase und der damit verbundene Atemwiderstand mit der Zeit zu einer Veränderung des Gewebes im Rachen- und Kehlkopfbereich führen. Das Gewebe verdickt sich und engt die Atemwege immer weiter ein. Bei den meisten kurzköpfigen Rassen ermöglicht also erst ein tierärztlicher Eingriff das halbwegs normale Atmen. Menschen bezahlen also beim Züchter horrende Preise für Welpen, die bestimmte Rassestandards erfüllen (beim Mops sind das solche Eigenschaften wie »quadratisch, gedrungen und viel Masse in kleinem Raum vereinend«), um die Hunde später für teures Geld erst lebensfähig machen zu müssen. Und das nur wegen der Optik. Wie grotesk ist das denn? Und wie grausam.

Designerhunde: Von Zwergen und Riesen

69 Prozent aller in Deutschland gehaltenen Hunde sind Rassehunde, Mischlinge machen nur 31 Prozent aus. Die Spielwiese für weitere Zuchtexperimente ist also groß genug – und der Markt offen für neue Moden. Schon jetzt sei kaum eine Rasse frei von Erbkrankheiten, die durch Fehler in der Zucht entstanden sind, meint Ottmar Diestl, Genetikexperte am Institut für Tierzucht und Vererbungsforschung an der Tierärztlichen Hochschule Hannover. Er kritisiert den zu häufigen Einsatz einzelner Deckrüden, warnt vor genetischer Verarmung durch Inzucht und appelliert an die Hundekäufer, sich besser zu informieren.

Zahlreiche Rassen todgeweiht

Der Mops und andere kurznasige Hunderassen sind nur ein Beispiel für krankhafte Zustände in der Zuchtszene. Die Übertypisierung durchzieht so gut wie alle Rassen: Die Deutsche Dogge wird extrem groß gezüchtet, aus Chihuahuas, Yorkshire Terriern, Shih-Tzu, Maltesern, aber auch Spitzen oder Pudeln werden dagegen »Teacup«-Hunde designt, so winzig gezüchtet, dass erwachsene Hunde in eine Teetasse passen. Ein weiteres Beispiel einer gepeinigten Rasse ist der Cavalier King Charles Spaniel: Fast die gesamte Population leidet an einem Herzfehler und Kleinhirn-Quetschung. 10 Prozent der Hunde zeigen die Symptome im ersten Jahr, 20 Prozent im zweiten.

Zahlreiche sterben bereits mit vier oder fünf Jahren. Auch die Tibet-Dogge (Do-Khyi), eine teure und sehr begehrte chinesische Rasse wird von vielen Hundeexperten für todgeweiht gehalten: Kaum ein Welpe kommt gesund zur Welt. Sie leiden meist an Epilepsie, Augenerkrankungen, Hüftgelenk-Dysplasie sowie Hypothyreose, einer Schilddrüsen-Unterfunktion, die unter anderem zu Haarausfall, Übergewicht, Lähmung und Herzschwäche führen kann. Das Phänomen ist so verbreitet, dass bestimmte Krankheitszustände bei bestimmten Rassen bereits als normal gelten. »Wenn wir das Totschweigen in der Hundezucht überwinden, kommen wir einen großen Schritt weiter«, meint Ottmar Diestl.[15]

Qualzucht eigentlich verboten

Das Totschweigen wird durch die geltenden Gesetze gut ermöglicht: Tierärzte und Aktivisten haben keine Handhabe, um gegen unseriöse, ja grausame Zuchtpraktiken vorzugehen. Obwohl das Tierschutzgesetz Qualzucht eigentlich verbietet, ist die Definition leider zu allgemein gehalten. Der Paragraph 11b besagt: »Es ist verboten, Wirbeltiere zu züchten (...), wenn damit gerechnet werden muss, dass bei der Nachzucht, (...) erblich bedingt Körperteile oder Organe für den artgemäßen Gebrauch fehlen oder untauglich oder umgestaltet sind und hierdurch Schmerzen, Leiden oder Schäden auftreten.« Weder die Übertypisierung noch die Vermehrung der Tiere mit Erbkrankheiten wird durch das Gesetz systematisch verfolgt. »Der gesetzliche Spielraum besteht – wenn er denn kommt – in den Ausstellungen, das ist der stärkste Hebel«, meint Ottmar Diestl. »Wenn solche Hunde keine Championate mehr gewinnen, nicht mehr ausgestellt werden dürfen, gibt es vermutlich auch keine Nachfrage mehr.« Eine gesetzliche Handhabe, die den Vermehrern das Handwerk legt, fehlt aber nach wie vor, denn Standards, die eine Qualzucht genau definieren, gibt es nicht. »Mit Gutachten, die auf Bundesebene in Auftrag gegeben werden, könnten Tierärzte gegen solche Züchter gerichtlich vorgehen«, meint Ralf Unna, Tierarzt und Vizepräsident des Tierschutzverbandes NRW.

David gegen Goliath

Das würde allerdings ein Ende der goldenen Ära vieler Branchen rund um Hund bedeuten. Denn neben den Züchtern, die ihre heiß begehrten Welpen unters Volk bringen, und der Pharmaindustrie, die die kranken Tiere mit Medikamenten versorgt, profitieren auch viele Tierärzte von den Auswüchsen des Rassenwahns: Mittlerweile gibt es mehrere HNO-Tierkliniken bundesweit, die sich auf die brachycephalen Rassen spezialisiert haben. Eine Goldgrube. Es gibt aber auch Ausreißer, die zwar immer noch wie David gegen Goliath kämpfen, aber doch immer mehr an Aufmerksamkeit und Befürworter gewinnen: Einige Züchter haben das Problem erkannt und setzen auf Kreuzungen mit anderen Rassen, um die verhängnisvollen Rassestandards zu korrigieren und die genetischen Defekte aus dem Erbgut zu verbannen. Kreuzt man die Hunde in der Zukunft wieder zurück, bekommt man möglicherweise das Rassenbild in ähnlicher Weise, aber ohne die

Für das Kindchen-Schema leidet Mops an lebenslanger Atemnot und Herzschwäche

Defekte und die Übertypisierung. So erfreuen sich mittlerweile Kreuzungen einer steigenden Beliebtheit, wie etwa der Retro-Mops, ein Mix aus Mops und Parson-Jack-Russel-Terrier, der langgestreckter, robuster und mobiler erscheint. Und endlich auch normal atmen kann. Große Verbände – wie der VDH, mit seinen über 650.000 Mitgliedern der größte Verband für Hundezucht und Hundesport in Deutschland – lehnen solche Kreuzungen jedoch als nicht rassekonform ab. Züchter, die ausscheren, riskieren finanzielle Einbußen. Gibt man auf der Webseite des Verbands in der Volltextsuche »Qualzucht« ein, erscheinen nur zwei Treffer: Die Stellungnahme des VDH zu dem WDR-Film »Reine Rasse, volle Kasse« sowie ein Artikel des VDH-Pressesprechers Udo Kopernik, der nach einer philosophischen Betrachtung der Mensch-Hund-Beziehung anschließend die Verantwortung für Qualzuchten klar der Politik in die Schuhe schiebt. Ein schwaches Zeugnis für einen Verband, der in Bezug auf Qualzuchten »sehr viel erreicht« haben will.

Alternative Verbände

Glücklicherweise gibt es Hundeliebhaber, denen die Gesundheit ihrer Schützlinge wichtiger ist als die immer schräger werdenden Rassestandards und die Medaillen, die man bei Ausstellungen ergattern kann. Es entstehen immer mehr Vereine, die das Ruder umreißen wollen, wie etwa der IHV, Internationaler Hunde Verband e. V., der sich auf die Fahnen schreibt: »Bei uns zählt nicht das Papier, sondern das Tier«. Immer mehr Züchter nehmen sich der Sache auch an und kreieren eigenständig neue Rassen, wie Imelda Engehrn mit ihrem Contintental Bulldog. Schließen sich dem positiven Trend weitere Züchter und Verbände an, kann das Leiden der Zuchthunde in naher Zukunft reduziert werden.

> **!**
>
> Internationaler Hunde Verband e. V.
> www.internationaler-hundeverband.de
>
> Continental Bulldogs vom Böhlerbächli
> www.continentalbulldogs.ch

Qualzucht: 18 Hunderassen auf dem Index

Christoph Jung über das gestörte Mensch-Hund-Verhältnis und die dringende Wende in der Hundezucht

Christoph Jung, Jahrgang 1955, ist Diplom-Psychologe, hat aber auch Biologie studiert und bei Reinhold Bergler, dem bekannten Nürnberger Professor und Fachmann für die Mensch-Tier-Beziehungen, die Geheimnisse der Heimtierforschung ergründet. 2011 unterstützte er die Bundestagsgremien bei der Novelle des Tierschutzgesetzes. Mit Hunden und Katzen aufgewachsen, beschäftigt er sich seit mehreren Jahren mit der Partnerschaft von Mensch und Hund. Er ist Initiator des »Dortmunder Appells«[16] für eine Wende in der Hundezucht und betreibt seit 2007 den Blog www.petwatch.de. Er wohnt mit einer Tochter und Frau in der Nähe von Halle/Saale zusammen mit drei Hunden: der englischen Bulldogge Bruno, der Husky-Hündin Mary und dem Podenco-Mischling Zander.

Seit Jahren engagieren Sie sich für die Rechte von Zuchthunden. Sie haben zahlreiche Aktionen gestartet, die den Verband für das Deutsche Hundewesen (VDH) zum Handeln bewegen sollten. Sie sind auch der Autor von »Schwarzbuch Hund: Die Menschen und ihr bester Freund«. Was war der Auslöser Ihres Engagements?
Es gab zwei Hintergründe: Erstens, meine langjährigen Erfahrungen, die ich mit Hunden gesammelt habe. Ich bin mit Hunden groß geworden, sie waren meine engsten Vertrauten und Freunde. Später habe ich mich auch professionell mit dem Thema Mensch-Hund-Beziehung beschäftigt. Während des Studiums beispielsweise damit, welche Hunderasse sich für die Werbung am besten eignet. Und der zweite Hintergrund meines Engagements war

mein Hund Willi, eine englische Bulldogge, die ich Mitte der 90er-Jahre bekommen habe. Die Rasse war mein Kindheitstraum, aus dem beinahe ein Alptraum geworden ist: Willi war dauernd krank. Keine lebensbedrohlichen Krankheiten, aber durchgehend stimmte etwas nicht mit ihm. Ich war alle zwei Wochen beim Tierarzt und dachte erst, ich hätte Pech, bis ich mich eingehend mit der Problematik der Rassezucht beschäftigt habe.

Auf Ihrer Website schreiben Sie von der »Untätigkeit der Justiz in der Durchsetzung der rechtskräftigen Urteile gegen Rufmord und Bedrohung«. Hat Ihr Engagement gegen die Missstände in der Hundezucht negative Konsequenzen für Sie gehabt?
Leider ja und das massiv. Es war in der Zeit, als ich recht erfolgreich war mit meiner Öffentlichkeitsarbeit. Der Vorstand des VDH hat mich sogar eingeladen, gemeinsam ein Reform-Programm auf die Beine zu stellen. Dann haben aber Anfeindungen seitens der Hundezucht-Szene, aber auch seitens des Auslandstierschutzes angefangen. Viele zwielichtige Typen haben versucht mich mundtot zu machen. Ich hatte 20 rechtskräftige Urteile in der Hand wegen Rufmord, Verleumdung und Bedrohung – doch keinen hat's interessiert, von der Justiz kam keinerlei Hilfe. Bei Veranstaltungen wurden meine Familien und meine Hunde bedroht, auf Google Maps wurde eine Zielscheibe auf mein Haus gesetzt. Ich hatte Nachtanrufe, ich solle auf meinen Hund aufpassen. Obwohl ich alle Prozesse gewonnen habe, musste ich die Gerichtskosten selbst tragen, weil meine Gegner angeblich mittellos waren. Es hat mich so viel Geld und Nerven gekostet, dass ich aufhören wollte. Doch dann kamen so viele Mails von Menschen, die mich unterstützt haben, dass ich dann weiter gemacht habe, nur etwas verhaltener.

Was läuft in der heutigen Hundebranche aus Ihrer Sicht falsch?
Der Hund ist zur Ware geworden, der Mensch hat die Verbindung zur Natur verloren und dadurch auch das natürliche Verhältnis zum Hund. Der Hintergrund des Problems sind die Agrar- und Nahrungsmittelkonzerne, die meines Erachtens kein Interesse am Tierschutz haben, egal ob bei Nutz- oder Haustieren. Futtermittelkonzerne sind die größten Lobbyisten an den Uni-

Christoph Jung mit seiner Hündin Mary

versitäten. Es gibt in der Tiermedizin kaum wissenschaftliche Forschungen, die nicht von Konzernen wie Mars beeinflusst sind. Bereits seit den 50er-Jahren ist die Futtermittelindustrie mit der Tiermedizin eng verbandelt, viel extremer als die Lebensmittel- oder Pharmaindustrie mit der Humanmedizin. Der Hund ist einfach ein hervorragendes Objekt, um gutes Geld zu verdienen. Im »Schwarzbuch Hund« habe ich ja nachgewiesen, dass alle an diesem Markt Beteiligten am kranken Hund mehr verdienen als am gesunden. Die Kleintiermedizin lebt von den Krankheiten der Tiere. Ein Professor sagte mir mal: »Herr Jung, wenn das, was Sie schreiben, durchkommt, ist die Hälfte meiner Studenten arbeitslos«. Das sind einfach gegenläufige Interessen. Ein einzelner Tierarzt mag schon ein schlechtes Gewissen haben, er muss aber auch schauen, dass er Geld verdient. Es gibt keine Kontrollinstanz, die

die Missstände überwacht. Deswegen gibt es auch keinerlei ernsthafte Versuche in der Zucht, gesetzliche Qualitätskriterien festzuschreiben.

Wie erklären Sie sich die extreme Ambivalenz zwischen der vermeintlichen Hundeliebe und der rücksichtslosen Zucht, die zu Missbildungen, Krankheiten, verkürzter Lebenserwartung und lebenslanger Qual führt?
Erstens: Die Liebe ist sehr zwiespältig. Einerseits unverfälscht und rein, auf der anderen Seite verhält es sich wie mit dem Auto: Das Auto lieben die Menschen oft auch, es ist aber nur ein Gerät. Vor dem Hund müssten wir viel mehr Respekt haben. Seiner vielen Qualitäten müsste man sich viel bewusster werden. Und zweitens: Die Menschen haben verlernt, ihrem eigenen Gefühl zu vertrauen. Das gestörte Verhältnis zur Natur ist in jedem Bereich sichtbar. So auch in der Beziehung zwischen Mensch und Hund, die immer komplizierter wird. Früher haben wir kein Futter in einer Hochglanzverpackung bekommen, stattdessen auf unsere Instinkte vertraut. Die Hunde haben Reste bekommen und einmal die Woche ein paar Knochen vom Metzger, mal ein Stück Fleisch. Und sie sind alt geworden. Eigentlich müsste doch jeder wissen, dass eine Tütensuppe nicht gesund sein kann. Warum sollte es sich denn mit Fertigfutter anders verhalten? Vieles geschieht aus Bequemlichkeit, es wird aufs Geld geachtet.

Wieso lieben wir Hunde, haben aber gar kein Problem mit der Massentierhaltung?
Der Hund hat ein ganz besonders enges Verhältnis zum Menschen. Wo haben Menschen schließlich die Gelegenheit, eine Beziehung zu einer Kuh oder einem Schwein aufzubauen? Die Tatsache, dass ein Stück Fleisch nicht am Baum hängt, wird permanent verdrängt. Überall – im Supermarkt, auf den LKWs, im Fernsehen – sehen wir »lachende« Schweine und vergnüglich kauende Kühe auf einer Blumenwiese. Das Fleisch kommt ja auch schön verpackt, wie eine Tafel Schokolade. Früher wusste jeder genau, dass ein Schwein im Stall steht und im Herbst oder Frühjahr geschlachtet wird. Da gab es dann ein Schlachtfest und jeder hat das tote Schwein gesehen und wusste, was man isst. Heutzutage wissen viele Großstadt-Kin-

der nicht mal, dass für die Milch eine Kuh nötig ist. Das Fleisch aus der Massentierhaltung hat doch mit viel Leid und Tod zu tun und das will man verdrängen. Die Industrie tut auch alles Erdenkliche, um das Verdrängen zu ermöglichen. Ein Kaninchen wird zu Hause gestreichelt, im Supermarkt aber für kleines Geld aus dem Tiefkühler geholt. Das eine wird mit dem anderen gar nicht mehr in Verbindung gebracht. Ein weiteres Ergebnis der Entfremdung von der Natur.

Der Unterschied zwischen einem Haus- und einem Nutztier kommt auch zum Vorschein, wenn man sich die verschiedenen Ernährungstrends anschaut. Künstliches Kraftfutter für die Kuh und Frischfleisch für den Hund. Was steckt dahinter?
Der Wolf als ein großes Vorbild in der Ernährung von Hunden ist eine Mode. Beide Spezies sind zwei verschiedene Paar Schuhe. Der Hund ist kein zahmer Wolf, er ist ein Ergebnis einer 20.000 – 30.000 Jahre dauernden Domestikation. Der Hund ist ein Begleiter des Menschen. Das menschliche Leben und dessen Ernährung ist seine natürliche Umgebung und nicht die Wildnis des Wolfes. Die Ansätze, Hunde und Wölfe in der Ernährung gleichzusetzen, taugen nichts. Diese Sicht auf den Hund ist ein Teil der Entfremdung von der Natur. Deswegen ist es falsch – was von einigen Futtermarken propagiert wird –, den Hund wie den Wolf in der Wildnis ernähren zu wollen. Der Wolf jagt und fastet lange. Das tut der Hund nicht. Auch BARF oder PREY sind in erster Linie eher ein Hype und in ihrer Verbissenheit falsch. Ähnlich falsch liegt aber auch der Halter, der ausschließlich auf Industrie-Trockenfutter setzt. BARF ist nicht vollständig verkehrt, aber es taugt nicht, wenn es wie eine Ideologie betrieben wird. Zur natürlichen Ernährung des Hundes zählen auch Getreide, Essensreste, ja sogar Trockenfutter. Trockenfutter auf Getreidebasis gab es beispielsweise schon in der Antike, in der Zucht standardmäßig seit 100 – 150 Jahren. Wenn Ernährungsmethoden zu Dogmen werden, halte ich das für kontraproduktiv. Mit Getreide an sich hat der Hund kein Problem, er hat sich an dessen Verwertung seit Jahrtausenden gewöhnt, das ist relativ verlässlich belegt. Nur den völlig denaturierten Dreck mancher Futtermittelanbieter, etwa Hydrolysate, sollte er nicht fres-

sen. Die pauschale Ablehnung für Getreide teile ich jedenfalls nicht. Ebenso wenig wie die einseitige Euphorie für Frischfleisch.

Seit Jahren achtet man angeblich auf das Ausmerzen der Erbkrankheiten in der Hundezucht, die gesundheitlichen Probleme nehmen aber zu. Ist das Augenwischerei?
Zunächst: Auch wenn alle mit dem Finger auf den VDH zeigen, die Standards hier sind immer noch höher als woanders. Von all den negativen Entwicklungen sind sie in Deutschland noch am wenigsten negativ. Abgesehen davon bin ich der Meinung, dass sich genetisch bedingte Erkrankungen leichter manifestieren können, wenn der Körper gestresst wird: ob durch schlechte Ernährung, Umwelt, Großstadt-Umgebung oder miserable Zuchtbedingungen. Eine Erbkrankheit und ihr Ausbruch sind in meinen Augen zwei Paar Schuhe. Außerdem teile ich nicht die Einschätzung, dass bei allen Hunderassen wirklich ernsthaft versucht wird, Erbkrankheiten auszumerzen. durch die verbreitete Inzucht wird die Veranlagung zu Erbkrankheiten noch gefördert. Das trägt dazu bei, dass die Krankheiten in der Population viel stärker auftreten. Für viele zählen aber nur die Äußerlichkeiten.

Kann man als Tierfreund überhaupt noch einen Rassehund kaufen? Müsste man sich nicht den unzähligen Hunden in den Tierheimen widmen?
Es ist mal eine gute Tat, Hunde aus dem Tierheim zu holen, aber eine Lösung für das ganze Zuchtelend ist das nicht. Man müsste sich vielmehr damit beschäftigen, die politischen Verhältnisse zu schaffen, dass keine unkontrollierte Vermehrung mehr stattfinden kann. Alles andere ist Kosmetik. In spanischen Tierheimen werden sogar Welpen gezeugt, weil sie sich so gut in Deutschland verkaufen lassen. Die unseriöse Zuchtszene und der Auslandstierschutz sind oft eng miteinander verbandelt, deswegen ist auch nicht jede gut gemeinte Adoption tatsächlich gut. Manchmal ist das für den einzelnen Hund eine Rettung, aber auch nicht immer und zwar dann, wenn Hunde gewohnt sind als Streuner zu leben und dann hier in einer kleinen Wohnung landen. Sie haben dort oft ein viel besseres Leben als hier, wo nur noch Leinenpflicht gilt. Streuner-

leben kann durchaus glücklich sein, wenn die Hunde nicht krank sind. Ich finde, gerade wir Deutschen, sollen ein bisschen bescheidener sein. Wir zeigen als selbsternannte Tierschützer so oft mit erhobenem Zeigefinger auf andere, dabei ist Deutschland das Land, dass das meiste Schweinefleisch exportiert und der größte Abnehmer im internationalen Hundehandel ist. Natürlich passieren im Ausland auch schlimme Dinge, wir sollten aber von dem hohen Tierschutz-Ross herunterkommen. Bei uns herrscht eine Hysterie um die »Kampfhunde« und ein Hund darf nirgendwo mehr frei herumlaufen. Hunde werden dauernd reglementiert. Verstehen sich mal zwei Hunde nicht, ist man nur einen Schritt davor entfernt, einen Maulkorbzwang auferlegt zu bekommen. Wo ist da der Tierschutz? Die Zeiten für Hunde und Hundehalter haben sich in Deutschland rapide verschlechtert. Hundeverordnungen werden jetzt von Menschen gemacht, die gerade noch wissen, dass ein Hund vier Beine hat.

Braucht die Menschheit überhaupt noch die vielen Rassen? Wie wäre es mit einem Zuchtverbot?

Die vielen Rassen sind ein Teil der Kultur. Von den anerkannten 350 Rassen haben die meisten ihre historischen Wurzeln in der gemeinsamen Arbeit mit dem Mensch, die rassetypischen Merkmale kommen vom Wesen her und nicht vom Aussehen. Ich finde es gut, Rassen zu erhalten und zu verstehen, wie unterschiedlich Hunde sein können. So findet sich auch immer der passende Hund für den passenden Menschen und dessen Wünsche und Möglichkeiten. Ich schätze diese über Jahrtausende gewachsen Vielfalt des Hundes. Lässt man die Rassenhundezucht weg, endet das in einem Einheitsbrei. Eine meiner Forderungen stattdessen wäre: Jeder, der Hunde züchtet, hat eine lebenslange Rücknahmeverpflichtung und der Verband müsste bei der erneuten Vermittlung helfen. Die Züchter würden sich dann eher überlegen, an wen sie den Hund verkaufen. Meine Empfehlung an die Hundehalter ist auch, 18 Hunderassen nicht mehr zu kaufen, zumindest solange es keine nachhaltigen Reformen zugunsten der Gesundheit in deren Zucht gibt: Englische Bulldogge, Mops, Französische Bulldogge, Pekinese, Japan Chin, Deutsche Dogge, Mastiff, Bordeaux Dogge, Deutscher

Schäferhund, Zwergspitz, Rhodesian Ridgeback, Shar-Pei, Chow Chow, Afghane wegen der extremen Übertreibungen bestimmter Körpermerkmale zulasten der Hunde. Und Kavalier Kings Charles Spaniel, Dobermann, Tibet Terrier oder Berner Sennenhund wegen der vielen, teils schweren Erbkrankheiten, die in den jeweiligen Populationen verbreitet sind. Sowie Designer-Dogs, soweit man diese als Rasse bezeichnen kann, besonders wegen deren Produktionsbedingungen. Und diese Liste ist nicht vollständig! Statt die Zucht zu verbieten, müsste die Politik also ein paar wirkungsvolle Gesetze erlassen: den Hundehandel EU-weit verbieten, die Zucht regulieren. Nur da landen wir wieder bei der Agrar- und Futtermittelindustrie. Diese haben ja kein Interesse an einem höheren Standard in der Zucht: Wenn Hunde teurer werden, wird ihre Zahl sinken und das reduziert ja den Umsatz mit Futter- und Ergänzungsmitteln. Diese Industriezweige haben auch eindeutig was dagegen, dass man die Tierschutzgesetze ändert, weil der Schutz der Haustiere auch auf die Nutztiere durchschlägt. Deswegen wird versucht, jede Neuregelung im Tierschutz zugunsten der Tiere pauschal zu unterbinden, damit es keine Folgen für die Massentierhaltung hat.

> **!** Christoph Jung ist Autor von:
> »Schwarzbuch Hund: Die Menschen und ihr bester Freund«, Selbstverlag
>
> »Tierisch beste Freunde: Mensch und Hund – von Streicheln, Stress und Oxytocin«, Schattauer Verlag
>
> »Bulldogs in Geschichte und Gegenwart – Das besondere Hundebuch«, Kynos Verlag

Was ist Ihr größter Traum in Bezug auf die Hundebranche?
Die Missstände in der Hundezucht und die Ignoranz der Gesellschaft – das lässt mich nicht in Ruhe. Ich habe aber nur sehr bescheidene Mittel, die Öffentlichkeit immer wieder auf die gleichen Probleme hinzuweisen. Wir müssen trotzdem jede Gelegenheit nutzen, über die Problemverursacher und die kranken Verhältnisse zu informieren.

Auf unterschiedlichen Wegen zum Tierwohl

Ziele und Herausforderungen deutscher und internationaler Tierschutzorganisationen

Nach »Tierschutzorganisationen« gegoogelt, erschlagen mich über eine Million Suchergebnisse. Offensichtlich ist Tierschutz ein Thema. Das Spektrum der Probleme und Lösungen ist sehr breit, so widmen sich unterschiedliche Organisationen verschiedenen Schwerpunktthemen: der Zucht, den Haltungsbedingungen, der Jagd oder den Tierversuchen. Mit Projekten, Protestaktionen und Petitionen gehen sie gegen das durch den Menschen verursachte Tierleid vor. Die einen setzen auf verstörende Bilder und schockierende Happenings, um aufzurütteln, die anderen gehen eher auf leiseren Sohlen und plädieren für schrittweise Veränderungen.

Freiwillige vor!

Neben wenigen Festangestellten, die den Kern der Vereine ausmachen, sind es vor allem Ehrenamtliche, die die Arbeit der Tierschutzorganisationen überhaupt erst ermöglichen. Laut dem im Fünf-Jahres-Rhythmus stattfindenden Deutschen Freiwilligensurvey[17] haben sich im Jahre 2014 in Deutschland knapp 31 Millionen Menschen ab 14 Jahren freiwillig engagiert. Das entspricht 43,6 Prozent der Bevölkerung und bedeutet einen zehnprozentigen Anstieg seit 1999. Für die Umwelt, den Natur- und Tierschutz haben sich 8,6 Prozent der Freiwilligen engagiert.

Auf Spenden angewiesen

Allen Natur- und Tierschutzorganisationen gemeinsam bleibt die Abhängigkeit von Spendengeldern. Die Organisationen finanzieren sich fast ausschließlich aus privaten Spenden und Mitgliedsbeiträgen, ein Teil der Mittel kommt auch von Unternehmen oder Stiftungen. In einer Studie der Stiftung Warentest[18] wurden sechs von 44 untersuchten Organisationen als besonders förderungswürdig ermittelt: Atmosfair, BUND – Bund für Umwelt und Naturschutz Deutschland, Deutscher Tierschutzbund, Greenpeace, Provieh und WWF Deutschland. Sie »arbeiten wirtschaftlich, sind transparent und gut organisiert«. Die VIER PFOTEN, PETA (People for the Ethical Treatment of Animals) sowie IFAW (International Fund for Animal Welfare) wurden in der Studie als »unwirtschaftlich arbeitende Organisationen« bezeichnet. Nach Auffassung der Stiftung Warentest arbeitet eine Spendenorganisation dann wirtschaftlich, »wenn sie für Verwaltung und Werbung höchstens 35 Prozent der Ausgaben eines Jahres einsetzt.« Nach eigenen Angaben der PETA fließen allerdings »87 Prozent der Spenden direkt in Aufklärungskampagnen, politische Arbeit, PR-Kampagnen und Öffentlichkeitsarbeit«, teilte die Organisation in einer Stellungnahme mit. Der Verein VIER PFOTEN entgegnete wiederum: »Im Geschäftsjahr 2012 hat VIER PFOTEN Deutschland insgesamt 47,35 Prozent der Ausgaben für Projekte und Kampagnen sowie weitere 17,74 Prozent für Informations- und Öffentlichkeitsarbeit aufgewendet. Damit beträgt die Quote der satzungsgemäßen Aufwendungen insgesamt 65,09 Prozent. Dem gegenüber stehen die Werbungs- und Verwaltungskosten, nämlich Kosten für Verwaltung (6,96 Prozent) sowie Fundraising inklusive Neuspendergewinnung (27,71 Prozent).«

Spenden-Siegel für die Guten
Eine Spenderberatung und Auskünfte über förderungswürdige Organisationen bietet das Deutsche Zentralinstitut für Soziale Fragen (DZI), das auch das DZI-Spenden-Siegel vergibt. Das Markenzeichen für seriöse Spendenorganisationen kann von gemeinnützigen Organisationen selbst beantragt werden, allerdings nur von solchen, die in den zwei letzten abgeschlossenen Geschäftsjahren jeweils mindestens 25.000 Euro Geldspenden erhalten haben. Wo viel Geld fließt, ist der Bedarf an Information und Entscheidungshilfe auch am größten. Eine Organisation, die die Zertifizierung anstrebt, muss sich einer detaillierten Prüfung nach wirtschaftlichen, rechtlichen und ethi-

schen Kriterien unterwerfen und den Prüfern Einsicht in ihre Rechnungen, Jahresberichte, Aufsichtsprotokolle sowie Informations- und Werbematerialien gewähren. Diese Standards erhöhen Seriosität und Vertrauenswürdigkeit im Spendenwesen. Das bestätigt auch eine Ende 2016 von Spiegel Online veröffentlichte Studie[19], die die Wirkungstransparenz von 50 großen Spendenorganisationen bewertet. In dem Ranking schnitten Hilfswerke mit DZI-Spenden-Siegel mit durchschnittlich 3,8 von 5 Punkten besser ab als Organisationen ohne DZI-Siegel, die im Durchschnitt 3,3 Punkte bekamen.

PETA: Gegen Anbindehaltung, Pelzfarmen und Wildtiere im Zirkus

Eine der Organisationen, die bisher auf die freiwillige Mitgliedschaft in einer Transparenz-Organisation wie dem DZI oder dem Deutschen Spendenrat, verzichtet hat, ist PETA. Durch ihre penetranten Undercover-Recherchen und schonungslose Aufklärungsarbeit, die viel Aufsehen, aber nicht selten auch Abneigung erntet, zählt PETA zu den bekanntesten Tierschutzorganisationen der Welt. Mit etwa fünf Millionen Unterstützern weltweit ist PETA auch die größte Organisation dieser Art. Sie setzt sich gegen die Tötung der männlichen Küken, die lebenslange Anbindehaltung von Kühen

Das DZi-Siegel steht für vertrauenswürdige Organisationen

und Amputationen bei Hühnern, Kälbern oder Schweinen ein. Sie will die Schließung der deutschen Pelzfarmen und das Verbot besonders grausamer Schlachtmethoden wie der CO_2-Vergasung oder des schmerzhaften Schenkelbrandes bei Pferden erwirken. Auch das Verbot für Wildtiere im Zirkus steht ganz oben auf dem PETA-Aktionsprogramm. In der öffentlichen Wahrnehmung ist die Organisation durch die Aufdeckung der Tierquälereien im Umfeld von Wiesenhof oder des Skandals um die falsch etikettierten Bio-Eier präsent. Auch die Recherche über den Kükenzüchter Lohmann oder den Skandal um die zurückgetretene Tierschutz-Ministerin Astrid Grotelüschen gehen auf das PETA-Konto.

Die deutsche Partnerorganisation des 1993 in den USA gegründeten Mutter-Vereins hält das hiesige Tierschutzgesetz für dringend reformbedürftig.»Dass ein Tier vor Gericht immer noch eine Sache ist, darf einfach nicht sein«, sagt Lisa Wittman, Fachreferentin für Tiere in der Ernährungsindustrie bei der Tierrechtsorganisation PETA Deutschland e. V.»Ein Beispiel: ›Man darf einem Tier OHNE GRUND keinen Schaden hinzufügen.‹ Das lässt doch zu viel Spielraum. Es sind Ausnahmen und unterschiedliche Interpretationen möglich. Auch sind sogenannte Haus- und Nutztiere vor dem Gesetz nicht gleichgestellt. Hunde und Katzen dürfen beispielsweise in Deutschland nicht gegessen werden. Schweine und Rinder aber sehr wohl. Wenn ein Hund misshandelt wird, ist der Aufschrei groß. Aber kaum einer regt sich darüber auf, dass sogenannte Nutztiere ein Dasein fristen ohne jegliche Möglichkeit, ihre Bedürfnisse auszuleben.«

SOKO Tierschutz: Investigativ gegen Tierquälerei

Ähnlich energisch und medienwirksam recherchiert auch der investigative Journalist Friedrich Mülln, der bereits seit den 90er-Jahren Missstände in der Tierhaltung aufdeckt. Ob Tierquälerei in der Schweinemast, unsägliche Haltungsbedingungen auf Geflügelfarmen oder Tierversuche in Laboren – der Aktivist recherchiert, dokumentiert und informiert. Er ist auch Gründer von»SOKO Tierschutz«, einem gemeinnützigen Verein, der sich für die Rechte der Tiere, der Umwelt und des Verbraucherschutzes einsetzt. Am 14. Oktober 2008 erhielt Friedrich Mülln für Aufdeckungen zum Thema Tierquälerei und insbesondere für seinen erfolgreichen Rechtsstreit um Meinungsfreiheit mit dem Weltkonzern Covance den Preis für Zivilcourage der Solbach-Freise-Stiftung. Auf die Frage, was an der Misere um die Nutztiere schlimmer wäre, die Profitgier der Betriebe, die Untätigkeit der Politik oder die Ignoranz der Konsumenten, antwortet der 40-Jährige: »Letztere sind die Ausschlaggebenden, die Konsumenten schicken gerne Politiker oder die bösen Konzerne vor. Aber mit jedem Kauf, auch vom Tierfutter, geben sie genau den Zuständen den Auftrag, die sie dann in TV-Beiträgen erschüttern. Ich sage immer, die Höchststrafe für Tierquälerei ist ein geändertes Ess- und Kaufverhalten und damit meine ich nicht den Metzger um die Ecke oder den Bauern des Vertrauens«. Obwohl er immer wieder aggressive Reaktionen ernte, rate er zu weitgehend pflanzlichen Optionen. »Wir entziehen den Haustieren in Zucht und Haltung weitgehend die natürlichen Wurzeln, aber beim Hundefutter muss dann plötzlich alles wie vor tausenden Jahren sein? Dazu kommt noch, dass im Tierfutter aus der Fleischproduktion der letzte Dreck aus der Tierhaltung verarbeitet wird. Ich kann den Hundehaltern nur empfehlen: Scheuklappen ablegen und handeln!«

Albert Schweitzer Stiftung: Für Nutztiere und vegane Lebensweise

Auch die »Albert Schweitzer Stiftung für unsere Mitwelt« setzt sich seit ihrer Gründung im Jahr 2000 für sogenannte »Nutztiere« ein. Zusammen mit nationalen und internationalen Kooperationspartnern nimmt die deutsche Organisation auch Einfluss innerhalb der EU sowie auf global agierende Unternehmen. Mit Hilfe wissenschaftlicher Erkenntnisse konzentriert sich die Stiftung auf Kampagnen und Aktionen in den Bereichen Wirtschaft, Verbraucherinformation, Recht und Politik. Da ein Ende des Nutzens von Tieren zu Nahrungszwecken derzeit nicht absehbar ist, wirkt das Team auf eine weniger qualvolle Züchtung, Haltung und Tötung von Tieren in der Lebensmittelproduktion hin. »Wir setzen uns dafür ein, die schlimmsten Formen der Massentierhaltung zu beenden. So überzeugen wir etwa Unternehmen, nach und nach ihre Standards anzuheben und bestimmte Produkte nicht mehr zu verwenden oder zu verkaufen, wie z. B. Käfigeier«, erklärt Andreas Grabolle, Leiter der Stiftungskommunikation. »Darin sehen wir einen vielversprechenden Weg, zunächst die größten Missstände zu beenden und damit das Leid von Tieren erheblich zu reduzieren.« Grundsätzlich betont Albert Schweitzer Stiftung aber die Notwendigkeit, das Mensch-Tier-Verhältnis grundsätzlich zu hinterfragen und setzt sich für die Verbreitung der veganen Lebensweise ein. »Da ihre umfassende Verbreitung ein langwieriger Prozess ist, begrüßen wir auch Zwischenschritte. Dazu zählen etwa die Reduktion des Fleischkonsums und die vegetarische Ernährung. Diese Wege kann jeder einzelne einschlagen. Würden viele Menschen weniger oder keine Tierprodukte mehr nachfragen, würde das den Markt und damit auch die Produktionsmethoden deutlich verändern«, so Andreas Grabolle. Die Politik spiele allerdings eine entscheidende Rolle, ebenso die Rechtsprechung. Denn sie könnten und müssten durchsetzen, dass der Tierschutz als Staatsziel gleichwertig mit anderen Zielen behandelt wird.

Welttierschutzgesellschaft: Für Hunde, Kühe und Schuppentiere

Die Welttierschutzgesellschaft war ursprünglich Teil eines internationalen Netzwerks, seit 2012 ist sie aber ein völlig eigenständiger Verein. Die international engagierte Organisation mit Sitz in Berlin will die Lebensbedingungen von Tieren in Ländern verbessern, in denen es bislang kaum Tierschutzmaßnahmen gibt. Ihre Schwerpunkte liegen in Projekten zu Gunsten von Haus-, Wild- und Nutztieren: Bären, Eseln, Hunden, Katzen, Kühen, Schuppentieren, Haien und anderen. Ein großes Anliegen der Welttierschutzgesellschaft ist es, die Menschen vor Ort einzubeziehen, um nachhaltig wirksame Arbeit zu leisten. »Herausforderungen für den Tierschutz, gibt es überall, ob in Deutschland oder in jedem anderen Land der Welt«, erklärt Bettina Praetorius, Geschäftsführerin der Welttierschutzgesellschaft. »Wir sind jedoch besonders in Entwicklungs- und Schwellenländern aktiv, weil es dort sehr umfangreiche Problemkomplexe gibt und unsere interne Struktur viele Erfahrungen in diesen Ländern vorzuweisen hat.

Auch in Deutschland geht es nicht allen Tieren gut. Wir haben hierzulande aber bisweilen bessere Möglichkeiten gegen Unrecht vorzugehen oder mehr Wissen darüber, wie man Tierschutz besser durchsetzen kann«. Zu den besonderen Herausforderungen des Auslandstierschutzes zählt die

Geschäftsführerin die kulturellen Unterschiede, »die Frage, wie man sich auf Augenhöhe begegnet und welche Werte man hat. Methoden, wie man lernt oder wie man Wissen effektiv verbreitet. Ein individueller Zeitbegriff, unterschiedliche Abrechnungsmethoden, staatliche Auflagen oder einfach nur die Bürokratie gehören dazu.« Neben aktiver Projektarbeit vor Ort ist die Organisation für ihre tiefgründige Kampagnenarbeit bekannt. Auf das Konto der Organisation geht unter anderem die Kuh+du-Kampagne, die eine starke Medienresonanz genossen hat und den Milchratgeber hervorbrachte, der wochenlang an zahlreichen Supermarkt-Kassen bundesweit auslag. »Für unsere Kampagnenarbeit ist Voraussetzung, dass es ein besonderes Tierschutzthema gibt, dass uns dringend erscheint, es aber bislang keine gesellschaftliche Gruppe gibt, die sich dafür engagiert oder das bislang zu wenig Aufmerksamkeit in der Öffentlichkeit genoss«, sagt Bettina Praetorius. »Im Falle unserer Kuh+du-Kampagne hatten wir einen wissenschaftlichen Beirat aus Wissenschaftlern, Bauern, Tierärzten etc. gebildet, auf deren fachliche Expertise wir zurückgreifen konnten.«

Streunerhunde in Südafrika, eins der Hilfsprojekte der Welttierschutzgesellschaft

Kurze Geschichte des Tierschutzes

Das erste Tierschutzgesetz Europas wurde 1822 in England erlassen und schützte Pferde, Esel, Schafe und Rinder vor Misshandlungen. In den Folgejahren wurden auch in anderen Ländern und Städten erste Gesetze zum Schutz bestimmter Tiere erlassen: 1829: USA, 1830: Sachsen, 1839: Württemberg, 1842: Schweiz und Norwegen, 1846: Österreich, 1847: Hannover, 1857: Schweden und Dänemark.

Den ersten Tierschutzverein in Deutschland – den Vaterländischen Verein zur Verhütung von Tierquälerei – gründete 1837 der Pfarrer Albert Knapp in Stuttgart. Der Verein hat sich 1881 mit weiteren Vereinen zum Deutschen Tierschutzbund zusammengeschlossen. Gegen Ende des 19. Jahrhunderts spaltete sich die Bewegung in gemäßigten Tierschutz und radikale Tierversuchsgegnerschaft auf. 1907 wurde die erste Tierrechtsgruppierung in Deutschland gegründet: der Bund für radikale Ethik.

Während des Zweiten Weltkriegs traten die Interessen der Tiere in den Hintergrund und dem 1933 verabschiedeten Tierschutzgesetz lagen meist antisemitische Motive zugrunde. In den 1960er-Jahren formierten sich die Bewegungen neu. Das Buch »Animal Machines« von Ruth Harrison verurteilte 1964 erstmals die tierquälerische Intensivtierhaltung. 1963 gründete der britische Journalist John Prestige die englische Hunt Saboteurs Association, die bis heute Jagdsabotagen organisiert. Der britische Psychologe Richard D. Ryder, ein Pionier der modernen Tierbefreiungsbewegung, prägte 1970 den Begriff »Speziesismus«, nach dem ein Individuum aufgrund seiner Zugehörigkeit zu einer bestimmten Tierart benachteiligt wird. In den 70er-Jahren entstanden auch in Deutschland zahlreiche neue Vereine als Gegengewicht zum Deutschen Tierschutzbund. Der Bundesverband der Tierversuchsgegner, die erste bundesweit operierende Antivivisektionsorganisation, gründete sich 1982. In den Folgejahren erweiterte sich das Themenspektrum der Vereine und der Tierschutz in Deutschland hat sich gesellschaftlich etabliert. Seit 2002 ist der Tierschutz im Grundgesetz verankert.

»Ich kann viele Katzen retten, aber kein einziges Schwein«

Wie eine Tierschützerin für die Rechte
der Nutztiere kämpft

In einer weißen Schale zur Schau gestellt, eingewickelt in Plastikfolie, liegt Sonia-Ellen Hösl über 90 Minuten lang auf dem Boden. Bis auf die Unterwäsche nackt. Regungslos. Blutverschmiert. Das Blut ist zwar mit roter Farbe nur nachgemacht, der Effekt aber unübertroffen. »Menschenfleisch, 3,99 Euro« – steht auf der Verpackung. Sonia-Ellens Körper ist einfach nur ein Stück Fleisch. Ein paar Kröten wert. Mit der »Fleischschalen-Aktion«, die die Tierschutzpartei von der PETA aufgegriffen hat, wollen die Aktivisten gegen die Fleischpreise und Massentierhaltung protestieren. »Das sollte die Menschen zum Nachdenken bewegen, sie für einen Augenblick aus ihrer Routine reißen«, sagt Sonia-Ellen.

///

Nutztiere haben keine Rechte

Der Tierschutzpartei ist die gebürtige Niedersächsin beigetreten, weil sie sich machtlos gefühlt hat. »Um für den Tierschutz wirklich etwas zu tun, muss man in die Politik gehen. Über das freiwillige Engagement in den Vereinen und Organisationen erreicht man nichts für die Nutztiere. In Deutschland gelten die Gesetze nur für die Haustiere, wenn überhaupt. Ich kann zwar Katzen retten, aber kein einziges Schwein. Das quält mich sehr.« Das Messen mit zweierlei Maß findet sie unerträglich. »Wir regen uns auf, weil in China Hunde gegessen werden, die Schweine in Deutschland sind uns aber vollkommen egal.

Massentierhaltung abschaffen

Das Wegschauen und die Gleichgültigkeit in der Gesellschaft sind nur deswegen möglich, weil Politik und Wirtschaft Hand in Hand gehen. Als Kandidatin der Tierschutzpartei will Sonia-Ellen Hösl die Massentierhaltung abschaffen, ein Verbot der Tiere in Zirkussen erwirken, Tierversuche verbieten und stattdessen Alternativmethoden in der Forschung fördern. Auch mehr Unterstützung für Tierheime ist ebenso nötig wie eine Kastrationspflicht für Hunde und Katzen. Die Aufgabenliste ist lang, die erste große Herausforderung bleibt wohl aber der Zusammenhalt zwischen den Tierschützern, die sehr unterschiedliche Vorstellungen und Ziele haben.

»Wir müssen eine bessere Zusammenarbeit zwischen den Verbänden und Tierschutzorganisationen erreichen, an einem Strang ziehen, die Arbeit transparenter gestalten. Zurzeit gibt es noch sehr viele unterschiedliche

Sonia-Ellen Hösl

Konzepte und Vorstellungen, die für die Einzelnen eine größere Rolle spielen als das übergeordnete Ziel: ein strengeres Tierschutzgesetz, das ausnahmslos für alle Tiere gilt. Je zersplitterter die Tierschützer sind, desto weniger erreichen wir.«

Gegen die Zucht

Adoptionen von Hunden und Katzen aus dem Ausland findet sie nur bedingt sinnvoll. »Tierschutz muss im eigenen Land beginnen. Ländern, in denen es kein Tierschutzgesetz gibt, muss Hilfe angeboten werden. Wenn diese nicht angenommen wird, müssen Sanktionen erfolgen. In Rumänien etwa wäre eine flächendeckende Kastration viel wirkungsvoller als die Verfolgung und Tötung der Straßenhunde.« Dazu kommt noch, dass sehr oft Geschäfte mit dem Mitleid gemacht werden. »Man verstümmelt Tiere absichtlich, damit sie hier leichter vermittelt werden.« Sie selbst hat drei adoptierte Katzen zu Hause. Die Tierheime quellen über, das Elend ist unermesslich. Deswegen ist Sonia-Ellen auch strikt gegen die Zucht von Tieren. »Es gibt so viele Tiere, die dringend ein Zuhause brauchen. Warum muss man sie noch zusätzlich züchten?

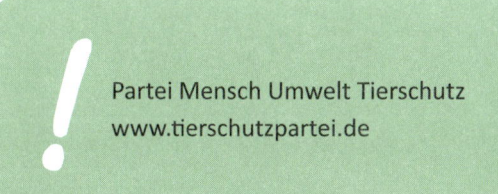

Partei Mensch Umwelt Tierschutz
www.tierschutzpartei.de

Tierschutzhunde brauchen kein Mitleid

»Bio Hund und Katz« vereint Tierschutz mit Ernährungsberatung, Tierheilpraxis und Tierpension

Wenn sich jemand ein Unruhegeist nennen darf, dann wohl Rebecca Hügli. Bevor sie zur Tierheilpraktikerin wurde, war sie Kosmetikerin, Gastwirtin, Stewardess. Heute, mit 53 Jahren, hat sie die große, weite Welt satt und fühlt sich auf ihrem Landsitz sehr wohl. Dieser umfasst neben einem Wohnhaus auch einen Tierschutzverein, einen Futter-Laden, eine Naturheilpraxis und eine Tierpension – die umtriebige Bernerin kann wohl immer noch nicht einfach nur eine Sache machen. Aber hier, auf dem wunderschönen Hügel in Buhwil, 23 Kilometer südlich von Konstanz, ist Rebecca Hügli endlich angekommen. »Das hier ist mein Kokon, mein Refugium«, lächelt Rebecca, während ihr Blick über alte Obstbäume und weite Wiesen streift. »Ich habe das, was ich mir wünschte. Mehr Träume habe ich nicht.«

///

Georgi fand das Haus

Die Wahl des lang ersehnten Wohn- und Arbeitsortes geht übrigens auf ihren Hund Georgi zurück. »Ich kam hier mit ihm zufällig vorbei. Da hat er sich an der Schwelle hingelegt und mich angeguckt.« Die Entscheidung war getroffen. »Ich habe sehr lange nach einem Haus und Hof gesucht, aber nichts gefunden. Man soll eben nicht suchen«, davon ist Rebecca heute überzeugt. »Georgi hat das für mich gefunden. Er ist auch hier gestorben, ganz friedlich, im Schlaf«. Auch die Ausbildung zur Tiernaturheilpraktikerin hat Rebecca einem ihrer Vierbeiner zu verdanken. Als ihr Hund Charlie sehr krank wurde und schließlich an Nierenversagen starb, hat sie angefangen, sich mit der Ernährung auseinanderzusetzen. »Charlie hat in mir ein Umdenken ausgelöst.«

Hundeplätze gibt es bei Bio Hund und Katze an jeder Ecke

Eigener Tierschutzverein

2015 hat Rebecca einen Tierschutzverein gegründet, den sie über ihre Tierheilpraxis, den Laden, die Tierpension sowie Spenden finanziert. Informell hatte sie ein kleines Tierheim bereits zuvor zu Hause – alle ihre drei Hunde hatten eine unschöne Vergangenheit. Mit ihrem eigenen Tierschutzverein will sie allerdings viel mehr erreichen, als nur bedürftige Tiere vermitteln. »Es geht nicht nur darum, einen Hund zu adoptieren. Ein Schlafplatz und voller Napf reichen nicht aus. Ganz wichtig für mich ist es, dass die Tierhalter bewusster mit dem Hund umgehen, dass sie seine Bedürfnisse verstehen«, erklärt Rebecca. »Ich möchte, dass mehr und mehr tolle Mensch-Hund-Teams entstehen.« Über den dreibeinigen Tim, der über jede Streicheleinheit in Verzückung gerät, sagt sie: »Er braucht kein Mitleid, er braucht die richtigen Menschen. Ich hätte ihn schon zweimal vermittelt, die Gründe für die Adoption waren aber beide Male Mitleid. Deswegen ist Tim noch bei mir.« Behindert ist er nicht, so Rebecca. Lediglich beeinträchtigt.

www.bio-hundundkatz.ch

Tops & Flops

Die bessere Milch
Die Welttierschutzgesellschaft hat einen Milchratgeber herausgebracht, der dem Käufer eine Orientierungshilfe zum Thema tiergerechte Milchkuhhaltung gibt. Für alle, die nicht vegan, aber milchkuhfreundlich leben wollen. www.kuhplusdu.de/milchratgeber-bestellen

Gegen die Welpenmafia
Mit der Kampagne »Stoppt die Welpendealer" kämpft die Tierschutzorganisation »Vier Pfoten« gegen den illegalen Welpenhandel. Auf der Webseite www.stopptwelpendealer.org gibt es eine Checkliste für den Welpenkauf, Informationen über Gerichtsurteile oder die Möglichkeit, verdächtige Fälle zu melden.

Für die starke Partnerschaft
Ein kritischer Blog über (Qual-)Zucht und die Beziehung zwischen Hund und Mensch: petwatch.de von dem Zuchtkritiker, Psychologen und Autor Christoph Jung.

Sinnvolle Vernetzung
Die kostenlose Plattform Tierheimhelden – www.tierheimhelden.de – vereint Tierheime, Tierärzte und Tiersuchende im deutschsprachigen Raum, um Tierheimtiere effektiver zu vermitteln.

Spenderberatung online
Deutsches Zentralinstitut für soziale Fragen stellt unter www.dzi.de eine Liste der vertrauenswürdigen Organisationen und eine Datenbanksuche zur Verfügung. Dort gibt es auch eine Liste der Organisationen, die als nicht förderungswürdig eingestuft wurden oder bei denen es einen dringenden Aufklärungsbedarf in der Öffentlichkeit gibt.

Öko-Haltung unter 3 Prozent

In Deutschland leben ca. 13,4 Millionen Rinder[20], 26,5 Millionen Schweine und 110 Millionen Hühner. Die ökologische Haltung macht im durchschnitt lediglich 2,8 Prozent aus: 3,4 Prozent Rinder, 0,6 Prozent aller Schweine und 1 Prozent Geflügel leben als Öko-Tiere. Aber auch bio macht nicht unbgedingt glücklich: Einem 100 kg schweren Mastschwein stehen in der konventionellen Haltung 0,65 qm Platz zur Verfügung[21]. Ein Bioschwein hat 1,25 qm mehr. Die EG-Ökorichtlinien lassen zu, dass ein Öko-Kalb schon in seinen ersten Lebenstagen von seiner Mutter getrennt wird. Dafür hat es 2,6q m Lebensraum ganz für sich allein.

Zweiter Platz in Tierversuchen

2015 wurden in Deutschland knapp 2,8 Millionen Wirbeltiere in Versuchen getötet[22]. Europaweit gibt es nur in Frankreich noch mehr Tierversuche. Über 10.000 hoch entwickelte Affen leiden und sterben jedes Jahr in Tierversuchslabors der Europäischen Union. Allein in Deutschland waren es 2015 3.341 Affen.

Geschäfte mit Spendengeldern

Es gibt auch schwarze Schafe unter den Tierschutzorganisationen. Laut der Analyse der Stiftung Warentest von 2013 arbeiten viele Vereine völlig intransparent. So verweigerten 19 der untersuchten 46 Organisationen jegliche Auskünfte über ihre Einnahmen. Nur 6 Organisationen (also rund 13 Prozent) wurde ein positives wirtschaftliches Arbeiten im Interesse der Tiere bescheinigt.

Schwache Hundegesetze

Die Wirksamkeit der Rasselisten und unterschiedlichen Hundeverordnungen versucht man mit Hilfe der Beißstatistiken zu belegen. Dort wird aber die Schwere des Vorkommnisses nicht unterschieden und auch nicht getrennt nach Vorfällen Hund/Mensch, Hund/Hund oder Hund/anderes Tier. Es geht aus den Zahlen auch nicht hervor, ob ein Hund mehrfach auffällig geworden ist.

Was kommt in den Napf?
Zwischen den Interessen der Futtermittelindustrie und den Hundebedürfnissen

Der Hundespeiseplan sorgt für Meinungsverschiedenheiten und hitzige, dogmatisch gefärbte Diskussionen. Bei meinen Recherchen habe ich Vertreter aller Glaubensrichtungen getroffen: Bio-Hersteller, die extrudiertes Trockenfutter anbieten, ganzheitlich – also auch alternativ – behandelnde Tierärzte, die große Futtermarken der berühmt-berüchtigten Weltkonzerne akzeptieren, vegane Manufakturen, die verstärkt auf synthetische Vitamine setzen, überzeugte Barfer, die das erbärmliche Leben der Nutztiere in der Massentierhaltung ausblenden, und solche, die veganes Hundefutter für ein großes Missverständnis halten.

///

Gesunder Menschenverstand hilft

Im Laufe meiner Recherche ist mir klar geworden, dass es verschiedene gute Möglichkeiten gibt, den eigenen Hund gesund, artgerecht und mit Respekt für Nutztiere zu ernähren. Deswegen möchte ich kein Konzept bevorzugen und keine Methode an den Pranger stellen. Stattdessen gebe ich sinnvolle Informationen weiter, die hoffentlich zum Nachdenken zwingen und im besten Fall eine Änderung der festgefahrenen Fütterungsgewohnheiten herbeiführen. Ich lasse Menschen zu Wort kommen, die sich seit Jahren mit der Thematik beschäftigen und den Mut haben, gegen den Strom der Weltkonzerne und der milliardenschweren Werbung zu schwimmen.

Die Futtermittel-Potentaten

Den heutigen Heimtierfuttermarkt teilen sich Ableger der riesigen Nahrungsmittel-Konzerne Mars und Nestlé. Nestlé mit Sitz in Vevey im Südwesten der Schweiz ist der größte Nahrungsmittel-Konzern der Welt. Nestlé betreibt 447 Produktionsstätten in 189 Ländern und beschäftigt insgesamt rund 335.000 Mitarbeiter. Zu der Nestlé-Familie gehören 19 verschiedene Hunde- und Katzenfuttermarken, darunter Beneful, Bonzo, Felix, Gourmet, Pro Plan, Purina und seit April 2017 auch Terra Canis.

Mars – bis 2007 noch als Masterfoods und im Bereich der Tiernahrung als Effem bekannt – mit Sitz in Tacoma (Washington) ist an 421 Standorten in 78 Ländern vertreten und beschäftigt 75.000 Mitarbeiter. Der Jahresumsatz 2016 betrug 35 Milliarden US-Dollar. Zu Mars gehören mehrere bekannte Hunde- und Katzenfuttermarken: Cesar, Chappi, Dreamies, Eukunaba, Frolic, Greenies, IAMS, James Wellbeloved, Kitekat, Loyal, Nutro, Pedigree, Perfect Fit, Royal Canin, Sheba Trill, Whiskas und Winergy.

Jährlich stecken beide Konzerne mehrere Milliarden Euro in die Werbung, um maximale Marktdurchdringung zu erreichen. Trotz vieler Skandale wegen Kinderarbeit auf den Kakaoplantagen an der Elfenbeinküste oder

Hundenapf – ein begehrtes Objekt für Unternehmen weltweit

als Vorreiter der Wasserprivatisierung hat Nestlé nichts von seinen Umsätzen eingebüßt. Der Verbraucher hat die Macht dies zu ändern, indem er solche Produkte nicht mehr kauft.

Tierfutter: Zwischen Werbung und Wahrheit

Spätestens seit der Veröffentlichung des Schwarzbuchs Tierfutter von Hans-Ulrich Grimm[24] müssen einem breiten Publikum die Praktiken der Futtermittel-Potentaten bekannt sein: Verwertung des Abfalls aus der eigenen Nahrungsmittelproduktion für Menschen, inklusive Tierkadaver, Schimmelpilz oder Frostschutzmittel, die im Hundefutter landen. Doch unabhängig von dem Einfallsreichtum der Tierfutterproduzenten – selbst die obskurste Praxis ist von solch aggressiver Medienpräsenz und Guerilla-Marketingmaßnahmen flankiert, dass jegliche Kritik verblasst und jeder noch so kritische Artikel in Vergessenheit gerät.

Trockenfutter am meisten gekauft

Im Jahr 2015 gehörte Trockenfutter für Hunde zu den meist gekauften Futtersorten[25] in Deutschland. 45,4 Prozent der Hundehalter griffen zu extrudierten oder kaltgepressten Brocken. Zwei Jahre früher fiel der Anteil mit 47,3 Prozent noch höher aus. Nassfutter in Dosen oder Schalen wählten 2013 über 40,3 Prozent der Hundehalter und die Zahl blieb mit -0,3 Prozent auch zwei Jahre später beinahe konstant. Frischfleisch oder Selbstgekochtes berücksichtigte die Umfrage leider nicht, doch gerade diese Fütterungsmethoden gewinnen an Anhängern. Googelt man nach BARF[26]-Läden in Berlin, kommen mindestens 60 verschiedene Verkaufspunkte in allen Bezirken der Hauptstadt zum Vorschein. Auch Ernährungsberatungsangebote sprießen aus dem virtuellen Boden: Der Bedarf an Seminaren rund um den optimalen Inhalt des Hundenapfes scheint enorm zu sein. Um dieses Thema – neben der Hundeerziehung – werden auch die meisten verbalen Kämpfe ausgefochten.

Schlechte Wahl

Trockenfutter ist aufgrund seiner hoch temperierten Herstellungsmethoden, aber auch wegen der meist minderwertigen Bestandteile die schlechteste aller Fütterungsmöglichkeiten. Ich bin sicher, das Leben meiner geliebten Hündin Baba durch das – vermeintlich hochwertige und auch teure – Trockenfutter drastisch verkürzt zu haben. Es hat die rassetypischen Veranlagungen, die genetisch bedingten Schwächen ans Tageslicht befördert. Was mit Arthrose und Hüftdysplasie angefangen hat, endete im akuten Nieren- und Leberversagen. Hätte ich Baba klonen können, und den Klon komplett anders ernährt, hätte ich heute den medienwirksamen Beweis für die Schädlichkeit des Trockenfutters.

Die Nähe zur Natur zählt

Seitdem meine beiden Hündinnen frisches, industriell unverarbeitetes Futter bekommen – neben Wildfleisch und Knorpel auch Obst, Gemüse, vollwertige Kohlenhydrate sowie Kräuter und Öle – haben sie keine gesundheitlichen Probleme mehr. Nicht mit Ekzemen, nicht mit Allergien, nicht mit Gelenkschmerzen oder Durchfall. Je näher an der Natur, desto besser. In dieses undogmatische Fütterungskonzept gehören für mich auch regelmäßige vegetarische oder vegane Tage, an denen die Näpfe genauso inbrünstig ausgeleckt werden wie bei fleischhaltigen Mahlzeiten. Dazu gehört in meinen Augen auch ein möglichst langes, glückliches und stressfreies Leben der Nutz- oder auch Wildtiere, die später im Hundenapf landen. Einerseits aus Tierschutzgründen. Andererseits aber auch aus gesundheitlichen Gründen: Fleisch, das mit Antibiotika, Anabolika und Stresshormonen zersetzt ist und anschließend noch eine industrielle Verarbeitung erfährt, kann nicht gesund sein. Das sagt mir meine innere Stimme, mein antibiotikafreier, gesunder Menschenverstand. Und Ärzte betonen: Zu viel Fleisch – auch unbelastetes – kann wegen Übereiweißung auch schnell krank machen.

Dose, Glas oder Tüte?

Denkt man etwas globaler, so ist nicht nur der Inhalt des Hundenapfes, sondern auch die Verpackung von ökologischer Relevanz. Selbstverständlich wäre wohl ein mehrfach verwendbares Behältnis am sinnvollsten, leider ist das weder im Falle von Dosen oder Gläsern noch im Falle von Kunststoff-Hüllen realisierbar. Doch welche Futterverpackung hat die beste Ökobilanz? Studien, die sich speziell mit Hundefutterverpackungen und den besonderen produktbezogenen Funktionalitäten beschäftigen, gibt es offenbar nicht. Nach Auskunft des Umweltbundesamts kann man lediglich auf allgemeine Erfahrungen mit Verpackungen zurückgreifen. »Aus unserer Sicht empfehlen wir, zunächst zum Zweck der Vermeidung von Abfällen, einfache Verpackungen[27] aus wiederverwendbarem Monomaterial zu verwenden«, erklärt Dr. Petra Weißhaupt vom Umweltbundesamt. Dies wäre in allen drei genannten Verpackungen der Fall: Dose, Glas und Tüte. »Glas ist einerseits schwer und benötigt gegenüber Folie mehr Energie bei der Herstellung. Aluminium ist wiederum leichter als Glas, hat jedoch eine deutlich höhere Energieintensität. Bezüglich der verwendeten Beispielmaterialien ist zu erwarten, dass die Folie ökobilanziell am besten abschneidet, da sie einerseits leicht und materialsparend ist und andererseits eine vergleichsweise geringe Energieintensität aufweist. Grundsätzlich sind in abfallwirtschaftlichen Ökobilanzen die Entsorgungswege mit zu betrachten. Zudem ist es ökologisch vorteilhaft, durch den Kauf regionaler Produkte lange Vertriebs- und Transportwege zu verhindern.

Eine saubere Sache

»Clean Feeding« plädiert für einen reinen Hundenapf

Anke Jobi steht in der Hundeszene für etwas, was für Menschen schon längst etabliert ist: Clean Eating. Der Begriff bedeutet eine gesunde und vollwertige Ernährung, in der man verarbeitete Lebensmittel meidet und den Speiseplan aus möglichst frischen Nahrungsmitteln zusammenstellt. Ein Clean-Eating-Fan achtet auf die Nachhaltigkeit, die Umwelt und die Qualität, bevorzugt Nahrungsmittel aus Bio-Anbau und von artgerecht gehaltenen Tieren. In Anlehnung an »Clean Eating« hat Anke Jobi den Begriff »Clean Feeding« kreiert. Die Naturheilkundlerin und zertifizierte Ernährungsberaterin für Hunde ist nämlich überzeugt: Was für Menschen gilt, gilt gleichermaßen auch für Hunde. Je mehr frische, unverarbeitete Nahrungsmittel der Hund bekommt, desto besser stehen seine Chancen, gesund alt zu werden.

//

Seit Anfang 2014 führst du einen Blog für Hundehalter. Den Namen »Clean Feeding« trägt dein Blog aber erst seit Mitte 2016 – warum hast du ihn geändert? Bist du zu einem anderen Konzept übergegangen?

Angefangen habe ich mit einem Hundegesundheitsblog, später habe ich mich mehr auf Futter fokussiert und die Webseite in Hundefutterblog umbenannt. Die Namensänderung in »Clean Feeding« war einerseits der Ausdruck meiner wachsenden Erfahrung – ich habe mich beruflich weiter entwickelt, verstanden, dass sowohl die Qualität als auch das Thema Massentierhaltung besonders wichtig sind. Andererseits wollte ich aber auch ernster genommen werden. Mit »Lucys Hundefutterblog« war das weniger möglich. Die Auswirkungen habe ich sehr schnell zu spüren bekommen: Viele Menschen und Medien kommen jetzt auf mich zu und wollen mehr über »Clean Feeding« erfahren.

Anke Jobi

Was empfiehlst du Menschen, die dich nach der optimalen Ernährungsmethode für einen gesunden, normal aktiven Hund fragen? Gibt es überhaupt die ultimative Fütterungsmethode?
Aus meiner Position und nach meiner Erfahrung sind frische, unbelastete Nahrungsmittel in abwechslungsreicher, ausgewogener Zusammenstellung optimal. Allerdings spielen hier auch andere Faktoren eine Rolle: Der Ernährungsstil muss zum Lebensstil des Hundehalters passen. Deswegen kann ich in den Gesprächen zwar Vorteile vom frischen Futter aufzählen, will die Menschen aber weder überzeugen noch missionieren. Mit meinem Blog breche ich die Lanze für frische Nahrungsmittel aus verantwortungsvollen Quellen.

Was entgegnest du Menschen, die alles außer Fertigfutter ablehnen, weil sie einen hohen Aufwand und hohe Kosten scheuen?
Selbstverständlich kann man »Clean Feeding« nicht mit einem Discounter-Futter vergleichen. Wir selbst erwarten aber auch nicht, uns für 20 Euro in der Woche gesund ernähren zu können, oder? Wir müssen uns endlich von der Vorstellung lösen, den Hund billig zu ernähren. Das rächt sich meist hinterher. Ein bisschen Know-how braucht man natürlich schon, aber einen Futterplan eigentlich nicht. Der Hund ist ein Lebewesen und Fressen ist ein natürlicher Vorgang. Das müssen wir nicht komplizierter machen als es ist. Ich empfehle gerne Bio-Nahrungsmittel für den Hund, weil sie definitiv gesünder sind. Man kann aber auch einen guten Kompromiss finden, in dem man einen Teil bio und einen Teil konventionell aus der Region zusammenstellt.

Nachdem billiges, minderwertiges Industrie-Fertigfutter seit Jahren den Markt dominiert, nimmt seit einiger Zeit ein entgegengesetzter Trend massiv zu: viel Fleisch. Egal ob in Frischform oder verarbeitet in einer Dose oder im Sack, Hauptsache mit hohem Fleischanteil. Was hältst du von dieser Tendenz?
Mit dem Thema Fleisch befasse ich mich schon viele Jahren. Anfangs lernte ich, BARFEN sei die beste Alternative, die mir allerdings nie so richtig zugesagt hat, weil man sehr viel Fleisch füttert. Nachdem ich angefangen habe, eine Fütterung von sehr viel Fleisch zu hinterfragen, mich mit den Bedarfswerten zu beschäftigen, bin ich zu dem Schluss gekommen: So viel Fleisch muss nicht sein. Hunde haben in ihrer Geschichte selten solche großen Mengen von Fleisch bekommen. Diese würden uns auch nie zur Verfügung stehen, wenn wir nicht die Massentierhaltung hätten. Ich finde es auch nicht natürlich, sich krampfhaft auf bestimmte Komponenten zu konzentrieren. Man kann ja auch nur füttern, was zur Verfügung steht. Auch die Herkunft der Hunde spielt eine Rolle. Es gibt Hunderassen, wie etwa Huskys, die hauptsächlich mit Robbenfleisch und Fisch ernährt worden sind. Andere, wie Hirten- oder Windhunde wurden mit sehr viel Kohlenhydraten gefüttert und die brauchen sie meist auch.

In einem der Blogbeiträge führst du einige Gründe an, warum du gegen BARF bist. Ich gewinne allerdings den Eindruck, dass du vor allem dagegen bist, die Hundemahlzeiten nach einem Dogma zusammen zu stellen?
Grundsätzlich glaube ich einfach nicht, dass es generell notwendig ist, nach einem Konzept zu füttern. Es gibt auch Menschen, die auf paleo oder vegan schwören. In meinen Augen ist das aber ein Hype. Extreme sind ja eher nicht auf Masse umlegbar. In Bezug auf BARF bin ich eindeutig der Überzeugung, dass man den Wolf nicht mit dem Hund gleichsetzen kann. Es gibt verschiedene Rassen mit individuellen Bedürfnissen. Auch die Umwelt und das Leid der Nutztiere, die verfüttert werden, spielen in meinen Überlegungen eine große Rolle.

Sollten sich die Barfer wegen Überversorgung mit Protein Sorgen machen, wollen aber an dem Frischfleisch-Prinzip nichts ändern – würdest du sagen, dass man die Proportionen einfach verschieben könnte? Also weniger Fleisch, dafür mehr Obst, Gemüse und Kohlenhydrate, die Menge an Zusätzen unverändert?
BARF ist ein festes Konzept, das auf vorgegebener Prozentregelung basiert, in der strengen Form, soweit ich weiß, aber auch nur in Deutschland so verbreitet ist. Wenn man es aber lockerer sieht ist das durchaus zu empfehlen. Die Nährstoffe kann man jedenfalls so ebenfalls gut abdecken. Im Großen und Ganzen finde ich, dass man ruhig von dem Konzept der Rohfütterung abweichen kann. Man schaut, was zur Verfügung steht und was der Hund verträgt. Es muss nicht immer gleich sein. Den Kühlschrank einfach aufmachen und etwas zusammenstellen. Auch Quark, rohes Obst und Gemüse oder gekochte Kartoffeln.

Kann man aus deiner Sicht rohe und gekochte oder gegarte Zutaten in einer Mahlzeit mischen? Und warum?
Nach meiner Erfahrung man kann das sehr wohl. Wir essen schließlich auch rohen Salat mit gebratenem Fleisch. Es kommt ja auch nicht nur darauf an, ob roh und gegart, dabei geht es um unterschiedliche Verdauungszeiten.

Rohes Gemüse und gegartes Fleisch haben beispielsweise eine ähnliche Verdauungszeit. Ich empfehle eher nicht, dass man gekochtes und rohes Fleisch vermischt. Durch das gegarte Fleisch steigt möglicherweise der pH-Wert im Magen. Die Erreger, die sich potenziell im Frischfleisch befinden, können dann nicht mehr so gut deaktiviert werden. Rohes Gemüse und gekochtes Fleisch passen aber gut zusammen. So kann man auch Fertigfutter aufwerten: einfach etwas püriertes Gemüse dazugeben.

In deinem Blog-Beitrag »Hört endlich auf Gott zu spielen« beschreibst du einen Trend, der sowohl schulmedizinisch als auch naturheilkundlich orientierte Menschen betrifft. Du bemängelst einen unbekümmerten Umgang sowohl mit Medikamenten und Impfstoffen als auch mit natürlichen Mitteln. In dem konkreten Beispiel geht es um Leinsamen, die zwar essentielle Fettsäuren liefern und die Verdauung fördern, aber auch die Aufnahme von Jod aus dem Futter mindern. Und Jodmangel kann auf Dauer einen Schilddrüsentumor hervorrufen. Müssen die Hundehalter nur noch auf professionelle Hilfe vertrauen? Wo bleibt da der gesunde Menschenverstand? Früher hat man den Speiseplan des Hundes auch nicht mit Ernährungsberatern zusammengestellt ...

Ich bin nicht der Meinung, dass man sich nur noch auf Experten verlassen darf. Im Gegenteil. Früher haben sich auch die wenigsten Menschen einen Arzt leisten können, wussten aber in der Regel intuitiv, was sie tun sollen. Heute ist es anders. Viele Menschen eignen sich ein Halbwissen an, der Blick fürs große Ganze fehlt aber. Wir müssen viel mehr zurück zur Natur finden.

»Schlecht gebarft ist immer noch besser als Fertigfutter«

Über das Geschäft mit kranken Tieren

Franz Spitzer ist ein Tierarzt, der seinen Beruf anders versteht als etliche seiner Kollegen. Das veterinärmedizinische Studium nennt er ein »Pharmafeld« und die schulmedizinischen Behandlungsmethoden ein »Baukastenprinzip«. Wie dieses wohl funktioniert? »Ganz einfach!«, lächelt Franz Spitzer verschmitzt. »Ich verschreibe etwas und schaue, ob es wirkt. Wenn das nicht wirkt, verschreibe ich was anderes. Es ist ein Herantasten an die eigentliche Ursache mit immer wieder gleichen Bausteinen, statt Diagnostik und Ursachenbekämpfung«. Tierärzte sind in seinen Augen aber auch abhängig von den Kunden: Sie können nicht das geben, was Hunde wirklich brauchen, sondern das, was die Kunden wollen: entweder einen schnellen Erfolg – mit Spritze, Kortison, Tablette oder ein bekanntes Mittel.

Tiere werden systematisch krank gemacht

In seiner Doktorarbeit hat sich der gebürtige Berliner eingehend mit der Frage beschäftigt, wie man Krankheiten auf natürliche Weise verhindern kann und was die richtige Ernährung für die Tiergesundheit bedeutet. Die Frage »Wieso immer nur therapieren statt vorzubeugen?« brennt ihm unter den Nägeln, während seiner Praktika lernte er aber nur die herkömmlichen Methoden: Pharma-Mittel verschreiben und Spritzen geben«, sagt der 32-Jährige. Und fügt rechtfertigend hinzu: »Die Tierärzte wissen es aber nicht anders. Ein zusammenhängendes Denken wird im Studium nicht gefördert. Studierende lernen es nur so und verdienen später ihr Hauptgeld mit Hundefutter und Impfungen. Es ist eine gut geölte Maschinerie. Unsere Tiere werden systematisch krank gemacht, dann werden sie therapiert. Der

Körper ist überschwemmt mit Chemikalien. Doch solange die Industrie einen Nutzen davon hat, dass Tiere krank sind, wird sich auch nichts ändern«, so sein nüchternes Urteil.

Lieber Hartz IV als das Maul zuhalten

Als Teil des Systems wäre Franz Spitzer wohl ein Tierarzt geworden, der mit Vorliebe zu Antibiotika, Schmerzmitteln oder Kortison greift. Ein Normalo eben. Doch weil er »so ein krasser Querulant« sei, stellt er viele Fragen. Und zwar sowohl sich selbst als auch den anderen. Und Fragen mag das System nicht. Fragen stören die gepflegte Harmonie. Wer zu viel fragt, muss fliegen. Eines Tages wird Franz Spitzer aus seiner Arbeit im Veterinäramt entlassen. Für das mächtige System bleibt der kleine Zwischenfall unbemerkt – für den angestellten Tierarzt bedeutet seine Entlassung eine enorm wichtige Zäsur. Und den Beginn eines ganz anderen Weges, den er bald darauf beschreiten wird. »Ich habe meinen Job verloren, weil ich den Mund aufgemacht habe«, erzählt er. »Ich bin ein Warum-Mensch und wollte die Dinge nicht einfach nur hinnehmen«. Stattdessen hat sich der damals 30-Jährige für eine, wie

Weg von Industriefutter, hin zur Natur.

er es beiläufig formuliert, »Aschenputtelgeschichte« entschieden. »Mir war Hartz IV lieber als noch ein Job, in dem jegliche Fragen unbequem sind«, sagt der Gründer von *FutterPro*, einem Prophylaxe-System für die Hundegesundheit.

Online-Ernährungsberatung

Mit seiner 2016 gestarteten Online-Ernährungsberatung liegt Franz Spitzer sehr im Trend. »Zurück zur Natur« – heißt das Motto von zahlreichen Hundehaltern, die auf Barfen oder Bio setzen und manchmal sogar auf tierleidfreies, also veganes Futter. Das webbasierte System von FutterPro beinhaltet verständlich aufbereitete Erklärungsvideos zum Thema Nährstoffbedarf, industrielles Fertigfutter, Krankheitsprophylaxe und Parasiten sowie Bonus-Material über Zahngesundheit, Barfen, Kochen und Impfen. »Wenn alle Welpenkäufer die Inhalte meines Kurses kennen würden, dann ließen sich viele Krankheiten wahrscheinlich verhindern. Auch bei Zecken, Würmern und Flöhen gibt es natürliche Mittel statt Chemiekeulen, das sagt den Haltern nur keiner.« Aber Überzeugungsarbeit leisten oder Verschwörungstheorien verbreiten will Franz Spitzer nicht. »Hunde sind Resteverwerter und Allesfresser, ich will keine Religion aus dem Barfen machen. Aber schlecht gebarft ist immer noch besser als Fertigfutter. Es geht hier um den naturbelassenen Zustand. Wenn Menschen nach meinem Rat fragen, helfe ich gerne, in der Regel sind sie aber schwer belehrbar«, erklärt der Online-Referent. »Ich weiß, dass mein Produkt gut ist – ich handle mit Ethik, Anstand und gutem Wissen.«

www.futterpro.de

Zu viel Fleisch macht krank
Warum ein Tierarzt vegane Fütterung verordnet

Hundefutter »mit hohem Fleischanteil« – häufig sogar pures Fleisch – steht bei ernährungsbewussten Haltern hoch im Kurs. Doch zu viel tierisches Protein – verabreicht mit täglichen Hauptmahlzeiten und zahlreichen Snacks zwischendurch – führt sehr oft zu Gicht. Die Tierarztpraxis Berger & Berger im sachsen-anhaltischen Drosa beschäftigt sich seit 16 Jahren mit harnsaurer Diathese bei Hunden. Die Erkrankung wird mittels Vitalblutdiagnostik festgestellt und mit alternativer, cortisonfreier Therapie behandelt.

///

Sie bieten in Ihrer Praxis ganzheitliche Medizin, Homöopathie, Vitalblutdiagnostik und Bioresonanz-Therapie an. Alles Begriffe, die man als Hundehalter kaum kennt. Wieso fallen Sie dermaßen aus dem Rahmen?
Peter Berger Senior: Vor 20 Jahren habe ich mich mit klassischer Homöopathie befasst, weil die normale Schulmedizin nicht alle Felder abgedeckt hat, die ich für wichtig hielt. Anschließend bin ich zur Vitalblutdiagnostik und Bioresonanz-Therapie gekommen. Das sind alles neue, richtungsweisende Wege in der Medizin, die die herkömmlichen Diagnose-Methoden ergänzen, weil sie imstande sind, ganz individuellen Ursachen für unterschiedliche Krankheiten auf die Schliche zu kommen und sie gezielt zu beeinflussen. Wir fallen tatsächlich aus dem Rahmen. Speziell mit der Vitalblutdiagnostik sind wir fast die einzigen in Deutschland. Die Technik kommt aus der Humanmedizin und wird von Humanheilpraktikern angewendet. Dabei haben wir erkannt, dass konkrete klinische Erkrankungen bei Tieren mit eindeutigen optischen Befunden im Vitalblut – also im Dunkelfeldblutbild – korrelieren.

Warum wird die Vitalblutdiagnostik in der Tiermedizin kaum praktiziert? Sind Sie ein Außenseiter unter den Kollegen?
Peter Berger Junior: Im Studium werden alternative Behandlungsmethoden gar nicht vermittelt. Nicht einmal die klassische Homöopathie steht auf dem Lehrplan. An den tiermedizinischen Fakultäten wird ausschließlich organotrope Medizin gelehrt. Wir versuchen aber den Körper als Ganzes zu begreifen. Die Mediziner – egal ob im humanen oder tierischen Bereich – sind meist dogmatisch und nehmen Neues nur schwer an. Die Therapie ist so gut wie unbekannt – wir kämpfen schon seit längerer Zeit darum, sie mit Vorträgen und Veröffentlichungen, unter anderem mit unserem Buch »Vitalblutdiagnostik bei Tieren«, bekannter zu machen. Wir sind allerdings keine Außenseiter, sondern ganz normale Tierärzte, bemühen uns nur um einen breiteren Blickwinkel als andere Kollegen.

Worauf beruht die Vitalblutdiagnostik und wofür eignet sie sich besonders?
Peter Berger Junior: Wir untersuchen unter dem Mikroskop bei 100- und 1000-facher Vergrößerung lebendes Blut. Pro Tier braucht man etwa eine halbe bis eine Stunde für eine Diagnose. Mit dieser Methode beurteilt man den Zustand der Blutzellen und kann Rückschlüsse auf die Aktivität des Immunsystems ziehen sowie den Befall mit Krankheitserregern, wie Bakterien und Pilzen oder aber Abwehrreaktionen des Organismus beobachten. Mit der Vitalblutdiagnostik können wir definierte Stoffwechselentgleisungen, Störungen der Leber-Nieren-Tätigkeit oder Eiweißamyloid-Ablagerungen – also sogenannte Symplasten – beobachten, die bei extrem schädigenden Einflüssen vorkommen. Auch andere konkrete optische Phänomene, die bei bestimmten Erkrankungen auftreten, sind im lebenden Blut sichtbar, wie etwa Harnsäurekristalle, die – labordiagnostisch verifiziert – als Folge ungeeigneter Fütterung mit zu viel tierischem Eiweiß gebildet werden.

Apropos zu viel Eiweiß: Sie sind in einschlägigen Kreisen als der »Gicht-Doktor« bekannt. Wie sind Sie zu der Erkenntnis gekommen, dass sehr viele Hunde an harnsaurer Diathese leiden?

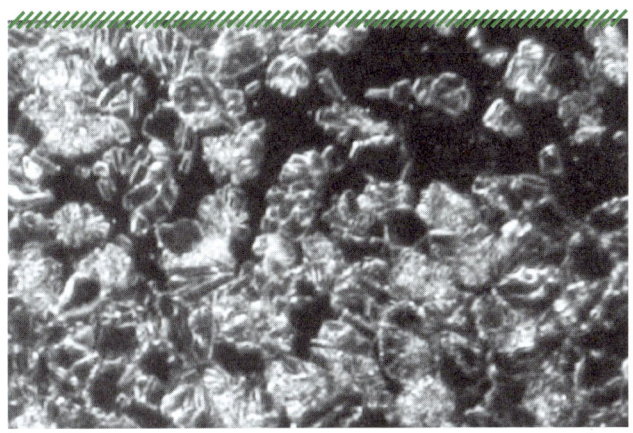
Ein Tropfen Blut unter dem Dunkelfeldmikroskop

Peter Berger Senior: Auf die Gicht bin ich eben über die Vitalblutdiagnostik gestoßen. Im Blut hatte ich Kristalle festgestellt und wusste nicht, was es ist, bis ein externes, von mir beauftragtes Labor es schließlich als Harnsäure identifiziert hat. Die Gicht ist eine sehr häufige Stoffwechselerkrankung bei Hunden, die allerdings oft nicht erkannt oder falsch diagnostiziert wird. Mit dem Dunkelfeldmikroskop ist die Erkrankung problemlos festzustellen und durch externe Laboruntersuchungen auf Harnsäure zu verifizieren.

Welche Symptome treten bei harnsaurer Diathese auf?
Peter Berger Senior: Sie kann schmerzhafte Lahmheit oder aber Hautprobleme verursachen, wie Juckreiz, Schuppen, nässende Hot Spots sowie Ohren- und Analdrüsenentzündung. Leider wird dabei sehr oft nicht die tatsächliche Ursache erkannt, sondern lediglich das Symptom behandelt, oft mit Schmerzmitteln oder Entzündungshemmern also Cortisonen und Antibiotika.

Was sind die Ursachen für die Gicht?
Peter Berger Senior: Die Stoffwechselerkrankung entsteht durch Überfütterung mit tierischem Eiweiß, besonders bei älteren Hunden, ab 5.–

7. Lebensjahr, die neben handelsüblichem Fertigfutter auch noch Fleisch, Wurst, Pansen, Kauartikel und andere proteinreiche Snacks bekommen. Bei gestörter oder eben altersbedingt nachlassender Stoffwechselleistung der Leber und Niere werden die Eiweiß-Abbauprodukte und der aus Harnsäure umgewandelte Harnstoff schlechter von der Niere ausgeschieden. Dadurch kommt es in Gelenken, aber auch im Blut und Geweben zur Anreicherung derselben. Darauf reagiert der Körper mit Ausweichstrategien: durch akute Entzündungen – Dermatitis und Arthritis – soll die überschüssige Harnsäure ausgeschieden werden oder sie wird in Gelenken und Muskeln gespeichert, was zu schmerzhafter Lahmheit führt.

Peter Berger Junior: Die meisten Menschen denken, der Hund ist ein Fleischfresser. Wir sind der Überzeugung, er ist ein fleischbetonter Allesfresser.

Wie sehr ist die Gicht verbreitet?
Peter Berger Senior: Von 500 Hunden, die wir mit der Vitalblutdiagnostik untersucht und statistisch ausgewertet haben, waren die meisten, 84 Prozent übereiweißt, 29 Prozent hatten Hautirritationen und ebenso viele eine schmerzhafte Lahmheit. Fast ein Drittel der Hunde – meist jüngere – konnten das Proteinüberangebot ohne sichtbare klinische Reaktionen verarbeiten. In unserer Praxis haben wir in den letzten 16 Jahren ca. 900 Hunde, die an Gicht erkrankt sind, mit alternativen Methoden erfolgreich therapiert.

Wie sieht die alternative Therapie aus?
Peter Berger Junior: Neben bestimmten homöopathischen Mitteln, die die körpereigenen Ausscheidungsmechanismen anregen sollen, verordnen wir eine tiereiweißfreie Ernährung für mindestens vier bis sechs Wochen, entweder selbst Gekochtes, wie etwa Kartoffeln und Möhren in suppiger Form oder veganes Fertigfutter. Wichtig ist: Die Gicht ist in 98 Prozent der Fälle mit alternativen Methoden sehr gut heilbar. Nur in absoluten Ausnahmefällen müssen wir zu Cortison greifen – also dann, wenn die Tiere nicht ausreichend selbst regulieren können.

Welche Ernährung empfehlen Sie Ihren Patienten? Ist Barfen besser als Fertigfutter?

Peter Berger Senior: Es gibt keine wissenschaftlichen Beweise für die Krankmachung durch Fertigfutter. Aus unserer praktischen Erfahrung wissen wir lediglich, dass manche Hunde bestimmtes Fertigfutter besser vertragen als andere. Für die Verträglichkeit ist besonders der Verarbeitungsprozess wichtig. Der klinisch unauffällige Hund, der keinen besonderen Belastungen ausgesetzt ist, kommt mit einem ordentlichen, mittelpreisigen Markenfutter gut klar, wenn man sich an die Fütterungsvorschrift hält.

Peter Berger Junior: Man kann nicht eindeutig sagen, dass die eine Fütterungsmethode besser ist als die andere. Beim Barfen habe ich nur Bauchschmerzen, ob die Versorgung mit allen nötigen Nährstoffen tatsächlich gegeben ist. Rohfütterung darf in meinen Augen nur unter tierärztlicher Betreuung erfolgen, auch sollen regelmäßig Blutuntersuchungen durchgeführt werden. Beim Barfen geht es um die richtigen, bedarfsgerechten Proportionen. Die Futterrationen müssen sorgfältig erstellt werden, am besten von einem Tierernährungsspezialisten, der die richtige Fütterung kontrolliert zusammenstellt, damit es auf Dauer nicht zur Unterversorgung kommt. Wir lehnen das Barfen auf keinen Fall ab, stehen allerdings den vielen nicht tierärztlichen Anbietern – ob BARF-Läden oder Futtermittelherstellern – kritisch gegenüber.

> Peter Berger, »Vitalblutdiagnostik bei Tieren«, Semmelweisverlag 2014
>
> www.tierarzt-berger-drosa.de

Ist Bio-Fleisch die Alternative?

Auch in der Biohaltung leben und sterben Tiere häufig unter schlechten Bedingungen

Viele Hundehalter, die sich ernsthaft sowohl mit der Ernährung ihres Hundes als auch mit der Herkunft des Futters befassen, kommen nicht umhin, sich mit dem Thema »Bio« zu befassen. Die Meinungen dazu gehen weit auseinander: Die einen greifen bereitwillig und im guten Glauben zu Produkten, die mit einem Bio-Siegel gekennzeichnet sind, andere wiederum halten es für eine weitere Marketing-Maßnahme zur Umsatzmaximierung. Fakt ist, dass bei Tierhaltung und Produktion viele Öko-Bauern nachweislich einen nachhaltigeren und umweltschonenderen Weg gehen als konventionelle Hersteller. Gentechnik und der Einsatz von chemisch-synthetischen Pflanzenschutzmitteln sowie Stickstoffdüngern sind weitestgehend verboten. Die Tiere sollten artgerechter gehalten werden und länger leben: Sie bekommen mehr Auslauf und besseres Futter, Wachstumshormone sind tabu. Viele Tierschutzorganisationen kritisieren allerdings zu lasche Kriterien bei der Vergabe der Bio-Siegel und decken nicht selten ebenfalls katastrophale Zustände auf Bio-Höfen auf. Ich habe mit einigen Tierschützern über Bio-Fleisch als alternative Hundefütterung gesprochen.

Ist Bio-Fleisch besser als das aus konventioneller Tierhaltung oder ist das Augenwischerei zwecks Umsatzgenerierung?
PETA, Lisa Wittmann, Fachreferentin für Tiere in der Ernährungsindustrie:
Auch in der Biohaltung leben und sterben Tiere häufig unter schlechten Bedingungen. PETA hat schon mehrmals aufgedeckt, wie qualvoll die Bedingungen in Bio-Höfen sind. Verbraucher dürfen sich auf keinen Fall blind auf Bio-Siegel verlassen. Auch Bio ist nicht tierleidfrei. Ein Huhn aus Bio-Haltung

lebt etwas länger und hat etwas mehr Platz. Sterben muss es am Ende aber auch auf qualvolle Weise. Bio-Fleisch scheint etwas besser für die Umwelt zu sein, doch würden sich alle Menschen mit Bio-Fleisch ernähren, wäre das weniger gut für die Umwelt, weil die sogenannte Leistung pro Tier geringer ist und die Belastung für die Umwelt steigt. In diesem Fall müsste der Verbrauch drastisch reduziert werden, damit sich der Verzehr von Bio-Fleisch für die Umwelt auszahlt. In dem Fall schließen sich Tierschutz und Umweltschutz aus. Pflanzliche Lebensmittel sind einfach umweltfreundlicher. Es gibt keinen Grund, warum man es nicht mit einer veganen Ernährung für den Hund versuchen sollte.

SOKO Tierschutz, Friedrich Mülln, Journalist und Gründer:
Häufig unterscheidet sich bio nicht stark von konventionellem Fleisch, und dann auch nur zu einem kurzen Zeitpunkt des Lebens der Tiere. Vorstufen

Bio-Fleisch ist nur bedingt besser

wie Aufzucht, Brüterei, Elterntierbetriebe und Folgen wie Transporte und Schlachthöfe schlagen mit der gleichen Grausamkeit zu Buche. Zudem setzt Bio auch auf Ausbeutung der Tiere und Ausbeutung kann niemals einvernehmlich sein. Der Mensch selbst sollte einen veganen Lebensstil annehmen, für sich, für die Natur und natürlich für die Tiere. Daran führt kein Weg vorbei, wenn man es ernst meint. Es ist sehr wichtig, dass man sich von den Illusionen verabschiedet, zu denken, dass der Kauf beim Metzger oder in Bioläden glückliche Tiere ermöglicht. Das ist ein Trugschluss.

Andreas Grabolle, Leiter der Kommunikation bei der Albert Schweitzer Stiftung für unsere Mitwelt:
Auch in der Biohaltung leben und sterben Tiere häufig unter schlechten Bedingungen. Es gibt in der ökologischen – wie auch in der konventionellen – Landwirtschaft zwar Menschen, denen ein guter Umgang mit Tieren wichtig ist. Die wirtschaftlichen Gegebenheiten bringen viele jedoch dazu, Einschränkungen für die Tiere in Kauf zu nehmen. Zudem besteht hier ebenso das ethische Problem des unnötigen Tötens. Denn in Ländern wie Deutschland ist es für eine gesunde Ernährung nicht notwendig, Tiere für die Herstellung von Lebensmitteln leiden und sterben zu lassen. Das Ausweichen auf Bioprodukte kann daher aus unserer Sicht keine Lösung, sondern nur ein Zwischenschritt sein. Weniger schlechte Haltungsformen wie sie zum Teil auch in der Biohaltung genutzt werden, können jedoch das Leid von Millionen von Tieren mindern. Die mit höheren Standards verbundenen Kosten können darüber hinaus pflanzliche Alternativen für Konsumentinnen und Konsumenten preislich attraktiver machen.

Hundeliebe und Kuhverachtung existieren nah beieinander
Über das schizophrene Verhältnis zu Tieren

Mein Anspruch beim Thema »Nachhaltige Hundehaltung« war es, außer dem Wohl der Hunde auch das Wohl der sogenannten Nutztiere zu betrachten, die am Ende ihres meist kurzen Lebens – unter anderem – im Hundenapf landen. Ein so gut wie unlösbarer Konflikt: Kann ich unterschiedliche Säugetiere dermaßen unterschiedlich behandeln? Wie ist es möglich, dass »Tierliebhaber« beim Anblick von Hunden, Katzen & Co. dahinschmelzen, aber nichts dergleichen bei Kühen und Schweinen empfinden? Dass sich jeder über das Hundefestival in Yulin empört, aber kaum jemand über die grausamen Zucht- und Schlacht-Bedingungen in Deutschland, also vor der Haustür?

//

Wie erklärst du dir das widersprüchliche Verhältnis der Menschen zu Haustieren und den sogenannten Nutztieren?
Andreas Grabolle, Leiter der Kommunikation bei der Albert Schweitzer Stiftung für unsere Mitwelt:
Zunächst sind vielen Menschen die Tiere emotional näher, die sie gut kennen und zu denen sie eine persönliche Verbindung haben. Das sind bei uns kulturell bedingt häufiger Hunde und Katzen als etwa Rinder und Schweine. Viele Menschen empfinden jedoch durchaus Mitgefühl und Sympathie gegenüber »Nutztieren«. Jedoch bedingen insbesondere Gewohnheit, Tradition, leichte Verfügbarkeit und die gesellschaftliche Norm, dass viele Menschen Fleisch essen. Selbst wenn sie nicht wollen, dass diesen Tiere dafür Leid und Schaden zugefügt werden. Aber was mit den Tieren geschieht, lässt sich in unserer Gesellschaft leicht ausblenden. So ein widersprüchli-

ches Verhalten zu ändern, ist nicht einfach. Das findet man ebenso in vielen anderen Bereichen. Auch wenn es gute Gegenargumente gibt, halten Menschen an ihren Verhaltensweisen oft lange fest. Dafür finden sie dann häufig vielerlei Gründe. Denn Menschen neigen offenbar dazu, für ihr Handeln rechtfertigende Gründe zu suchen.

Bettina Praetorius, Geschäftsführerin bei der Welttierschutzgesellschaft: Wir lieben oft das, was wir kennen – z. B. unseren Hund. Zu Kühen oder Schweinen hat kaum noch jemand hierzulande direkten Kontakt. Da diese Tiere so gut wie völlig aus unserem Alltag verschwunden sind, bauen wir keine emotionale Bindung mehr auf. Da uns besonders die industrielle Landwirtschaft gleichzeitig eine Bauernhofidylle vorspielt und Rollenvorbil-

Die Kluft zwischen Haus- und Nutztieren bleibt enorm

der wie schöne Models zeigen, dass es wieder schick ist, Pelz zu tragen, setzt sich kaum noch jemand mit dem Schicksal der Tiere auseinander.

SOKO Tierschutz, Friedrich Mülln, Journalist und Gründer:
Es ist total verlogen, speziell wenn man Leute mit Hund an der Leine sieht und Marderhund aus China am Kragen. Oder sieht, dass die Menschen für ihre Katze zahllose Tiere in schrecklichste Zustände zwingen und ganze Arten ausrotten. Das nennt sich Speziezismus und ist eines der größten Probleme unserer Zeit. Man kann nicht die Katze lieben und das Schwein töten. Diese problematischen Diskussionen führe ich mit so genannten Tierfreunden ...

PETA, Lisa Wittmann, Fachreferentin für Tiere in der Ernährungsindustrie:
Das hat mehrere Gründe. Es hängt in erster Linie mit der Art und Weise zusammen, wie Menschen aufwachsen. Sogenannte Nutztiere sehen wir kaum. Wenn wir mehr von ihnen wissen würden, wie toll und intelligent sie sind, hätten sicherlich noch mehr Menschen ein anderes Verhältnis zu ihnen. Es hat aber auch mit der Politik und Werbung zu tun. Sie gaukeln uns vor, es wäre völlig in Ordnung, Fleisch zu essen, egal wie billig es ist. Es hat auch gesellschaftliche und traditionelle Gründe. Der Mensch ist ein Gewohnheitstier.

Veganes für den Hund?

PETA Deutschland e. V. will alle Tiere schützen und plädiert für vegane Hundeernährung

Seit ihrem 19. Lebensjahr lebt Lisa Wittmann vegetarisch. Vor sieben Jahren hat die gebürtige Stuttgarterin komplett auf tierische Lebensmittel verzichtet und lebt seitdem vegan. Die Entscheidung für eine konsequent tierfreundliche Lebensweise kam durch das Studium der Agrarwissenschaften in Hohenheim. Das, was sie dort über die Tierhaltung gelernt hat, wollte sie nicht unterstützen. Seit 2013 arbeitet die 29-Jährige bei der Tierrechtsorganisation PETA Deutschland e. V. als Fachreferentin für Tiere in der Ernährungsindustrie. Da sie ihre circa 12-jährige, aus einem deutschen Tierheim adoptierte Dobermann-Mix-Hündin Ally seit vielen Jahren ebenfalls vegan ernährt, ist Lisa Wittman bei PETA Ansprechpartnerin auch für das Thema vegane Tierernährung.

///

Kann man einen Hund artgerecht ernähren und gleichzeitig dem Nutztier, das in der Dose landet, gerecht werden?
Man kann Hunde vegan ernähren. Auf diese Weise kommen keine sogenannten Nutztiere zu Schaden. Der Hund ist ein Allesfresser und kann Fleisch zwar gut verwerten, ähnlich gut kann er aber auch mit pflanzlichen Lebensmitteln leben, aus denen er sich lebenswichtige Nährstoffe, wie zum Beispiel Eiweiß, holt. Für Tiere ist es nicht wichtig, woher die Nährstoffe kommen, Hauptsache, sie sind gut versorgt. Es gibt mittlerweile viele vegane Fertigfutter, man kann aber auch selbst kochen. Oder eine Mischung aus beidem. Das Schöne ist, dass eine rein pflanzliche Nahrung den allermeisten Hunden sehr gut schmeckt. Man soll also bei der Wahl des Futters auf den Geschmack des Hundes eingehen – das ist viel wichtiger als zu fragen, ob er

PETA-Mitarbeiterin Lisa Wittmann

Fleisch oder kein Fleisch fressen soll. Ich selbst gehe auf den Bedarf meiner Hündin ein und koche häufig selbst. Daneben gibt es Trockenfutter, das sie zur freien Verfügung hat und sehr gerne isst. Sie bekommt auch mal eine Kleinigkeit vom Tisch. Sie entscheidet, was ihr schmeckt – und ich sorge für nahrhafte Mahlzeiten.

Nicht jeder ist bereit, den Hund vegan zu ernähren. Viele finden, dass es gegen die Natur des Hundes ist. Was empfehlen Sie als eine weniger radikale Alternative?
Eine vegane Ernährung des Hundes ist nicht radikal, sondern zeigt Mitgefühl für alle Lebewesen. Wenn der Hund aus welchem Grund auch immer jedoch kein veganes Futter essen möchte, dann sollte man auf jeden Fall

darauf achten, dass das Hundefutter ohne Tierversuche zustande kam. Es gibt immer noch viele Hersteller, die Beagles oder Katzen in den Laboren quälen. PETA hat eine Liste verantwortungsvoller Produzenten bereitgestellt, die auf Tierversuche ausdrücklich verzichten.

Wird aber für den Soja-Anbau auch nicht der Regenwald gerodet?
Das Soja, das für vegane Produkte verwendet wird, ist meist bio und wird in Europa, hauptsächlich in Italien und der Schweiz angebaut. Dafür wird der Regenwald nicht vernichtet. Aber für das Soja, das als Futter für die Millionen sogenannter Nutztiere verwendet wird, sehr wohl.

Aber ist ein veganer Lebensstil, gerade für den Hund, nicht zu radikal?
Vegan ist nicht radikal, sondern nur konsequent. Wir – das heißt PETA – haben es satt, kleine Schritte zu gehen, wenn es den Tieren nach wie vor so schlecht geht. Wenn niemand die 100 Prozent fordert, dann gibt es dauernd nur Ausreden. PETA gibt den Menschen Mittel und Wege an die Hand, zeigt Fakten und die Realität. Beispielsweise im tiefsten Afrika oder in der Antarktis – dort wird es den Konsum von tierischen Produkten wahrscheinlich immer geben. Aber sonst müsste kein Tier von den Menschen ausgebeutet werden und leiden müssen, beispielsweise hier in Deutschland haben wir alle Möglichkeiten für ein veganes Leben. Veganer sind ganz normale Menschen, die

> **!** PETA setzt sich seit vielen Jahren für die fleischfreie Ernährung von Hunden ein. Eine von PETA beauftragte Studie aus den frühen 1990er Jahren erfasste den Gesundheitszustand von 300 vegetarisch ernährten Hunden für die Dauer eines Jahres. Das Ergebnis: Je länger ein Hund vegan oder vegetarisch lebt, umso besser sind seine Chancen, bei guter bis ausgezeichneter Gesundheit zu sein und umso geringer ist sein Risiko, eine Infektionskrankheit zu bekommen oder an Krebs oder Schilddrüsenunterfunktion zu erkranken. Studie: tiernahrung.peta.de

es sich zur Aufgabe gemacht haben, das Tierleid zu beenden. Veganer und Vegetarier haben eine enorme Wirtschaftsmacht und die wird wachsen. Wenn sogar Unternehmen wie die Rügenwalder Mühle fleischlose Produkte anbietet, ist der vegane Einfluss offenbar sehr groß. Sich pflanzlich zu ernähren, ist mittlerweile normal. Wir entwickeln uns schließlich ständig weiter. Früher haben wir in Höhlen gewohnt, keine Toilette benutzt, keine Telefone gehabt. Wieso sind wir in allen anderen Bereichen fortschrittlich, nur in der Ernährung müssen wir so bleiben wie früher? Wieso ziehen wir hier eine Grenze? In der Vergangenheit wurde gejagt, heute geht man in einen Supermarkt. Der heutige Mensch kriegt ja vom lebendigen Tier gar nichts mehr mit. Die Zeiten haben sich geändert. Auch der Speiseplan sollte nachziehen. Außerdem gibt es nur Vorteile, sich pflanzlich zu ernähren. Aus umwelttechnischen und gesundheitlichen Gründen – und natürlich hilft es den Tieren.

»Die Futtermittelbranche kennt keine Ekelgrenzen«

Hans-Ulrich Grimm über seine Recherchen zu »Katzen würden Mäuse kaufen«

Eigentlich wollte Hans-Ulrich Grimm Lehrer werden. Hätte er die Stelle bekommen, wäre die Bücherwelt um einige brisante Titel ärmer. Und die Essgewohnheiten vieler Menschen schlechter. Doch nach seinem Studium der Germanistik, Geschichte und Erziehungswissenschaften an der Heidelberger Uni hat der gebürtige Allgäuer keinen Job gefunden und bei einer Tageszeitung angeheuert. Heute ist der zweifache Vater ein bekannter – und gefürchteter – Fachautor, der kein Blatt vor den Mund nimmt. Seine Bücher handeln von Ernährungslügen-, -fallen und -risiken. In der Hundeszene ist der 61-Jährige mit seinem Schwarzbuch Tierfutter »Katzen würden Mäuse kaufen« bekannt geworden.

Wie kamen Sie auf das Thema Ernährung?
Eigentlich war das Essen mein Thema, nicht Ernährung. Ich liebte gutes Essen und habe als Lokalredakteur für eine regionale Tageszeitung Artikel über Restaurants geschrieben. Später ging es um Zusatzstoffe, als ich auf einer Messe in Paris mehrere Pulver entdeckt habe: unterschiedliche Aromen aus der Fabrik. Diverse Geschmacksrichtungen pulverisiert im Glas. Damals hielt ich das für den Gipfel der Unverschämtheit, dass man uns essenstechnisch was vorgaukeln will. Da habe ich gemerkt: Heute hat die industrielle Parallelwelt der Nahrung mit dem normalen Essen nichts mehr zu tun. Je näher ich mich mit dem Thema beschäftigt habe, desto erschreckender waren die Erkenntnisse, wie schlecht die Zusätze für den Körper sind. Darüber habe ich dann auch weiter geschrieben, als ich Redakteur beim »Spiegel« war.

Hans-Ulrich Grimm

Und was war der Auslöser, dass Sie sich der Tiernahrung gewidmet haben?
Vor Jahren, als ich in einer Wohngemeinschaft lebte, hatten wir drei Siamkatzen, denen wir immer Frisches vom Metzger gegeben haben. Auf das Thema Tiernahrung bin ich gekommen, weil ich schon seit langem befürchtet habe, dass sich Menschen, vor allem in Deutschland, viel mehr für die Ernährung ihrer Tiere interessieren als für ihre eigene. Daher hatte ich nebenbei bergeweise Material gesammelt. Als mich ein Verlag fragte, ob ich ein Schwarzbuch über Tierernährung schreiben möchte, konnte ich gleich loslegen.

Wie sind Sie bei Ihrer Recherche für »Katzen würden Mäuse kaufen« vorgegangen?
Auf der Basis meiner zuvor gesammelten Materialien hatte ich Hinweise auf jene Tierkörperbeseitigungsanlage, in der sie Klärschlamm zu Tierfutter verarbeitet hatten. Ich bin dort hingefahren und habe gefragt, ob das auch für Haustierfutter verwendet wurde, was der Direktor bejahte. Alle großen

Unternehmen, auch Whiskas, Purina oder Nestlé würden von ihnen beliefert. Anschließend habe ich bei Masterfood – heute Mars – gegengecheckt. Meine Frage, ob sie von der Tierkörperbeseitigungsanlage beliefert werden, wurde ebenfalls bejaht. Nestlé hat sich nicht geäußert, aber auch nicht dementiert. Und so bin ich auch bei anderen Themen vorgegangen. Ich habe Schlachthöfe und Universitäten besucht. Solange die Firmen nicht wissen, wer ich bin, funktionieren die Besuche vor Ort recht gut, jedenfalls damals war es so. Insgesamt hat die eigentliche Recherche aber nur ein halbes Jahr gedauert. Davor habe ich ja jahrelang Material gesammelt.

Haben Sie während der Recherche oder nach der Veröffentlichung des Buches unangenehme Situationen erlebt, Schikanen oder Prozessandrohungen?
Bei den Recherchen wollten natürlich – wie üblich – die korruptesten Professoren nicht mit mir reden. Und zum Erscheinungszeitpunkt wollte Masterfood/Mars das Buch per einstweiliger Verfügung verbieten lassen, die sich allerdings nur gegen den Klappentext und die Online-Werbung richtete. An meinem Text ließ sich nichts verbieten, der Verlag hat daher seine Werbung geändert und das Buch ist erschienen, ohne dass am Inhalt ein Jota geändert wurde. Schikanen oder Ähnliches habe ich nicht erlebt. Ich arbeite auch mit einem Dokumentar zusammen, der jedes einzelne Wort in meinen Büchern auf seine Richtigkeit überprüft.

Sie haben von »korrupten Professoren« gesprochen. Stimmt es, dass die Universitäten in Deutschland von der Futtermittelindustrie korrumpiert sind?
Es gibt keinen Straftatbestand diesbezüglich. Die Zusammenarbeit zwischen Wirtschaft und Wissenschaft ist im Gegenteil politisch erwünscht. Ob in Hannover, Hohenheim oder Berlin. Aber natürlich ist klar: Wenn Professoren allzu eng mit der Industrie kooperieren, leidet ihr Urteilsvermögen. Für uns Verbraucher und auch für die Tiere und ihre Halter ist das natürlich sehr verhängnisvoll, denn die Professoren sind für die Politik, für die Gesetzgebung, auch für die Medien sehr wichtig. Ihre Abhängigkeit von den Konzernen untergräbt die Freiheit der Wissenschaft. Ab und zu liest man dazu etwas in den Medien, aber grundsätzlich interessiert Hochschulpolitik

leider niemanden. Es gibt keine Demo dagegen. Dabei könnte alles anders sein, man könnte sich vernetzen und etwas unternehmen. Es liegt bei den Menschen. Für meinen Geschmack müsste viel mehr passieren. Doch die Empörung darüber bleibt aus.

Mittlerweile gibt es viel mehr hochwertige Futtersorten auf dem Markt, darunter auch Bio-Fleisch. BARF-Läden sprießen aus dem Boden. Hat die Industrie aus den Fehlern gelernt oder reagiert sie bloß auf das steigende Bewusstsein der Konsumenten und möchte möglichst alle Kundengruppen bedienen?
Die ganze Branche kennt keine Ekelgrenzen. Es gibt immer wieder perverse Sachen im Tierfutter, Dreck von den Schiffen oder Dioxin aus Filteranlagen. Und sogar die größten Firmen stecken mit drin. Aber es geht nicht nur um solche Skandale. Es geht auch um die Eigengesetzlichkeit der industriellen Produktion. Die Industrie ist nicht böse oder konsumentenfeindlich. Sie folgt nur ihren eigenen Sachzwängen, wie Haltbarkeit, Kostenreduktion durch Abfallverwertung und dergleichen. Der Fehler liegt also im System, und daran lässt sich innerhalb des Systems nur graduell etwas ändern – etwa durch besseres Fleisch in den Dosen –, nicht aber prinzipiell. Nach wie vor sind fragwürdige Substanzen zugelassen und werden ganz legal hinzugegeben. Früher war es verboten, Geschmacksstoffe anzugeben, jetzt ist das erlaubt – wenn gleichzeitig die verwendete Menge angegeben wird. Was natürlich kein Hersteller macht. Solange sich die Öffentlichkeit nicht dafür interessiert, macht man auch nur Gesetze, die die Unternehmen nicht stören.

Dürfen wir von den Unternehmen nicht Moral und Anstand erwarten?
Es ist nicht ihre Aufgabe, Moral zu haben. Eine Firma soll Sachen herstellen. Aktionäre interessieren sich für die Dividende. Es ist für sie nicht wichtig, ob eine Firma moralisch ist. Es geht für sie lediglich darum, sich an die Gesetze zu halten. Moral kann ein Individuum haben, nicht ein Unternehmen. Natürlich ist es schon eine Sauerei, dass die Werbung das Blaue von Himmel verspricht und das meiste einfach gelogen ist. Für sie geht es ums Geschäft. Deshalb hat eigentlich keiner ein Interesse, dass sich etwas ändert. Als Bei-

spiel: Diabetes verursacht 48 Milliarden Euro medizinische Kosten, pro Jahr allein in Deutschland. Aber alle haben was davon: Zuckerhersteller, Lebensmittelproduzenten, Versicherungen, Ärzte. Damit sich die Realität ändert, wären aber entsprechende Gesetze nötig.

Welche Wege sehen Sie aus der Massentierhaltung-Falle?
Jeder einzelne kann besseres Essen kaufen: Eier, Fleisch, Milch. Was die Politik tun müsste, ist müßig zu fragen. Die Politik will nichts ändern. Das bringt nur Ärger mit der Lobby. Es müsste schon ein erheblicher Druck aus den Medien kommen und das möchten diese auch nicht. Da sind bekanntlich die Anzeigenkunden König, also die Supermarktkonzerne. Da die aber im Zentrum des Problems stehen, sind sie für die meisten Medien sakrosankt.

Sie haben Ihr 2009 erschienenes Buch 2016 neu aufgelegt. Gibt es neue Erkenntnisse?
Ja, die Industrie hat sich durchaus was Neues einfallen lassen. Es gibt jetzt das neue Erdgas-Schnitzel oder Erdgas-Granulat. Damit das Tierfutter noch billiger wird als es ohnehin schon ist, wollen die Hersteller jetzt auch noch die letzten Abfälle von Erdölfeldern verarbeiten. Dort werden ja Milliarden von Kubikmetern Erdgas verbrannt. In Verbindung mit speziellen Bakterien, über die man das Erdgas streichen lässt, entsteht eine ganz neue Form von Protein, das ich als Erdgasschnitzel oder Erdgasgranulat bezeichne. Leider reagieren Tiere mit Allergien, Magenverstimmungen und allen möglichen gesundheitlichen Problemen darauf. Die EU hat die Proteste verschiedener Länderbehörden abgewiesen. Es gibt ja den Entsorgungsdruck bei den Erdölfeldern, aber auch riesige Lachsfarmen in Norwegen beispielsweise, die ganz dringend billiges Futter brauchen. Auch die Heimtierfutterhersteller waren von der Idee ganz begeistert. Also hat die EU beschlossen, dass das Material zugelassen wird. Eine amerikanische Firma hat sofort zugegriffen und vermarktet ihr neues Produkt als High-Tech und Nachhaltigkeit pur.

Der Hundefuttermarkt

Aufgrund der nicht vorhandenen Meldepflicht für Herstellungsbetriebe existieren keine amtlichen Daten über die Produktion von Heimtierfutter. Es finden lediglich jährliche Erhebungen von Marktforschungsinstituten und dem Industrieverband für Heimtierbedarf (IVH) über Umsätze bei Handel und Unternehmen statt. Laut IVH erhöhte sich der Umsatz bei Hundefutter im Jahre 2015 um 4,6 Prozent auf 1,323 Milliarden Euro. Dabei erzielte das Trockenfutter einen Zuwachs von 422 Millionen Euro (2014) auf 429 Millionen Euro ein Jahr später. Im Verhältnis zum Jahr 2010 ist der Trockenfutterumsatz 2015 um über 3 Prozent gestiegen. Der Gesamtumsatz von Trocken- und Nassfutter sowie Snacks ist innerhalb von fünf Jahren sogar um über 20 Prozent gewachsen: von 1,102 Milliarden Euro auf 1,323 Milliarden Euro. Am dynamischsten – um ganze 44 Prozent – entwickelte sich der Bereich der Snacks: auf 479 Millionen Euro.

Den (Hunde-)Kuchen teilen sich die Global Player auf: Laut einer Statista-Umfrage[28] greift ein großer Teil der Hundehalter auf die Eigenprodukte des Lebensmitteldiscounters Aldi zurück: 2016 gaben 2,78 Millionen Käufer an, Aldi-Futter als ihre Lieblingshundefuttermarke zu kaufen, gefolgt von Frolic (2,23 Millionen) und Pedigree (2,16 Millionen). Chappi und Royal Canin waren gleich beliebt: Je 1,39 Millionen Menschen haben sie als bevorzugte Marke gekauft. Auffällig: Bis auf die Eigenmarke von Aldi gehören alle genannten Labels zum Mars-Konzern. Zusammengerechnet bevorzugen rund 7,2 Millionen deutscher Hundehalter ein Produkt aus dem Sortiment des amerikanischen Nahrungs- und Futtermittelpotentaten. Ein erschreckendes Ergebnis, wenn man von 7,9 Millionen Hunden ausgeht, die in Deutschland leben sollen. Die Macht der Werbung ist wohl größer als jede Vernunft und stärker als jeder kritische Bericht, der den minderwertigen und auf Tierleid basierenden Inhalt der Dosen und Säcke enthüllt. Tierhaltern, die kritischer durch die Welt gehen, stehen eine ganze Reihe großartiger kleiner Futtermarken zur Verfügung, die sich der Nachhaltigkeit und Tierliebe verschreiben.

Futtermittel-Sorten: Definition und Wirklichkeit
Warum der gesunde Menschenverstand besser ist als Etiketten

Alleinfuttermittel: Die magische Rundum-Versorgung
Laut der Futtermittelverordnung ist Alleinfutter dazu bestimmt, bei ausschließlicher Verwendung den täglichen Nahrungsbedarf der Hunde zu decken, sie also mit allen notwendigen Nährstoffen zu versorgen. Per Definition also sollen die Komponenten und Rohstoffe im Alleinfutter so aufeinander abgestimmt sein, dass das Futtermittel allein völlig ausreichend ist. Um dem gesetzlich definierten Anspruch zu genügen, wird diese Art von Futter in der Regel mit künstlichen Vitaminen angereichert. Da ein Alleinfutter per Gesetz den Nahrungsbedarf der Tiere decken muss, fühlen sich die meisten Tierhalter auf der sicheren Seite, eben dieses zu wählen. Problematisch wird es allerdings dann, wenn man nicht nur die in Laborbedingungen ermittelten Nährstoff-Werte betrachtet, sondern auch die künstlichen Zusätze und die Qualität der Zutaten unter die Lupe nimmt.

Industriefutter macht krank
In dem Buch »Hilfe, mein Hund ist unerziehbar! Verhaltensänderung durch Futterumstellung« konstatiert die Tierärztin und Ernährungsberaterin Dr. med. vet. Vera Biber: »Kein Industriefutter ist so optimal, dass es nicht doch auf Dauer durch Einseitigkeit Erkrankungen auslösen kann. Industriefutter macht auf Dauer krank.«

Entscheidend dabei ist eben der Hinweis auf die Dauer der Ernährung mit einem industriell hergestellten Futtermittel. Greift der Halter nicht nur dauerhaft zum Fertigfutter, sondern auch noch zu einer bestimmten Sorte desselben, steigt das Risiko für (fehl)ernährungsbedingte Erkrankungen.

Es gibt kein Standardtier
Die Geschäftsführung des Zentralverbandes Zoologischer Fachbetriebe (ZZF) Deutschlands kritisiert ebenfalls: »Ein Alleinfutter gemäß der futtermittelrechtlichen Definition kann es nicht geben. Ein solches Futter müsste alle Nähr- und Wirkstoffe in einem dem Bedarf des jeweiligen Tiers entsprechenden Mengenverhältnis enthalten. (...) Es gibt zwar standardisiertes Futter, jedoch – glücklicherweise – keine Standardkatze und keinen Standardhund.«

Zweifelhafte Tests
In letzter Zeit entstehen in kleinen Manufakturen hochwertige, oft als Alleinfuttermittel ausgewiesene Bio-Futtersorten, die auf naturbelassene Bestandteile setzen und bewusst auf synthetische Zusatzstoffe verzichten. In den von »Stiftung Warentest« oder »Öko-Test« durchgeführten Tests schneiden solche natürlichen Bio-Futtersorten oft schlecht ab – im Gegensatz zu den Billig-Futtermitteln der Großkonzerne. Die Nährstoff-Versorgung wäre nicht optimal, so das häufige Urteil. Wichtige Vitamine würden fehlen oder in zu großen Mengen enthalten sein. Kurzum: Die analytischen Bestandteile decken den täglichen Bedarf des Hundes nicht optimal.

Natürliche Schwankung außer Acht
Dabei wird aber die naturbedingte Schwankung der Nährstoff-Werte nicht berücksichtigt. Auf die hohe Qualität der einzelnen Bestandteile wird in den Tests ebenfalls kein Wert gelegt. Es zählen allein die tabellarischen Werte der ernährungsphysiologischen Zusatzstoffe und der analytischen Bestandteile. Eine Discounter-Dose mit – um es zugespitzt zu formulieren – minderwertigem Fleisch aus der Massentierhaltung, pestizidverseuchtem Obst und Gemüse und gentechnisch modifiziertem Getreide als billiger Füllstoff mag theoretisch alle Vitamine, Spurenelemente und Mineralien beinhalten. Diese werden ja auch bewusst zugesetzt, bevor die Dose verschweißt wird. Doch gesund ist solches Futter ganz sicher nicht. Ein liebevoll hergestelltes Bio-Hundefutter mit regionalen Zutaten mag den Hund vielleicht *nicht jeden Tag* mit allen nötigen Nährstoffen versorgen, das ist aber auch nicht täglich nötig. Es ist nicht anders als bei den Menschen: Wir nehmen auch

nicht täglich einen fertigen Cocktail aus Vitaminen und Mineralien zu uns und gönnen uns mal eine Pizza oder Pommes, ohne wegen mangelhafter Nährwerte in Panik zu geraten.

Viel wichtiger als die (vermeintlich) *tägliche Versorgung* des Hundes mit allen Vitaminen und Mineralien aus einer und dergleichen Dose ist eine vollwertige und abwechslungsreiche Ernährung.

Einzelfuttermittel: Die minimalistische Version

Einzelfuttermittel bestehen aus einer einzigen Komponente und stellen nur ein Element der Nahrung dar, beispielsweise Rindermuskelfleisch oder Kartoffeln. Die Nahrung wird erst in Begleitung von einem Ergänzungsfutter oder aber in einer Mischung aus mehreren Einzelfuttermitteln ausgewogen. Manche Nahrungsmittel – wie etwa der grüne Pansen beim Barfen – gelten theoretisch als Einzelfutter, können aber auch ohne Ergänzungsfutter wenigstens einmal wöchentlich verabreicht werden. Pansen hat nämlich ein optimales Calcium-Phosphor-Verhältnis, einen guten Gehalt an Fett, ist reich an Vitaminen und Spurenelementen und besitzt verdauungsfördernde Eigenschaften.

Ergänzungsfuttermittel: Die inhaltsreiche Beimischung

Ergänzungsfuttermittel sind laut der Futtermittelverordnung Mischfuttermittel, die – im Vergleich zu Alleinfuttermittel – einen höheren Gehalt an bestimmten Stoffen, meist Inhalts- oder Zusatzstoffen, aufweisen. Auf Grund der Zusammensetzung sollen sie in Ergänzung anderer Futtermittel zur Deckung des Nahrungsbedarfs der Tiere beitragen. Das Ergänzungsfuttermittel reicht also per Definition nicht aus, über einen längeren Zeitraum eine ausreichende Versorgung mit allen Nährstoffen zu gewährleisten. Es dient vielmehr zur Ergänzung des Speiseplans. Auf Dauer kann es also zu Mangelerscheinungen kommen. In einer einzigen Mahlzeit erfüllen Ergänzungsfutter nicht alle ernährungsbedingten Anforderungen von Hunden, weil sie keine Zusatzstoffe haben. Das ist allerdings genau das, was in der Natur und auch bei der menschlichen Ernährung geschieht: Auch unsere Ernährung basiert auf dem Wechsel von verschiedenen Nahrungsquellen.

Hundenapf ähnlich wie Menschenteller behandeln

Rein ernährungswissenschaftlich gesehen, könnten Alleinfuttermittel jeden Tag und lebenslang gefüttert werden. Solcher Speiseplan würde aber weder das ernährungsbedingte Wohl des Tieres garantieren noch seinen individuellen Bedürfnissen gerecht werden. Hunde essen anders im Winter und im Sommer, auch altersbedingt schwanken die Vorlieben und der Bedarf. Eine einzelne Futtersorte, selbst mit dem Prädikat »Alleinfuttermittel«, kann den Bedürfnissen des Hundes nicht genügen.

Setzt man auf Nassfutter, ist ein abwechslungsreiches Sortiment an hochwertigen Dosen vernünftiger, als den Speiseplan des geliebten Hundes nur auf das Merkmal »Alleinfuttermittel« aufzubauen. Bio-Futterdosen mit wenigen, aber gesunden Zutaten und offener Deklaration sind – den Hunden und den Nutztieren gegenüber – deutlich besser als der Zauber-Stempel »Alleinfuttermittel«. Der Napf-Inhalt soll einfach regelmäßig, wenn auch nicht täglich, mit frischen oder getrockneten Kräutern, mit püriertem Obst und Gemüse und mit hochwertigen Ölen ergänzt werden. So viel Liebe muss sein.

Auch Alleinfutter reicht nicht aus –
Abwechslung ist das A und O

Analytische Bestandteile und Zusammensetzung von Futter
Futterdeklarationen lesen lernen

Analytische Bestandteile
Die Weender Futtermittelanalyse wurde bereits 1886 entwickelt und diente dazu, die Beurteilung der Futtermittel zu vereinfachen und zu vereinheitlichen. Das chemische Verfahren lässt die prozentualen Werte der einzelnen Stoffgruppen – Rohprotein, Rohasche, Rohfett und Rohfaser – ermitteln, die laut Gesetz auf der Verpackung jedes Futtermittels erscheinen müssen. Die Analyse ist schnell und kostengünstig, bleibt aber nur ein grober Richtwert. Die einzelnen Werte sagen nämlich nichts über die Qualität der Bestandteile aus, deswegen sollten sie nicht isoliert, sondern immer in Verbindung mit der allgemeinen Zusammensetzung des Futters betrachtet werden.

Rohprotein
Rohprotein umfasst alle stickstoffhaltigen Verbindungen im Hundefutter. Davon lässt sich die Gesamtmenge der Proteine, also aller enthaltenen Eiweißverbindungen ableiten. Diese können sowohl tierischen als auch pflanzlichen Ursprungs sein. Die genauen Eiweißquellen lassen sich durch die Analyse nicht bestimmen. Die Bezeichnung »Rohprotein« kann für pures Fleisch oder für Haut, Federn und Klauen oder aber für ausschließlich pflanzliches Eiweiß stehen. Somit kann man auch keine Rückschlüsse auf die Verdaulichkeit der Proteine ziehen: Die Analyse beantwortet keine Frage nach einer günstigen oder ungünstigen Aminosäurenzusammensetzung.

Rohasche
Rohasche bezeichnet das, was vom Futter übrig bleibt, wenn man es auf über 550 Grad erhitzt: Die organischen Bestandteile des Futters verbrennen, übrig bleibt der anorganische Anteil. Neben wertlosen Substanzen sind das unter anderem auch Mineralstoffe wie Kalzium, Phosphor, Magnesium,

Eisen, Kupfer, Natrium u. a. Ist bei der Zusammensatzung Knochenmehl enthalten, sollte man einen Blick auf die analytischen Bestandteile werfen. Die Rohasche im Alleinfutter sollte nicht unter 2 und nicht über 7 Prozent liegen, im Schnitt sind 4 – 5 Prozent ein gutes Mittel. Ist der Anteil höher, enthält das Futter zu viele anorganische Stoffe, also Mineralien. Bei einem zu niedrigen Wert ist die Versorgung mit Spuren- und Mengenelementen meist nicht gegeben. Im Falle von Ergänzungsfuttermitteln, die der zusätzlichen Versorgung mit Mineralien dienen, kann der Anteil auch höher sein.

Rohfaser

Pflanzliche, unverdauliche Fasern im Hundefutter werden als Ballaststoffe eingesetzt und unterstützen die natürliche Funktion des Darms. Dazu gehören vor allem die Zellbestandteile wie Zellulose, Hemizellulose und Lignin. Durch die im Futter enthaltenen Faserstoffe wird der Darm zur Bewegung angeregt. So können Verstopfungen und ein träger Darm vermieden werden. Daher sollte das Futter eine ausreichende Rohfasermenge aufweisen. Ist der Gehalt an Rohfasern im Futter jedoch zu hoch, kann es wiederum die Verdauung belasten. Zwischen 2 und 3,5 Prozent Anteil an Rohfasern in einem Trockenfutter sind üblich.

Rohfett

Zu Rohfett zählen tierische und pflanzliche, gesättigte und mehrfach ungesättigte Fette, aber auch fettlösliche Vitamine. Ein ausreichender Fettgehalt im Hundefutter ist notwendig, damit der Bedarf an essentiellen Fettsäuren beim Hund gedeckt wird. Auch der Energiebedarf des Hundes wird zu einem gewissen Anteil über die enthaltenen Fette gedeckt. Hunde mit einem erhöhten Energiebedarf, wie z. B. Welpen oder untergewichtige Hunde, benötigen ein Futter mit erhöhtem Rohfettgehalt.

Worauf man bei den Inhaltsstoffen achten muss

- Lange und kryptische Zutatenlisten lassen Verschleierung und Manipulation statt hochwertiger Bestandteile vermuten. Hinter Pflanzenproteinisolat (pflanzliches Eiweiß), L-Arginin (Aminosäure) oder Mannan-Oligosaccharide (unverdauliche Kohlenhydrate) verstecken sich stark verarbeitete oder künstlich aufgespaltene Stoffe, deren Herkunft nicht nachvollziehbar ist.
- Geflügelfleischmehl / Rindfleischmehl (getrocknetes, gemahlenes Fleisch) ist besser als Geflügelmehl / Rindmehl (geschredderte Tierteile, meist minderwertig, Fleisch kann gänzlich fehlen).
- Die Reihenfolge der Inhaltsstoffe erfolgt in absteigender Menge der einzelnen Zutaten. An erster Stelle steht die Zutat, deren Anteil am höchsten ist. Vorsicht ist geboten, wenn bei Getreide jede einzelne Sorte knapp weniger vertreten ist als die einzige Fleischsorte. Wenn der Fleischgehalt nur 10 Prozent beträgt, jede einzelne Getreidesorte aber mit 9 Prozent deklariert ist, dann werden bei Gerste, Mais, Weizen, Dinkel zusammen auch 40 Prozent.
- Wird dem Hundefutter Ascorbinsäure (Vitamin C) zugesetzt, um die Oxidation zu verhindern, so handelt es sich hier um einen Zusatzstoff, der mit der E-Nummer gekennzeichnet werden muss. Wird die Ascorbinsäure dagegen ins Futter beigemengt, um den Vitamingehalt zu erhöhen, dann kann sie als Zutat angesehen werden und als Vitamin C oder Ascorbinsäure auf der Zutatenliste deklariert werden. Sieht dann natürlich viel besser und gesünder aus – ist aber genau das Gleiche ...
- Um mit einer Tierart werben zu dürfen – z. B. frischem Renntierfleisch – müssen lediglich vier Prozent davon enthalten sein. Der Rest darf minderwertiger Abfall sein.
- Der Hinweis »ohne Konservierungsstoffe« bedeutet nicht unbedingt, dass es konservierungsfrei ist. Einzelne Rohstoffe verschiedener Lieferanten werden in der Regel bereits konserviert geliefert, der Hersteller des Futters muss das nicht zusätzlich tun. Auch Zucker oder Salz, falls in der Zusam-

mensetzung enthalten, gelten als natürliche Konservierungsmittel.
- Antioxidantien sind nichts anderes als Konservierungsmittel, die Gesetzgebung macht aber einen Unterschied zwischen Konservierungsstoffen und Antioxidantien. Deshalb können Futtermittelhersteller den Hinweis »Ohne künstliche Konservierungsstoffe« anbringen, auch wenn sie chemische Antioxidantien einsetzen.

Zu meiden:
- Futtermittel, in denen **tierische Nebenprodukte** ohne weitere Erläuterung enthalten sind.
- Futter, das **pflanzliche Nebenprodukte** enthält, vor allem wenn diese unter den ersten fünf Nennungen und ohne genauere Beschreibung landen.
- **Hydrolysiertes Protein**, oft im hypoallergenem Futter zu finden, ist eine Art vorverdautes Eiweiß und ein sogenannter Akzeptanzverbesserer: Da reines hydrolysiertes Protein meist bitter ist, werden massiv Aromen oder Geschmacksverstärker verwendet, um den Geschmack des Futters zu verbessern. Hydrolysiertes Hundefutter erkennt man an Begriffen wie »Pflanzenproteinhydrolisat«, »hydrolysiertes Pflanzeneiweiß«, »hydrolysierte tierische Protein« oder »Leberhydrolysat«.
- **Mehle** (Fleisch-, Fisch-, Pflanzenmehl) sind Abfallprodukte aus der Lebensmittelindustrie. Nicht selten stammen die Rohstoffe für die Tiermehlherstellung auch aus Tierkörperbeseitigungsanlagen: von eingeschläferten, medikamentös behandelten oder in Versuchslaboren gehaltenen Tieren.
- **Hefe-Extrakt**, gewonnen durch die Extrahierung der in der Hefe enthaltenen Aminosäuren, ist ein Stoff, der die geschmacksverstärkenden Substanzen Glutamat, Inosinat und Guanylat enthält.
- **Erdnussschalen, Linozellulose, Weizenkleber** – es sind billige und minderwertige Füllstoffe.
- **Zucker,** auch deklariert als: Dextrose, Farin, Fondant, Fruktose, Glucose, Galactose, Glykogen, Hexose, Isoglucose, Kandisfarin, Karamell, Maltodextrin, Melasse ect.

Hundefutter von der blonden Kuh
»Oscar & Trudie« macht Bio-Hundefutter im Glas

Das Vieh, das irgendwann in den Gläsern von »Oscar & Trudie« landet, wohnt im österreichischen Dobersberg. Und 55 Kilometer weiter südwestlich, in Heinrichs. Oder auch in Langau, etwa anderthalb Stunden Autofahrt von Wien entfernt. Die Anschriften der 20 Bio-Bauernhöfe, die das ökologisch erzeugte Rind-, Lamm- und Hühnerfleisch für die Futtermarke liefern, stehen auf der Webseite: »Nachvollziehbarkeit bis zum Hof. Eine Adresse sagt mehr als 1000 Worte« – liest der interessierte Besucher unter www.oscarandtrudie.at. Außer den Wohnorten der Bio-Tiere und dem markanten Motto »Fressen wie früher« liefert die Seite auch sehr viele Bilder. »Die Fotos stammen alle aus meinem Privatarchiv«, erzählt die Geschäftsführerin Stefanie Hofbauer. »Es ist kein Marketinggag, es ist meine Familiengeschichte.« Diese ist seit 1882 fest mit der Wiener Lebenskultur verbunden und steht für eine bekannte Schokoladen-Marke.

///

Hundebücher als Katalysator
Mit dem Unternehmen ihres Urgroßvaters Carl Hofbauer hatte Stefanie allerdings wenig zu tun, auch wenn sie in der Schokoladenfabrik eine glückliche Kindheit verbrachte. Noch bis 2013 arbeitete die heute 37-Jährige als TV- und Radio-Moderatorin. Auf die Idee von Bio-Hundefutter aus Österreich kam die gebürtige Wienerin und Hundeliebhaberin vor vier Jahren nach der Lektüre der Schwarzbücher von Hans-Ulrich Grimm und Jutta Ziegler. »Es hat mich tief berührt. Ich war richtig fertig, weil mir klar geworden ist, wie naiv es ist, Tierärzten und Etiketten zu glauben.« Die Schockstarre dauerte nicht allzu lange: Erst änderte Stefanie den Diätplan ihrer eigenen

Hunde und dann das berufliche Leben. Aus einer Moderatorin ist eine Unternehmerin geworden, die die alten Weiderassen Blondvieh, Waldlamm und Wildhendl aus dem niederösterreichischen Waldviertel zu einem Bio-Hundefutter im Glas verarbeitet.

Die Kreative und der Perfektionist

Der Weg bis zum heutigen Produkt ist sehr mühsam gewesen und das Ziel noch lange nicht erreicht. »Es ist alles andere als einfach, aber wir sind auf dem richtigen Kurs«, sagt Stefanie überzeugt. Das »wir« bezieht sich auf sie und ihren Lebens- und Geschäftspartner Thomas Steinbach, der sich um die Produktentwicklung und die Logistik kümmert. »Ich bin der kreative Part, vollkommen chaotisch, wahnsinnig ungeduldig und begeisterungshysterisch. Oft bringe ich die Sachen aber nicht zu Ende«, gibt Stefanie unumwunden zu. »Thomas ist der Macher, ein totaler Perfektionist. Wir ergänzen uns optimal als Unternehmenspaar.« Viele Herausforderungen haben die Wiener bereits gemeistert. »Das Produkt so zu kreieren, dass es so aussieht, so riecht und haltbar ist, wie jetzt. Das Glas bruchsicher zu verschicken. Im kalten Lager zu stehen und zu verpacken«, zählt die gelernte Werbefach-

Bio-Hundefutter im Glas

frau auf. »Doch die größte Herausforderung ist für mich das Abschalten. Im Moment schlafe ich ein und wache auf mit dem Unternehmen. Ich muss lernen, auch mal eine private Person zu sein.«

Push durch Löwen
Ihr Auftritt bei der VOX-Gründer-Show »Höhle der Löwen« im Oktober 2016 hat das »Privat-Sein« noch schwieriger gemacht, der Marke aber einen ordentlichen Schub beschert. Das Konzept des Bio-Futters im Glas hat die finanzkräftige Jury zwar nicht überzeugt, die Fangemeinschaft wächst aber seitdem sehr dynamisch weiter. So dynamisch, dass die Regale der Hundeläden, die »Oscar & Trudie« in ihr Sortiment aufgenommen haben, auch schon mal leer blieben. Die Liefer-Engpässe sind aktuell aber überstanden und auch im E-Shop von »Oscar & Trudie« bekommt der Kunde keine »Ausverkauft«-Meldung mehr zu Gesicht. Das Konzept scheint aufzugehen. Ob mit oder ohne »Löwen«.

www.oscarandtrudie.at

Bio-Hundefutter: Früher etwas für Aliens

Hermann's Manufaktur: Von Etepetete zum Marktführer

Am Anfang war der Frust. So beginnen unzählige Geschichten von kleinen, grünen Manufakturen in der Hundebranche. Auch die Marke Herrmann's entstand aus Mangel an Alternativen und aus Sorge um eigene, aus dem Tierschutz adoptierte Hunde, die das Industriefutter nicht vertragen haben. Was damals wie ein Hirngespinst klang und meist nur Kopfschütteln erntete, hat sich innerhalb von zwölf Jahren zu einer festen Größe im Bereich von Bio-Hundefutter entwickelt.

2005 ist der Markt noch jungfräulich gewesen und die Idee, Bio-Futter für Haustiere anzubieten, ebenso mutig wie schräg. »Bio war damals etwas für Aliens. Die Bank hat uns angeschaut, als wären wir vom fremden Stern gefallen«, erinnert sich Erich Hermann. Doch er und seine mittlerweile verstorbene Frau waren von dem Konzept so überzeugt, dass sie ihre sicheren Jobs als Handwerker und Buchhalterin an den Nagel gehängt und gegen eine Metzger-Schürze getauscht haben. Ohne eine einzige Verbindung zur Fleischindustrie. Aber mit vielen Träumen über artgerechtes, natürliches Futter für Haustiere. »Wir waren damals noch sehr naiv und hätten uns nicht in den kühnsten Träumen vorstellen können, was auf uns zukommt«.

///

Besser als für Menschen

Die Nahrung hat das Ehepaar erst bei einer Metzgerei anfertigen lassen und die Dosen in einem angemieteten Keller in München von Hand befüllt. Schnell war klar: Die Herausforderung, Bio-Fleisch für Hunde anzubieten, besteht nicht nur darin, Kundenherzen zu erobern, sondern vielmehr in der Logistik. Die Einkaufspreise liegen deutlich höher als im konventionellen

Bereich, die Provisionen für den Einzelhandel fallen nicht so attraktiv aus und die Ware ist begrenzt. Es gibt auch keine einzige Metzgerei, die ohne Phosphate und Citrate arbeiten kann – Zusatzstoffe, die in der Humannahrung regulär eingesetzt werden, die Erich Hermann in seinem Hundefutter aber nicht haben will. Genauso wenig wie Antibiotika- und Anabolika-Rückstände. Also beschließt das Unternehmerpaar, gebrauchte Maschinen für eine eigene Metzgerei zu beschaffen und baut sie für die speziellen Anforderungen der Futtermanufaktur um. Später gibt eine Fachtierärztin für Diätetik ihren Senf dazu und passt die Rezepturen auch für kranke oder alte Hunde und Katzen an.

Geschäfte im Großformat

Die rührenden Anfänge im Keller sind längst Geschichte. Heute macht Erich Hermann großformatige Geschäfte und beschäftigt 30 festangestellte Mitarbeiter. Aus einer gemieteten Halle ist der Münchner 2011 ausgezogen und hat eine eigene Anlage in Assling bei München gebaut. Sein guter Ruf und der effiziente Maschinenpark – in der Minute werden 120 Dosen

Die Sorte Bio-Gans auf dem Fließband

produziert – haben dem Geschäftsmann viele Eigenmarken-Kunden beschert: Mehrere kleine und mittelständische Firmen lassen bei Hermann's ihre eigenen Label produzieren, darunter die Buchautorin Dr. Jutta Ziegler oder Naftie. »Nur 10 Prozent vom Gesamtumsatz machen Endkunden aus«, erklärt Erich Hermann. »Wir sprechen auch nicht mit einzelnen kleinen Bauern in der Region, sondern mit einem Großanbieter, der uns die schlachtfrische Ware von kleinen, lokalen Bio-Bauernhöfen gesammelt liefert. Das ist effizienter und umweltfreundlicher – es kommt nur ein LKW.«

Fleisch meist aus Oberbayern

Der Laster bringt dann Rind-, Geflügel-, Ziegen-, Pferde- und Schaffleisch vorbei. Fisch und Wildfleisch werden aus Skandinavien importiert. Das macht zwar die Öko-Bilanz kaputt, »ist aber nur ein kleiner Teil des Angebots und irgendwo müssen wir Abstriche machen«, gibt Erich Hermann zu. »Känguruh-Fleisch bieten wir heute nicht mehr an. Die Allergien kann man sehr gut mit Ziegen-, Schaf- oder Pflerdefleisch in den Griff bekommen«.

Keine Filets für Hunde

Jede Futterdose und jeden Standbeutel zieren mehrere Siegel, darunter das Sechskant-Bio-Logo und das Granen-Zeichen von Bio-Kreis. Es ist eine Erzeugergemeinschaft, deren Richtlinien über den gesetzlichen Standard hinausgehen. Eins fehlt auf den Dosen allerdings: Der Hinweis zur Lebensmittelqualität. »Ich habe mich bewusst gegen die Lebensmittelzulassung entschieden: Wenn ich Filet-Stücke für Hunde anbiete, sterben noch mehr Tiere. Teilen sich Menschen und Haustiere das gleiche Fleisch, steigt der Bedarf ja. Das Fleisch, das ich verwende, wird unter Kategorie III geführt. Es ist erstklassige Ware, die aber von Menschen nicht verzehrt wird, wie Pansen, Lunge, Zunge, Hälse. Mit der Verwertung von Fleisch der Kategorie III will ich den Kreislauf schließen.« Den Hang zum Umweltschutz sieht man dem adrett gekleideten Münchner gar nicht an. Er wirkt so akkurat und geerdet. »Wir waren auch nicht die Jute-Träger, die im alten VW-Bus rumgefahren sind. Wir versuchen uns aber selbst bio zu ernähren und haben die Thematik der Massentierhaltung durchgekaut. Wer hinter die Kulissen schaut und das Tierleid kennt, kann eigentlich auch gar nicht anders«, sagt Erich Hermann ohne Pathos. »Das Wohl der Nutztiere haben wir in den Vordergrund gestellt nicht, weil es trendy war und nicht, weil wir uns von der Konkurrenz abheben wollten. Sondern der Tiere wegen.«

Sparsinn und Ressourcenschonung

Das Wasser zur Erwärmung der Sterilisationsautoklaven entspringt dem eigenen, neu geschlagenen Brunnen und wird in der hauseigenen Zisterne gespeist. Die Wärme, die beim Kochen entsteht, wird abgefangen und heizt die Büroräume. Das unverschmutzte Wasser aus der Sterilisationsanlage dient der Toilettenspülung und endet in der firmeneigenen Sickergrube. Die Kartons, in denen die Rohwaren eintreffen, landen – zuvor im Haus gepresst – in einer Behindertenwerkstatt, die sie für ihre Zwecke weiterverarbeitet. Die Verpackungsmaterialien für den Versand entstehen aus hauseigenem Altpapier.

Versuch und Irrtum

Erich Hermann scheint angekommen zu sein. Er hat eine positive, ruhige Ausstrahlung und geht auch mit Fehlentscheidungen souverän um, wie mit dem Frischfleisch-Versand, der sich als Holzweg entpuppte. »Wir haben es mit BARF versucht, sind aber auf die Nase gefallen. Uns fehlte die Logistik, also haben wir es wieder eingestampft«, erzählt er. »Wir wollen verstärkt das gekochte BARF als Konzept verfolgen. Auch das Angebot an Kauartikeln wird ausgebaut. Jetzt können wir in einer eigenen Trocknungsanlage das Bio-Fleisch selbst trocknen.« Hermann's wird wachsen, auch wenn die Rohware der limitierende Faktor bleibt. »Wir wollen die Anlage ausbauen. Die Produktion wird automatisiert, aber keiner verliert seinen Job. Wir bleiben ein sozialer Arbeitgeber in der Region. Aktuell haben wir 10 Prozent Behindertenquote.« Sein größter Traum? »Dass es so weiter geht«.

www.herrmanns-manufaktur.com

Ist BALF das neue BARF?

J. Meißmer macht Frischfleisch durchs Trocknen haltbar

Die Idee fürs BALFen ist im osthessischen Eiterfeld geboren worden, bei Tanja Ehret und Jörg Meißmer, die von November bis April Schlittenhunde-Touren anbieten. Das Paar hat 22 Huskys und drei Grönlandhunde zu versorgen – die Meute bekommt in der Regel Frischfleisch. »Unsere Gäste, mit denen wir über artgerechte Fütterung gesprochen haben, haben sich oft beschwert, dass ihnen das Barfen zu umständlich ist: Das ständige Einfrieren und Auftauen, Abwiegen und Ergänzen empfinden viele als lästig und entscheiden sich dagegen«, erzählt die Geschäftsführerin. »Besonders die kurze Haltbarkeit des Frischfutters bleibt problematisch. Da kam uns irgendwann mal in den Sinn, Frischfleisch haltbar zu machen. Und die älteste Methode des Haltbarmachens ist doch das Trocknen. So entstand die Idee für BALF –Biologisch Artgerechtes Luftgetrocknetes Fleisch.«

///

Papierkrieg gewonnen

Dass die zuständigen Behörden von der Idee so gar nicht begeistert waren, davon zeugt der zweijährige Kampf um eine Genehmigung für diese zwar alte, aber für Hundefutter eher ungewöhnliche Herstellungsmethode. »Die Art der Trocknung, die wir angestrebt haben, war nicht bekannt«, sagt Tanja Ehret. »Das Amt wollte bis aufs letzte Detail wissen, wie das Trocknen zustande kommt.« Dass das Unternehmerpaar den Papierkrieg letztendlich gewonnen hat, zeugt zumindest von Zähigkeit.

Bald mit Sonnenenergie

Zurzeit hängen die Dörr-Maschinen noch an einer Biogas-Anlage. Mit Biogas kommt die warme Luft: Das Trocknungsverfahren dauert einen Tag.

»Wir setzen keine künstlichen Vitamine hinzu, deswegen trocknen wir möglichst schonend, um die natürlichen Nährstoffe zu erhalten.« Zwecks Keimabtötung wird das Fleisch kurz auf 90 Grad erhitzt, dann fällt die Temperatur wieder. »Für die kurzfristige Erhitzung ist die Anlage zusätzlich an eine Hackschnitzelheizung angehängt«, sagt die 25-fache Hundemama. »Wir sind aber gerade dabei, unsere Produktion zu erweitern und die Trocknung komplett auf Sonnenenergie umzustellen. In Zukunft möchten wir unseren Strom auch selbst erzeugen und planen daher eine Photovoltaikanlage.«

Drei Sorten Trockenfleisch

Die Produktpalette der Firma umfasst drei getrocknete Fleischsorten: Rind, Lamm und Pferd, die mit unterschiedlichen vegetarischen – ebenfalls getrockneten und gemahlenen – Zutaten ergänzt werden. Der Fleischanteil macht in jeder Futterpackung 80 Prozent aus und ähnelt den bekannten

Schmusestunde im Rudel

BARF-Rationen. Je nach Sorte besteht das fleischige Trockenproviant aus Muskelfleisch, Pansen, Blättermagen, Lunge, Leber, Milz, Niere, Strosse oder Herz. »Die Anteile von Obst, Gemüse und Kräutern sind sehr fein gemahlen, damit sie richtig aufgeschlossen sind und der Hund sie noch besser verwerten kann«, erklärt Tanja Ehret. Die Fleischbrocken zusammen mit dem Veggie-Teil bilden rein optisch eine kohärente Maße, obwohl sie nicht verbunden sind.« Durch den feinen Mahlgrad legt sich das Pulver aber größtenteils um die Fleischstücke«, ergänzt die Geschäftsführerin. Ein Kilo BALF entspricht 4 Kilo Frischfleisch und soll am besten im Verhältnis 1:2 mit Wasser eingeweicht werden.

Nicht genügend Bio-Fleisch

Das Fleisch bezieht das Unternehmen von einem Lieferanten, der regionale Bauernhöfe und ganz kleine Schlachthöfe anfährt. »Bio-Fleisch ist leider schwierig, weil es nicht genügend zur Verfügung steht. Dafür beziehen wir aber nur regional erzeugtes Fleisch von artgerecht gehaltenen Tieren«, betont Tanja Ehret. Ab Herbst, sobald die Solar-Anlage läuft, gibt es neue Futtersorten und Leckerlies. Ab dann wird auch eine umweltfreundlichere Verpackung geben: Der Kunde kann bald seine BALF-Rationen in Papiertüten bestellen. Nur eins will das Unternehmen nicht verändern. »Wir möchten nicht in großen Industrie-Anlagen produzieren. Wir bleiben bei Handarbeit.«

www.joergmeissmer.de

Naftie: Karma in der Dose
Kann man mit Hundefutter die Welt besser machen?

Wenn eine chronische Krankheit auf einen wachen Geist trifft, entstehen manchmal unerwartete Phänomene. So ist naftie geboren, eine Marke für naturbelassene Futter- und Ergänzungsmittel für Hunde. Dem südbayrischen Label liegt eine persönliche Erfahrungsreise dreier Menschen und ihrer kranken Hunde zugrunde. Als der Mischling Lightfoot krank geworden war, suchte sein Herrchen Andreas einige Tierärzte auf. Eine klare Diagnose für Lightfoots Gebrechen hat der damals 24-Jährige nie gehört, dafür aber mehrere Namen für Antibiotika und Kortison-Präparate, die dem Hund abwechselnd verschrieben worden sind. Als sich Lightfoots Zustand dramatisch verschlechtert hat, suchte Andreas nach Alternativen. Und fand ein Homöopathie-Buch, welches das Hunde-Leben gerettet und das Menschen-Leben diametral geändert hat.

///

Wegweisende Begegnung
Seitdem sind fast 20 Jahre vergangen. Andreas hat inzwischen mehrjährige Ausbildungen zum Tierheilpraktiker, Physiotherapeuten und Osteopathen für Tiere abgeschlossen. Heute betreibt der 42-Jährige gemeinsam mit seinem Bruder Matthias eine erfolgreiche Naturheilpraxis für Tiere in Weil-Schwabhausen, etwa 50 km westlich von München. In eben diesen Räumen erscheint eines Tages Ulrike mit ihrer Fiona, einem dreibeinigen Straßenhund aus Afrika. Die Begegnung zwischen Ulrike und den beiden Brüdern hat eine gemeinsame Geschäftsidee zur Folge: naftie – Natürliches für Tiere.

Zurück zu den Wurzeln
»Die Natur liefert uns alles, was wir für ein gesundes Leben brauchen, wir haben nur verlernt, im Einklang mit ihr zu agieren«, sagt Andreas. »Jedes

Lebewesen kommt auf die Welt mit einer Grundkonstitution, die man negativ beeinflussen kann: durch falsche Ernährung, durch Chemiekeulen wie Spot-on-Präparate oder Entwurmung, durch zu häufiges Impfen oder oft unnötiges Verabreichen von Medikamenten. All diese Faktoren bedeuten die langsame Vergiftung des Hundes. Die Schadstoffe werden nicht einfach ausgeschieden, sondern setzen sich im Körper über die Zeit fest. Man sorgt ja auch ständig für Nachschub.«

Futter für neues Denken

2015 gründen Ulrike, Andreas und Matthias dann ihre eigene Firma mit dem Ziel, hochwertiges Bio-Hundefutter sowie Ergänzungsfuttermittel für Hunde auf den Markt zu bringen. Sie holen sich die Tierärztin Carina Eggers mit ins Boot und lassen ihre Dosen und Tüten nach eigenen Rezepturen von Herrmann's befüllen. Das Konzept von naftie heißt: ausschließlich hochwertige,

Das Team von Naftie

Das Sortiment von Naftie

wenn möglich einheimische Bio-Zutaten und weniger bis gar kein Fleisch. So wollen die Gründer Futtermittelunverträglichkeiten aus dem Weg gehen, die oft durch belastete Nahrung entstehen können.

Weniger (Fleisch) ist mehr

Gerade im Fleisch können sich hochkonzentrierte Umweltgifte und toxische Substanzen wie Arsen, Cadmium oder Quecksilber festsetzen. Reduziert man den Fleischanteil im Futter, sinkt auch das Risiko für Allergien, Hautirritationen, Haarausfall, Dermatitis, Hot Spots, Juckreiz, Schuppen, Ohrenentzündung, Probleme mit den Analdrüsen und Arthrose oder Lahmheit. Im hohen Alter kommt es oft auch zur Übereiweißung, was häufig in Gicht endet. Auch chronische Erkrankungen wie Krebs können unter anderem auf ein übersäuertes Milieu und eine Belastung mit Giftstoffen zurückgeführt werden.

Nahrung als Medizin

Weniger Fleisch bedeutet aber auch weniger Tierleid, schließlich muss auch das Bio-Vieh sterben. »Naftie soll endlich Freude in die Fütterung bringen, die Nahrung soll Medizin sein und umgekehrt«, betont Andreas. Aus dem Grund verzichtet naftie auf Eiweißquellen wie Soja, Lupinen oder Mais. Soja zum Beispiel beinhaltet Phytoöstrogene, die sich auf die Schilddrüse, also den Hormonhaushalt des Hundes auswirken können, und gehört zusammen mit Mais zu den häufigsten Allergieauslösern. »Stattdessen greifen wir zu Buchweizen oder Kichererbsen. Außerdem bieten wir Bio-Öle aus einem Familienbetrieb im Allgäu, Bio-Flockenmischungen mit getrocknetem Gemüse und Obst sowie Bio-Kräutermischungen«, erklärt Ulrike, zertifizierte Ernährungsberaterin für Hunde. Das Fleisch für naftie stammt vorwiegend aus Bio-Betrieben in der Region. »Das Schaffleisch kommt zum Teil aus Österreich, weil es in Deutschland kaum Bio-Fleisch von Schafen gibt. Den Lachs beziehen wir aus Dänemark«. Die veganen Hundekekse werden in Bayern von Hand gebacken. Als Kauartikel bietet naftie Abwurfgeweihstücke vom österreichischen Rotwild an. Im Sortiment von naftie gibt es vegane Nassfutter-Sorten, Mix-Menüs mit reduziertem Fleischanteil und 100 Prozent Bio-Fleisch. Spaß machen sie allemal – oder wen bringen Namen wie »Fang Shui«, »Carne Diem«, »Chi Wau Wau«, »Yin & Yummy«, »Shanti Pasti« oder »Hatha Touille« nicht zum Schmunzeln?

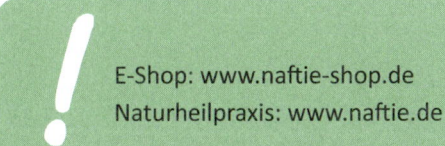

E-Shop: www.naftie-shop.de
Naturheilpraxis: www.naftie.de

VegDog:
Tierliebe aus der Dose?
Zwischen Bauplänen und veganem Nassfutter

Eine Architektin als Hundefutter-Produzentin? So ein Spagat muss einen bemerkenswerten Hintergrund haben. Dieser heißt Nelson, ist ein 15-jähriger Mischlingsrüde und der Auslöser von VegDog, dem veganen Hundefutter aus München. Tessa Zaune, Nelsons Besitzerin und Gründerin, ist weder eine gescheiterte Architektin noch eine militante Tierschützerin. In Not war ihr adoptierter Hund, der massiv an Allergien litt und auf jegliches Futter mit Juckreiz und Erbrechen reagierte. Die niederschmetternde Diagnose einer Tierärztin lautete: Verzicht auf tierisches Eiweiß. Keine einfache Aufgabe bei einem Fleischliebhaber. Ein von Ernährungsspezialisten erstellter Diätplan für Nelson wurde seitdem Tessas täglicher Begleiter. Und Grund ständiger Frustrationen. Als voll berufstätige Architektin blieb ihr kaum Zeit fürs Kochen. Die wenigen auf dem Markt erhältlichen veganen Futtersorten erfüllten aber ihre Erwartungen nicht. Ansporn genug, um es selbst zu machen. Anders als die anderen. So ist aus einer Architektin die VegDog-Initiatorin geworden und aus Nelson ein Vollblut-Veganer.

Partner in crime

Von der Idee Anfang 2015 bis zum ersten Rezept ist ein Jahr ins Land gegangen. Die erste Herausforderung lag daran, die richtigen Kooperationspartner zu finden. Wer sich nämlich viel besser mit Statik als mit Speisen auskennt, braucht einen Verbündeten, der das nötige Know-how besitzt. In Zusammenarbeit mit einer renommierten Fachtierärztin für Diätetik entstanden drei Futtersorten: »Adult« für erwachsene, »Sensibelchen« für empfindliche und »Senior« für ältere Hunde. Lisa Walther, Tierärztin und angehende Doktorandin an der LMU, hat die Produkte mitentwickelt und steht VedDog-Kunden als Ernährungsberaterin zur Seite. Auch Selbstkocher, die das Mineralpulver »All-In Veluxe« verwenden möchten, bekommen von ihr die richtigen Rationen berechnet.

Tierliebe mit Hindernissen

Statt Fleisch und Fett beherbergen die VegDog-Dosen Kartoffeln und Karotten, Soja und Spinat, Linsen und Lupinen, Hirse und Amaranth. Alles aus kontrolliertem Anbau in Deutschland, Österreich oder Italien und gentechnikfrei, wenn auch ohne offizielles Bio-Zertifikat. Das Sechskant-Siegel fehlt auf den Dosen, weil dem Futter Aminosäuren – Methionin, Threonin, Lysin, Taurin und Carnitin – hinzugefügt werden und genau das ist im Bio-Standard nicht zugelassen. Allerdings kann der Hund die Aminosäuren nicht selbst im Körper herstellen. »Da die pflanzlichen Proteinlieferanten Soja und Lupine einen sehr individuellen Aminosäurengehalt haben, muss ich für eine ausreichende Versorgung des Hundes durch zugesetzte Stoffe sorgen«, erklärt Tessa Zaune. »Produzenten, die ihr Futter Alleinfutter nennen, ohne Vitamine und Aminosäuren zu ergänzen, ganz egal ob vegan, vegetarisch oder mit Fleisch, handeln grob fahrlässig und nehmen eine Mangelversorgung der

Das Team von VegDog (von links): Lisa Walther (Tierärztin), Tessa Zaune (Gründerin), Valerie Henssen (Marketing und Vertrieb)

Hunde in Kauf«. In der EU sind die Begriffe »bio« und »öko« im Heimtierfuttermittel seit dem 1. Januar 2009 gesetzlich geschützt. »Zu der Zeit wusste aber niemand, dass es einmal veganes Hundefutter gibt und die Zugabe von Aminosäuren essentiell ist. Die einzige zugelassene Aminosäure ist Taurin für Katzen. Wir versuchen gerade, den Bund Ökologischer Lebensmittelwirtschaft davon zu überzeugen, dass Aminosäuren im Bio-Heimtierstandard zugelassen werden. Der Hundebesitzer sollte sich nicht zwischen einer ausgewogenen Hundeernährung oder Bio-Zutaten entscheiden müssen. Die Zulassung der oben genannten Aminosäuren ist also unabdingbar, um in Zukunft auch Hunden, die pflanzliche »Bio-Kost« erhalten, eine bedarfsdeckende Ernährung bieten zu können«, so die 32-Jährige.

Der Kampf um Vitamine

Dem VegDog-Futter werden außer Aminosäuren auch Vitamine, Jod, Zink, Selen und Kupfer zugesetzt. Ganz besonders herausfordernd ist die Zugabe von Vitamin D. »D2 aus pflanzlichen Quellen ist völlig ungeeignet, da es beim Herstellungsprozess komplett zerstört wird. Das haben wir durch Analysen überprüfen lassen«, erläutert Tessa. »Das pflanzliche D2 kann vom

Eine Auswahl von vegdog-Produkten

Hund auch nicht gut verwertet werden, D3 aber schon. D3 gibt es aus tierischer und pflanzlicher Herkunft. Wir verwenden natürlich das pflanzliche D3 aus Flechten, da wir ein komplett veganes Hundefutter herstellen.«

Futter für Gutmenschen?
Greifen zu VegDog nur überzeugte Veganer, die auch ihren Hunden pflanzliche Kost vorsetzen? »Veganes Futter wird nicht nur aus ethischen, sondern auch aus gesundheitlichen Gründen gekauft«, so Tessa. »Etwa bei Allergien, kranken Nieren oder Leishmaniose, bei der purinarmes Futter wichtig ist.« Ob aus Überzeugung oder Notwendigkeit – die Veganfütterer ernten massive Kritik, nicht zuletzt seitens der Tierärzte, die vor Mangelerscheinungen und unerwünschten Folgen warnen. »Im herkömmlichen Futter werden meist pflanzliche Abfälle mit Tierfett oder Tiermehl verarbeitet, das ist fast vegan, nur mit Schrott. Darüber regen sich die wenigsten auf«, kontert Tessa. »Wir verwenden regionale Bio-Zutaten, haben zahlreiche Tests durchgeführt und perfekte Rezepturen kreiert. Um Geld zu machen, könnte ich Soja aus China importieren und auf Bio verzichten, statt dessen tue ich alles, um das perfekte vegane Hundefutter anzubieten. Ich möchte Marktführer in veganem 100 Prozent bedarfsdeckendem Hundefutter werden.«

Weitere fleischlose Futtersorten

AMI DOG: Veganes Trocken- und Nassfutter, vegane Kekse und Kauartikel – www.amipetfood.com
Benevo: Britischer Hersteller von veganem Trocken- und Nassfutter sowie Keksen – www.benevo.com
EDGAR: Berliner Marke mit veganem Trockenfutter und Ergänzungsmitteln als Pulver – vegan4dogs.com
GREEN PETFOOD: Made in Bayern. Vier Sorten Trockenfutter (Veggiedog: 100 Prozent vegetarisch, 99,99 Prozent vegan, sowie InsectDog mit Insektenprotein) – www.green-petfood.de

Canivora:
Von der Weide in den Napf

Eine Schweizer Einkaufsgemeinschaft
macht das Barfen leichter

Langes, zotteliges Fell, ein wilder Pony, der die Augen vollständig bedeckt, und imposante, weit nach außen gebogene Hörner. Die schottischen Hochlandrinder – die älteste registrierte Viehrasse – sehen aus, als hätten sie eine Wikinger-Mütze über ihre prachtvolle Mähne übergezogen. Das Fleisch eben dieser Rasse landet in den Tiefkühltruhen von Carnivora. Carnivora steht für eine private Einkaufsgemeinschaft, die hochwertiges Fleisch aus der Region direkt von den Metzgern einkauft und an Barfer weiter verkauft.

Regionale Schlachthäuser

»Wir arbeiten mit sechs kleinen Schlachthäusern aus der Region zusammen, von denen wir das Fleisch holen und in eine befreundete Metzgerei liefern, die das Ganze verarbeitet. Einmal pro Woche wird es an die Kunden verschickt«, erklärt Günter Nierlich, der mich in Bäretswil, etwa 35 Kilometer östlich von Zürich durch die Gegend führt. Vorbei an freilaufenden Hühnern, die gackernd zwischen Stangen, Häuschen und Zubern laufen, vorbei an seelenruhig kauenden Rindern, die auf kilometerweit gestreckten Wiesen grasen. Einen Moment lang wundere ich mich, dass die Kühe nicht lila sind. Eine bilderbuchschöne Milka-Welt, aber in Echt.

Längeres Leben, kürzerer Transport

Doch auch glückliche Tiere landen schlussendlich im Topf. Bei Carnivora sollen sie allerdings auf ihrem letzten Gang keine langen Transportwege und

Freilandhühner in der Schweiz

Wartezeiten erleiden. »Die Tiere werden in die kleinen Schlachthäuser aus der nahen Umgebung gebracht. Die Halte- und Schlacht-Bedingungen ähneln sich, ob ein Betrieb bio-zertifiziert ist oder nicht. Das schottische Hochlandrind beispielsweise lebt ganzjährig im Freien und wird drei bis vier Jahre alt, bis es geschlachtet wird. Ein herkömmliches Mastrind darf dagegen nur sechs bis acht Monate leben. Die Hochland-Kälber bleiben bis zu einem Jahr bei der Mutter. Die Rinder ernähren sich ausschließlich von Gras, Heu und Stroh. Kraft- und Mastfutter oder Anabolika sind verboten«, erläutert Günter Nierlich. Das Fleisch soll deswegen weniger Fett und Cholesterin als andere Sorten enthalten und einen besonders hohen Anteil an wertvollen Proteinen haben. »Ausschließlich Bio-Fleisch können wir bei Carnivora nicht anbieten, weil es in der Gegend nicht genügend Bio-Betriebe gibt. Viele, besonders die kleinen Landwirte, scheuen die Zertifizierung, die sehr teuer und administrativ umständlich ist«, ergänzt der gebürtige Deutsche.

Für überzeugte Barfer

»Unsere Kunden sind umweltbewusste Halter, die ihre Hunde (oder auch Katzen) möglichst natürlich füttern wollen. Wer uns findet, ist in der Re-

Das schottische Hochlandrind auf der Weide

gel ein überzeugter Barfer. Wir müssen nicht missionieren«, sagt der Geschäftsführer, der in dem kleinen Unternehmen die Organisation und Logistik verantwortet. Seine Frau Susanna ist Naturärztin und zuständig für Ernährung und Gesundheit. Eben diese Themen waren auch der Auslöser für die Gründung von Carnivora. »Früher haben wir unsere Hunde mit Dosen- und Trockenfutter gefüttert. Aus Bequemlichkeit, aber mit schlechtem Gewissen«, erzählt Susanna Nierlich. »Als unsere Hündin Bauchspeicheldrüsenkrebs bekommen hat, habe ich beschlossen, die Hunde nur noch frisch zu ernähren. Damals, vor 18 Jahren gab es noch keine Barfläden, also ging ich zu Kleinmetzgern, die noch selbst geschlachtet haben, und bat sie um Reste. Das ist jahrelang so gelaufen.« Nach seiner Pension beschloss Günter, das Fütterungskonzept unters Volk zu bringen.

! www.carnivora.ch

Fleischlos. Getreidefrei. Kreativ.

Die Green Dog Bakery

Sie heißen »Vertigo-go«, »Bow Wow Biscotti« und »Heart Day's Night« und haben mit positiven Schwindelgefühlen, bellenden Hunden, italienischem Gebäck und Songs von Beatles zu tun. Aber vor allem stehen sie für getreidefreie, vegane Hundekekse von der Green Dog Bakery.

Die kleine Manufaktur in Berlin-Weißensee öffnete im Juni 2016 seine (Backofen-)Türen und produziert seitdem drei Sorten von Hundesnacks in Bio-Qualität. Ohne Fleisch und ohne Getreide. Aber mit viel Liebe zum Produkt. »Die Idee reifte in mir schon lange, ich habe sie aber dauernd nur mit mir herumgetragen«, erzählt die Gründerin Gabriele Hensinger. »Man hat ja den Beruf und lebt sein Leben. Doch irgendwann mal habe ich zu mir gesagt: jetzt oder nie. Und habe es endlich gewagt. Ausgerechnet jetzt, wo unser Hund nicht mehr da ist, mache ich professionell Hundekekse. Ironie des Schicksals.«

Aus Überzeugung vegan

An ihrer 17-jährigen und – wie sie sagt – »ganz außergewöhnlichen« Labrador-Husky-Mischlingshündin, die vor sieben Jahren gestorben ist, hängt die Wahl-Berlinerin immer noch sehr. »Pony war die Produkttesterin meiner ersten selbstgemachten Kekse, die ich für sie damals gebacken habe.« Die professionelle Übersetzerin hat ihre Wörterbücher gerne gegen den Mixer getauscht und an neuen Keks-Rezepturen gefeilt. Dass das künftige Produkt von Green Dog Bakery vegan sein sollte, stand für Gabriele außer Frage. Bereits seit 30 Jahren ernährt sich die Deutschamerikanerin vegetarisch und könnte mit Fleisch nicht arbeiten.

Getreidefrei für die Gesundheit

Die wichtigste Eigenschaft ihres Hunde-Gebäcks ist aber nicht, dass es auf Fleisch, sondern auf Getreide verzichtet. »Ich wollte vor allem gesunde Nahrungsergänzungsmittel anbieten«, erklärt Gabriele. »Getreide stecken viele Hunde nicht so gut weg. Hochgezüchtete Rassen haben wegen Weizen und Co. oft Probleme mit Fell, bekommen Juckreiz oder Ausschläge. Außerdem setzt getreidefreie Nahrung Proteine frei, die für Aufbau und Reparatur von Muskeln und Gewebe von Nutzen sind.« Für die Zutaten aus biologischem Anbau hat sich Gabriele entschieden, weil sie nachhaltig, vollwertig und ganz natürlich sind. »Warum sollen wir unsere Haustiere von der gesunden Nahrungskette ausschließen?«

Die veganen Kekse von Green Dog Bakery

Kleiner Raum, große Träume

Drei Kekssorten

Die Hundekekse bei Green Dog Bakery greifen auf Hanf, Kichererbsen, Buchweizen, Leinsamen oder Süßkartoffeln zurück. Erdnüsse, Möhren, Äpfel, Zimt und Zuckerrübensirup sorgen für etwas Würze. Die Keksformen – ein Herz, eine Schnecke und ein (doppelt gebackenes) Cantuccini – gehören zur ästhetischen Aufmachung der Marke, zusammen mit der typischen grünen Verpackung mit durchsichtigem Zellophan, das freie Sicht auf jeweils 125 Gramm handgemachte Kekse erlaubt. Wieso nur drei Sorten? »Ich will weder den Halter noch den Händler überfordern. Mein Anspruch ist, in den Partnergeschäften mit allen Varianten vertreten zu sein. Deswegen halte ich das Angebot klar und übersichtlich.«

www.greendogbakery.com

Psychotherapie im Keks
Phyllis setzt auf Bachblüten für Hunde

Java, eine blonde Briard-Hündin, war erst 5,5 Jahre alt, als sie an Knochenkrebs starb. Kurz darauf zog Barney bei Ute Phielepeit ein. Mit 16 Wochen bekam der schwarze Briard-Rüde Meningitis, Zwingerhusten und Lungenentzündung. Sterbenskrank und mit heftigen neurologischen Ausfällen blieb er in der Tierklinik. »Sie wollten den Hund erlösen«, erzählt Ute. »Ich saß bei ihm, sang ihm Kinderlieder vor und erzählte, wie schön das Leben ist. Drei Tage später rief die Klinik an, dass ich Barney abholen kann.« Der Welpe hätte angefangen zu fressen und könnte mit Hilfe schon wieder stehen. Die Ärzte hatten weder eine Ursache für die schwere Erkrankung finden können, noch wussten sie, worauf die Besserung zurückzuführen war.

///

Spirituelle Küchenerfahrung
Barney kam nach Hause, hatte jahrelang mit verschiedenen Erkrankungen zu kämpfen: ein Darmverschluss, eine Magendrehung. Horrende Tierarzt-Rechnungen machten der diplomierten Psychologin zu schaffen. »Aus lauter Verzweiflung, weil ich so pleite war, fing ich an, Bio-Weihnachtskekse zu backen und sie zu verkaufen«. Da sagte ein Freund zu mir: »Mach doch Hundekekse«, erinnert sich Ute. »Es war wie ein Knall. Ich wusste, das ist es. In diesem Moment, in der Küche kam eine tiefe Ruhe über mich. Es war wie eine spirituelle Erfahrung. Ich hatte einfach das Gefühl, es ist meine Berufung.«

Bachblüten-Kekse ohne Backen
Aus einer Berufung wurde ein Beruf: Innerhalb von drei Wochen entstand »Philly's Keksmanufaktur«. Zur Hilfe kam Ute ihre langjährige Erfahrung mit

Barney bei der Begutachtung der Produkte

Bachblüten, die sie als Psychologin bei ihren Klienten unterstützend eingesetzt hat. »Ich habe gemerkt, dass man mit Bachblüten bei Tieren sehr gut arbeiten kann«, erklärt die 53-Jährige. In Zusammenarbeit mit einer Pharmazeutin hat sie ein Verfahren zur Verarbeitung von Bachblüten in Keksen entwickelt. Der Vorteil der Bachblütenkekse ist, dass das Tier sie gerne und freiwillig nimmt, auch unterwegs und nebenbei. Statt mit einer Pipette herumzulaufen und einem aufgeregten Hund die Tropfen einzuflößen, gibt man ihm einen Keks.

Kekse gegen Unruhe, Verstimmung oder Angst
Allein die Produktbeschreibungen der Kekse mit Bachblüten aus ökologischer Wildsammlung klingen sehr therapeutisch: »SLOW DOWN« soll dem Hund helfen, zur Ruhe zu kommen. »KEEP COOL« verleiht Gelassenheit bei

Notfällen oder Stress. Ute empfiehlt sie bei Schmerz, Schock, Verletzung, Operationen, aber auch Prüfungen oder Turnieren. »MUT« flößt ängstlichen oder schüchternen Hunden Zuversicht und Vertrauen ein. Die Sorte »LERNEN« eignet sich für unmotivierte, vergessliche oder in der Hundeschule zu aufgeregte Hunde. Es steigert die Konzentrationsfähigkeit und das Durchhaltevermögen und weckt Begeisterung für Aufgaben. Für viele klingt das nach hochtrabendem Hokuspokus, doch Ute Phielepeit winkt ab: »Bachblüten wirken bei Hunden und Menschen genauso effektiv, die Probleme äußern sich nur anders. White Chestnut beispielsweise hilft Menschen, die unter Gedankenkreisen leiden und abends vor lauter Wirrwarr im Kopf nicht einschlafen können. Bei Hunden kann diese Essenz bei Stereotypien wie Blickstarre, Pfotenschlecken oder anderen Zwangshandlungen eingesetzt werden. Die Tiere betrachten ihre Situation nicht durch einen intellektuellen Filter. Bei Tieren wirken die Bachblüten direkt, während die Menschen oft noch darüber nachdenken und erst gar nicht merken, dass es längst wirkt.«

Nicht bio, aber aus frischem Muskelfleisch

Zwei Jahre lang war die private Küche Utes Arbeitsort. Heute arbeitet sie mit einem bio-zertifizierten Betrieb zusammen, der nach ihren Rezepturen die Kekse herstellt und verpackt. Das »Philly's«-Label ziert außer Bachblütenkeksen auch getreide- und glutenfreie Leckerlis sowie Fleischsnacks. Jeder Keks beinhaltet nur eine einzige Fleischsorte, speziell für Allergiker. Frauchen oder Herrchen dürfen ebenfalls daran knabbern: »Philly's« arbeitet ja nur mit Zutaten aus der Lebensmittelproduktion. Fleischmehl oder minderwertige tierische Nebenprodukte lehnt Ute Phielepeit ab. Stattdessen greift sie zum mageren Muskelfleisch. Dadurch ist auch die Bio-Variante nicht machbar. »Viele Sorten wie Pferd oder Strauß kann man in »bio« gar nicht bekommen. Auch Wildfleisch ist nicht »bio«. Außerdem wäre der Preis unbezahlbar.«

www.phillys.at

Kreatives im Napf

Kochpfoten.de bietet erprobte Rezepte für Hundehalter

Wenn zwei hundeverrückte IT-ler zum Kochlöffel greifen, entsteht eine Internetplattform mit Kochrezepten für Hunde. Eine klare Sache, kulinarisch wie technisch. Hinter dem Konzept der »Kochpfoten« stehen Florian (30) und Ingmar (35), zwei Software-Entwickler aus Rheinland-Pfalz, die zusammen Kommunikationsinformatik an der Hochschule Worms studiert haben und jetzt auch Schreibtisch an Schreibtisch arbeiten. Außer Bits und Bytes dominiert ein Thema in ihren täglichen Gesprächen: Hunde. Die Idee für die Kochpfoten entstand, um dem allgegenwärtigen Trend zum Fast Food – der ja auch beim Hundenapf Einzug hält – Paroli zu bieten.

Virtuelles Kochbuch für Hunde

»Schon seit meiner Kindheit beobachte ich, wie mein Vater für seinen Hund kocht. Damals für seinen wuseligen Hund Blizzard und heute für Daddycool, beides Bearded Collies«, erzählt Ingmar. »Aber gute, ausgefallene Rezepte für Hunde sind nicht so leicht zu finden. Irgendwann mal gehen einem die Ideen aus.«

Doch Not macht erfinderisch. Ingmars Beobachtungen rund um kulinarische Kreationen für den Hundenapf bringen ihn auf die Idee, ein Rezept-Portal für Hundehalter aufzusetzen, in dem man nicht nur Kochanleitungen findet, sondern auch eigene einstellen kann.

Weg vom industriellen Fertigfutter

Als Florian von der Idee erfährt, ist er sofort Feuer und Flamme. Schließlich ist die Hundeernährung auch für ihn sehr wichtig. »Einer meiner Hunde hat Leishmaniose, sein Speiseplan ist also zwangsläufig ein besonderes Thema«, erklärt Florian, Besitzer von Lucy und Nuka, zwei Mischlingen aus spanischen Tierhilfen. Es dauert kein halbes Jahr und die Idee bekommt eine reale Gestalt: Die erste virtuelle Community für Halter, die ihren Hunden gerne etwas Selbstgekochtes kredenzen, geht online. Die Ideengeber möchten mehr und mehr Menschen dazu animieren, für ihre Tiere zu kochen.

Wie »Chefkoch«, nur kleiner

»Mittelfristig soll daraus nicht nur ein Rezept-Portal werden, sondern auch ein Forum für Informationsaustausch, mit verschiedenen Themen-Gruppen, wie Leishmaniose oder Übergewicht. Auf kochpfoten.de werden die

Einer der Gründer, Florian Horn, mit Nuka

Kochpfoten: Das Portal für Hundefans mit kulinarischen Ambitionen

Besucher für ihre Aktivitäten später auch belohnt: Fürs regelmäßige Einloggen, Posten oder Teilen können sie »Leckerlis« sammeln und sie später zum Beispiel gegen Gutscheine tauschen. Zurzeit gibt es auf der Plattform 16 verschiedene Kategorien für Rezepte, geteilt nach Lebensmittelart – also etwa Fleisch, Fisch oder Gemüse – oder aber nach der Zubereitungsart: Kochen, Grillen, Backen. Das Prinzip der Kochpfoten ähnelt chefkoch.de, die Gründer finden den Vergleich allerdings »etwas hoch gegriffen«. »Es wäre schön, wenn wir schaffen, eine gute Community zu etablieren.« Kochpfoten wird auch in Zukunft kostenlos bleiben. Werbung soll später die laufenden Kosten für die Plattform decken.

Tops & Flops

👍 **Öko-Transport**
Barfbike: Dieser Lieferservice hat Wind in den Haaren und kommt an jedem Stau vorbei. Barfbike bringt das Frischfleisch und Leckerli mit dem Fahrrad zum Kunden. Noch ist der Bringdienst nur auf den Südwesten Berlins beschränkt, die Idee ist aber großartig. www.barfbike.de

👍 **Verpackung zurück und Gutschein drauf**
Tackenberg, der Frischfleisch-Lieferant aus dem niedersächsischen Bardowick geht in Sachen Abfallvermeidung mit gutem Beispiel voran. Die Kunden können die Styropor-Kisten auf Kosten der Firma zurückschicken und erhalten bei unbeschädigten und sauberen Kisten einen 10 Prozent-Gutschein auf die nächste Bestellung. www.tackenberg.de

👍 **Eine harte Nuss**
Qchefs bietet Käseknochen ganz ohne Fleisch, dafür mit Superfoods. Die harten Kauartikel machen lange Spaß und tragen zur Zahnreinigung bei. Vegetarisches, langanhaltendes Kauvergnügen. www.qchefs.eu

👍 **Fermentiertes Gemüse**
Was die Omas schon lange wussten, macht sich jetzt auch iigmachts zu nütze. Die Schweizer Marke bietet fermentiertes Gemüse für Hunde. Durch die Milchsäurebakterien reich an Pro- und Präbiotika, B-Vitaminen, Vitamin C und Mineralstoffen. www.seelenhunde.ch/iigmachts/

👍 **Tabletten-Schmuggler**
Die nordrhein-westfälische Manufaktur Kay Klein's backt nicht nur Bioland-zertifizierte Hundekekse, sondern auch praktische Sachetten, in denen man unbeliebte Pillen verstecken kann. Großartig! www.kayklein.de

Mogelpackung

Der Hinweis »Ohne Zusatz von Konservierungsstoffen« ist leider keine Garantie dafür, dass diese Stoffe nicht im Futter enthalten sind. Lässt der Futtermittelhersteller Sprühfette oder andere Zutaten für sein Futter anliefern, die bereits konserviert waren, darf er mit diesem irreführenden Satz werben. Erst wenn er selber Konservierungsstoffe hinzufügt, muss er sie auch entsprechend deklarieren.

Gutes Futter schlecht verpackt

Kleine Einweg-Plastiktüten und dünne Kunststoff-Behälter in Barf-Läden sind nicht akzeptabel. Der Verbrauch an Plastik ist dort enorm, weil viele Kunden kleinste Fleisch-Mengen bestellen: Selbst 50 Gramm Fleisch für die Katze landet in einem Extra-Tütchen. Leihbehälter oder eigene Tupperdosen sind eine einfache und leicht umzusetzende Lösung. Garniert von einer hohen Gebühr pro Plastik-Tüte.

Durstiges Fleisch

Ein Kilogramm Rindfleisch zu produzieren erfordert 15.000 Liter Wasser. Ein 150-Gramm-Soja-Burger, der in den Niederlanden produziert wurde, braucht dagegen nur rund 160 Liter (pro Kilo fallen also etwas mehr als 1000 Liter an).

Jeder hat seinen Preis

Geschäft ist Geschäft, gar keine Frage. Trotzdem war der Verkauf der netten Münchner Tierfutter-Marke Terra Canis an den Branchenriesen Nestlé ein Schlag ins Gesicht der treuen Kunden.

Gesundheit: Zwischen Schulmedizin und Naturheilkunde

Ob Impfung, Entwurmung oder Medikamentation – immer mehr Hundehalter schauen den Tierärzten kritisch über die Schulter oder greifen zu naturheilkundlichen Alternativen. Schließlich konsultieren wir Menschen bei Durchfall auch nicht gleich den Hausarzt oder schlucken Pillen bei kleinsten Wehwehchen. Wir alle sind sensibler geworden. Warum sollten wir das bei unseren Hunden also nicht auch sein?

//

Gute Umsätze mit kranken Tieren

Ende 2014 gab es in Deutschland knapp 12.000 niedergelassene Tierärzte[29] mit einer Einzel- oder Gemeinschafts- bzw. Gruppenpraxis. Die Heimtierstudie[30] kommt wiederum auf ca. 9.480 Tierarztpraxen, einschließlich Tierkliniken, die insgesamt einen Netto-Umsatz von etwa 2.577 Mio. Euro erwirtschafteten. 15 Prozent der Praxen kam auf einen jährlichen Netto-Umsatz von 33.000 Euro, 18 Prozent hatten durchschnittlich einen Jahresumsatz von 74.000 Euro und 11 Prozent machten über 500.000 Euro Netto-Umsatz.[31] Nach der am 19. Juli 2017 geänderten Gebührenordnung für Tierärzte (GOT) werden die künftigen Umsätze sicherlich deutlich höher ausfallen. So stiegen die Gebührensätze seit der letzten Anpassung im Jahre 2008 pauschal um 12 Prozent. Das Entgelt für die Beratungstätigkeit wurde pauschal um 30 Prozent angehoben. Die Tierärzte dürfen ihre Gebühren nach dem Einfachen bis Dreifachen des Gebührensatzes gestalten. Der Ermessungsspielraum richtet sich nach der Schwierigkeit der Leistungen, nach dem Zeitaufwand, dem Wert des Tieres sowie den örtlichen Verhältnissen. Besonders den Wert des Tieres als Faktor zu berechnen, finde ich in diesem Zusammenhang zynisch.

Die zweite Meinung

Wofür auch immer sich der Halter entscheidet – ob für oder gegen eine Impfspritze, ob für oder gegen Antibiotikum, ob für oder gegen eine Wurmpille – er soll es gut überlegt tun. Eine pauschale Ablehnung der Schulme-

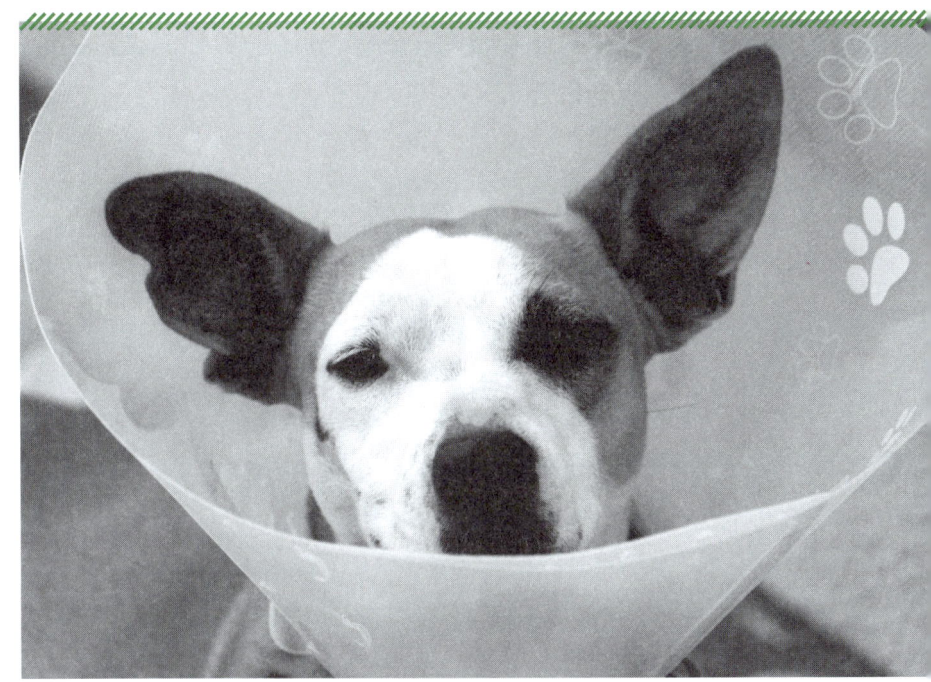

Schulmedizin oder Naturheilkunde?

dizin ist genauso riskant und ungerecht wie eine kritiklose Akzeptanz dieser Methoden. Da den meisten Hundehaltern ein umfassendes tiermedizinisches Wissen fehlt, ist eine zweite Meinung der sicherste Weg zu einer guten Entscheidung. Es lohnt sich, ausgetretene Pfade zu verlassen und die bewährten Methoden zu hinterfragen.

Wie wirksam ist die Schulmedizin?

Branchen-Kritikerin Jutta Ziegler hält nichts von Entwurmung, Spot-Ons und Light-Futter

Den meisten Hundehaltern ist Jutta Ziegler als Autorin von »Schwarzbuch Tierarzt: Hunde würden länger leben, wenn...« oder »Tierärzte können die Gesundheit Ihres Tieres gefährden, Neue Wege in der Therapie« bekannt. Etwas weniger Menschen wissen, dass die gebürtige Darmstädterin eine ganzheitlich orientierte Tierarztpraxis in Hallein bei Salzburg betreibt und eine eigene Futtermarke kreiert hat, die sie über zwei »Naturfutterlädchen« in Österreich sowie über einen Online-Shop vertreibt. Ich habe die 61-Jährige in ihrer Praxis getroffen.

Was war der Auslöser für Ihr erstes Buch und was der Grund für alternative Behandlungsmethoden in Ihrer Praxis?
Ende der 80er Jahre war ich in Österreich die größte Royal-Canin-Vertreiberin und habe Diätfuttermittel in ähnlichem Stil verkauft, wie es heute in den meisten Praxen praktiziert wird: Ich habe ausschließlich Fertigfutter empfohlen, zu viele Antibiotika verabreicht, regelmäßig mit chemischen Mitteln entwurmt und gegen alle Infektionskrankheiten geimpft, gegen die ein Impfstoff am Markt war. Das Schlüsselerlebnis, die üblichen Behandlungsmethoden in Frage zu stellen, war eine Episode mit meiner Mitarbeiterin. Ich war krank und nicht in der Lage die Sprechstunde abzuhalten. Meine Sprechstundenhilfe meinte: »Sie brauchen nicht kommen, ich mach das schon, Sie geben ja sowieso immer das Gleiche. Antibiotikum, Schmerzmittel, Cortison sowie das entsprechende Diätfuttermittel dazu«. Das kann nicht wahr sein, dachte ich mir und begann meine bisherigen Behandlungsmethoden zu hinterfragen und nach Alternativen zu suchen.

Erst beschäftigte ich mich mit Homöopathie und Akupunktur und begann mich intensiv mit Hunde- und Katzenernährung auseinanderzusetzen. Zuletzt folgte das kritische Hinterfragen aller Impfungen. Diese Entwicklung war ein über viele Jahre dauernder Prozess in vielen kleinen Schritten. Dann habe ich mit Homöopathie, Akupunktur und Kräutertherapie begonnen. Seit vier oder fünf Jahren behandle ich mit Schwerpunkt orthomolekulare Medizin. Im Großen und Ganzen geht es darum, dem Körper diejenigen Stoffe zuzusetzen, die aus irgendwelchen Gründen zu wenig oder gar nicht vorhanden sind. Dabei handelt es sich um natürliche Substanzen wie Aminosäuren, Mineralstoffe, Vitamine, Enzyme und sekundäre Pflanzenstoffe. Bei der orthomolekularen Medizin geht es um die Vitalstoff-Balance. Erst wenn alle für eine optimale Stoffwechselleistung notwendigen Substanzen in der richtigen Konzentration im Organismus vorhanden sind, kann eine Besserung des Krankheitsbildes bzw. eine Heilung erfolgen.

Was sind die häufigsten Krankheiten, die Sie in Ihrer Praxis behandeln?
Chronische Verdauungsstörungen, Allergien und Futtermittelunverträglichkeiten, chronische Entzündungen, Herz- und Gelenkprobleme und immer häufiger Krebs. Bei Katzen zusätzlich zu den oben genannten vermehrt Nieren- und Blasensteine.

Chronische Erkrankungen treten bei Hunden und Katzen in immer jüngerem Alter auf, es ist erschreckend. In meiner Praxis behandele ich fast nur schwer chronisch kranke Patienten, die aufgrund von schulmedizinischen Behandlungen erst in diese Chronizität hineingeschlittert sind. Beispielsweise werden Durchfälle immer wieder mit unterschiedlichen Antibiotika behandelt, die das Krankheitsbild auf Dauer nur verschlechtern. Anstatt mittels geeigneter Stuhluntersuchungen abzuklären, welche von den »guten« Darmbakterien fehlen oder ob von pathogenen Darmbakterien zu viele vorhanden sind, ob Entzündungen in der Darmschleimhaut vorliegen oder nicht und, und, und …. Hat man diese Ergebnisse, kann man gezielt die fehlenden Bakterien zuführen bzw. die pathogenen mit natürlichen Mitteln eliminieren. Auch gegen Entzündungen im Darm gibt es geeignete Substanzen, wie Glutamin. Eine Ernährungsumstellung ist in den meisten

Jutta Ziegler

Fällen notwendig. Die Schulmedizin behandelt leider meist nur Symptome, statt nach den Ursachen zu fragen, diese abzustellen und mit der Substitution der notwendigen Stoffe eine Heilung bzw. Besserung zu bewirken.

Was sind denn die häufigsten Ursachen für Krankheiten?

Krankheiten basieren auf Ernährungsfehlern, falschen Haltungsbedingungen, toxischen Dauerbelastungen durch Umweltgifte oder können durch die Verabreichung von Medikamenten und Impfungen provoziert werden. Auch Dauerstress oder Infektionen mit Parasiten, Bakterien und Viren können, wenn der Organismus vorbelastet ist, Krankheiten noch länger unterhalten. All diese Faktoren können zur Unterversorgung beziehungsweise erhöhtem Verbrauch von Vitalstoffen führen.

Sehr oft heißt es aber, dass die Krankheiten genetisch bedingt sind. Bestimmte Hunderassen neigen beispielsweise zu Hüftdysplasie oder zu Herzkrankheiten.

Nun, eine gewisse Vorbelastung kann schon gegeben sein. Das heißt aber nicht, dass die Krankheit zwangsweise ausbrechen muss. Das liegt dann am Tierhalter, wie er die Lebensgrundlagen seines Tieres gestaltet. Heutzutage wird bei vielen chronischen gerne auf eine genetische Komponente verwiesen, meist sind es aber Ernährungsfehler, Haltungsfehler etc., die die Krankheit letztendlich entstehen lassen.

Nachdem 2011 Ihr erstes Buch erschienen war, gab es viele kritische Stimmen. Sie hätten nur Einzelfälle geschildert, ohne wissenschaftliche Grundlage. Es wäre bloß Panikmache. Was entgegnen Sie den Kritikern?

Viele Tierhalter sind mittlerweile in Panik und benötigen Hilfe für ihre chronisch kranken Tiere. Das, was ich geschrieben habe, war nur meine Reaktion auf die Zunahme der Zahlen an diesen schwerkranken Tieren, die von der Schulmedizin letztendlich als »unheilbar« eingestuft wurden. Diese Patienten existieren ja und sogar in großer Zahl. Die habe ich nicht erfunden. Das sind keine Einzelfälle. Auch schulmedizinisch arbeitende Kollegen und Kolleginnen können bestätigen, dass die Wartezimmer trotz der vielen neuen, angeblich hochwirksamen Medikamente, Diätfuttermittel, Impfungen etc. immer voller werden. Ich praktiziere seit mehr als 36 Jahren und habe besonders in den letzten Jahren, auch aufgrund der Veröffentlichung meines Buches, tausende dieser chronischen Fälle gesehen. Hervorzuheben sind die enormen gesundheitlichen Schäden durch Impfungen: Epilepsie, Magen-Darmprobleme, Lähmungserscheinungen und auch Todesfälle direkt nach einer Impfung. Zum Thema Barfen contra Ernährung mit industriell verarbeitetem Fertigfutter wiederum gibt es in der Tat kaum Studien. Es ist nicht im Sinne der Futtermittelindustrie derartige Studien durchzuführen. Die Fakten sprechen aber für sich: gebarfte Hunde sind gesünder, das zeigt sich in der täglichen Praxis sehr deutlich. Es wäre auch absurd, industriell verarbeitetes Futter, das dazu noch mit synthetischen Zusatzstoffen angereichert ist, als gesünder zu erklären als Frischkost.

Gleichzeitig bieten Sie aber auch ein eigenes Trocken- und Nassfutter an. Steht das nicht im Widerspruch zu Ihren Empfehlungen, Frischfleisch zu füttern?

Barfen steht bei der Ernährung unserer Haustiere an erster Stelle, gar keine Frage. Ich versuche, alle Patienten umzustellen, fast jeder kranke Hund wird bei mir gebarft. Es gibt aber Hundehalter, die Rohfleischfütterung nicht konsequent umsetzen wollen oder können. Aus diesem Grund habe ich eigene Rezepte für Fertigfutter entwickelt. Ich arbeite dabei mit der Manufaktur Hermann's zusammen. Dort weiß ich, dass die Rohstoffe und das Herstellungsverfahren in Ordnung sind. Es wird auch nur Bio-Ware verarbeitet. Synthetische Zusätze werden in keinem meiner Futter verwendet. Ich bemerke in der letzten Zeit, dass es immer mehr Firmen gibt, die auf solche Punkte achten, und das ist super.

Ist Getreide tatsächlich so schädlich für den Hund, wie viele behaupten? Hat sich sein Verdauungssystem im Laufe der Zeit nicht komplett geändert?

Getreide ist in der Ernährung des Hundes nicht vorgesehen. Hunde können die benötigte Glukose auch aus Fetten synthetisieren. Der Hund hat zwar eine höhere Verdauungskapazität für Getreide als der Wolf, da er mehr stärkespaltende Enzyme produziert, die Nachteile im Stoffwechsel sind aber enorm. Abgesehen von einem ständig schwankenden Blutzuckerspiegel, der immer mit einem erhöhten Insulinspiegel im Blut verbunden ist, kommt es zur Bildung von Zucker-Eiweiß-Verbindungen, die Gelenke und Gefäße schädigen können. Ständig hohe Insulinspiegel fördern die Einlagerung von Fett und sind zusätzliche Faktoren, die das Wachstum von Krebszellen beschleunigen. Wenn Kohlenhydrate gefüttert werden sollen, dann in Form von Pseudogetreiden oder Vollkornprodukten, bei denen der Anstieg des Blutzuckers langsamer stattfindet. Da viele Hunde ohnehin zu dick sind, sollte völlig auf die Fütterung von Kohlenhydraten verzichtet werden. Bei Hochleistungshunden ist ein Teil der Ration – maximal 10 – 20 Prozent – Pseudogetreide oder Vollkornprodukten in Ordnung.

Apropos Übergewicht. Gibt es auf dem Markt ein Hundefutter, das sich fürs Abnehmen gut eignet oder sind Light-Produkte grundsätzlich eine große Lüge?

Alle »Light«-Produkte enthalten wenig Fett, viele Kohlenhydrate, meist minderwertiges Eiweiß und viele Füllstoffe wie beispielsweise Lignozellulose, also Holz. Ohne Fett kann aber eine ordentliche Versorgung nicht stattfinden, der Organismus braucht Fett für viele Stoffwechselvorgänge, besonders auch für den Aufbau von Zellmembranen. »Fettarm« provoziert Heißhunger, die Hunde werden nie satt und beginnen Futter zu »stehlen«. Das minderwertige Eiweiß in diesen »Light«-Produkten ist nur bedingt dazu geeignet, Zellstrukturen zu erneuern und zu reparieren, was ja die Aufgabe des Eiweißes sein sollte. Dadurch kommt es zu Defiziten in der Zellerneuerung, was sich in Organschäden wie Leberschaden oder Nierenproblemen zeigt. Der hohe Anteil an Füllstoffen ist zwar gut geeignet, Überschüsse und Abfälle aus der Lebensmittelindustrie weiter zu verwerten, für die Gesundheit des Hundes sicher nicht förderlich. Auch das geht auf Kosten hochwertiger Eiweiße und verursacht in vielen Fällen zusätzlich massive Verdauungsbeschwerden.

Hat sich denn bei Royal Canin & Co. im Laufe der Zeit nichts geändert?

An dem Konzept, mit minderwertigen Rohstoffen viel Geld zu verdienen, hat sich nichts geändert. Das betrifft alle großen Konzerne wie Mars, Procter & Gamble etc. In den letzten Jahren haben sich aber viele kleinere Firmen

Die Praxis von Jutta Ziegler in Hallein

etabliert, die aus hochwertigen Rohstoffen recht gute Produkte herstellen. Leider werden bei der Herstellung – soweit es sich um Extrudate – handelt, diese Rohstoffe wieder vernichtet. Besser sieht es bei hochwertigem Nassfutter, das in der Dose schonend erhitzt wird, sowie bei kaltgepresstem Trockenfutter aus. Hier bleiben die Rohstoffe weitgehend erhalten. An die Hochwertigkeit der Rohfütterung kommen diese Futtermittel zwar nicht heran, sind aber eine gute Alternative im Urlaub oder anderen Situationen, in denen die Rohfütterung nicht möglich ist.

Wie kommt es, dass minderwertiges industriell verarbeitetes Futter sowie pharmaorientierte Behandlungsmethoden so verbreitet sind? Müsste das Bewusstsein für Alternativen nicht schon längst vorhanden sein?
Sowohl die Futtermittelindustrie als auch die Pharmaindustrie haben in der Tiermedizin das Sagen. Die Behandlungsmethoden in den Tierarztpraxen beruhen darauf, mittels Pharmaka Symptome zu unterdrücken und nicht die Ursachen der Erkrankungen zu hinterfragen. Wenn Ursachen erkannt werden, kann durch gezielte Veränderungen, beispielsweise durch Ernährungsumstellung oder durch das Vermeiden krankheitsauslösender Faktoren wie Impfungen, schon eine Verbesserung des Krankheitsbildes bewirkt werden. Die gezielte Substitution der fehlenden Vitalstoffe bringt weitere Verbesserungen. Leider werden die Studenten schon im Studium in Richtung Pharmatherapie gelenkt, da bleibt kein Platz für innovative ursächliche Behandlungen. Das wird von den Universitäten, die ja von der Industrie abhängig sind auch nicht gewünscht. Das gleiche gilt für das Thema Ernährung. Im Studium werden die Fertigfuttermittel der Großkonzerne als optimal dargestellt, Alternativen nicht einmal erwähnt. Eröffnen die fertigen Tiermediziner ihre Praxen, werden sie großzügig von der Futtermittelindustrie unterstützt. Die Abhängigkeit ist damit vorprogrammiert.

Sie kritisieren auch das häufige Impfen. Überwiegen die Nachteile nicht, wenn man auf die alljährlichen Spritzen verzichtet?
Ich habe mich jahrelang sehr intensiv mit Pro und Kontra von Impfungen beschäftigt. In der Humanmedizin gibt es aufgrund amtlicher Meldepflichten bei

den Infektionskrankheiten bereits seit Anfang des 20. Jahrhunderts belegbare Zahlen über Todesfälle bei den verschiedenen Infektionskrankheiten. Diese Zahlen beweisen eindeutig, dass die Infektionskrankheiten – egal ob Pocken, Diphterie, Tuberkulose – schon stark im Schwinden waren, als die Impfungen erfolgten. Allein eine bessere Hygiene, bessere Ernährung, sauberes Wasser, weniger Stress – wie durch Weltkriege – hat die Zahl der Todesfälle durch diese Infektionskrankheiten stark reduziert. Dazu sind die Fälle von Impfdurchbrüchen sehr zahlreich, was die Wirkung von Impfungen grundsätzlich in Frage stellt. In Russland waren beispielsweise circa 98 Prozent der Bevölkerung gegen Diphterie geimpft, es gab aber einen massiven Diphterieausbruch während der Perestrojka in den 90er-Jahren. Der Grund: mangelnde Hygiene, Hunger und Stress. In der Veterinärmedizin existieren solche Statistiken leider nicht. Man kann aber sehr deutlich feststellen, dass Welpen, die aus dem Osten kommen und schlechten Bedingungen ausgesetzt sind, wie zu frühem Absetzen von der Mutter, schlechter Ernährung, Stress usw. sehr leicht an Staupe erkranken, im Gegensatz zu Welpen, die unter artgerechten Bedingungen aufwachsen. Auch die doch erheblichen Impfschäden, die oft nicht als solche erkannt werden, dürfen nicht außer Acht gelassen werden. Besonders die den Impfstoffen als Verstärker beigefügten Adjuvantien wie Quecksilber und Aluminium – beides schwere Nervengifte – können schwere gesundheitliche Schäden verursachen. Besonders bei kleinen, leichten Hunden können sich diese giftigen Stoffe verheerend auswirken, bekommen sie doch die gleiche Impfdosis wie große Hunde. Beispielsweise wird ein 2 Kilogramm schwerer Yorki mit der 30-fachen Dosis – berechnet auf das Körpergewicht – wie eine 60 Kilogramm schwere Dogge belastet.

Würden Sie denn komplett aufs Impfen verzichten?
Ja, wir impfen überhaupt nicht mehr, auch keine Grundimmunisierung. Schwierig wird es bei Hunden, die mit in den Urlaub ins Ausland fahren. Hier ist eine gültige Tollwutimpfung vorgeschrieben. Ich empfehle, wenn die Impfung nicht zu umgehen ist, Hunde nicht unter einem halben Jahr und nur alle drei Jahre zu impfen. Die 2-oder sogar 3-malige Grundimmunisierung bei Tollwut ist nicht notwendig.

Wie stehen Sie zu Spot-ons? Gibt es dazu eine wirksame Alternative im Kampf gegen Zecken- oder Floh-Präparate?
Die gängigsten Präparate – unter anderem das weit verbreitete Frontline Spot-on – beinhalten Nervengifte, die durch die Haut ins Blut eindringen und massive Nebenwirkungen auslösen können: Fell- und Hautveränderungen, Haarausfall und Speicheln, Erbrechen, Müdigkeit, Appetitlosigkeit, Atembeschwerden, epileptischen Anfällen und Depressionen. Durch das nicht gleichzeitige Auftreten der Symptome mit der Verabreichung dieser Antiparasitaria wird auch meist kein Zusammenhang hergestellt. Gegen Ektoparasiten empfehle ich Mittel auf biologischer Basis wie ätherische Öle: Kiefernkernholzextrakt, Neemöl, Lavendelöl, Jojobaöl, Kokosöl. Diese Mittel müssen zwar häufiger verabreicht werden als die chemischen Spot-ons, es sind aber keine Nebenwirkungen zu befürchten.

Was kann man tun, um das Bewusstsein für alternativmedizinische Zugänge zu wecken?
Man sollte kritischer sein und die üblichen, schon fest etablierten Behandlungsmethoden hinterfragen. Man kann bereits mit dem Weglassen von Impfungen, chemischen Spot-ons und Wurmmitteln dazu beitragen, einen Hund gesund zu halten. Natürlich müssen in Notfällen pharmazeutische Präparate eingesetzt werden, dies sollte sich aber auf die wirklichen Notfälle beschränken. Antibiotika bei jeder Befindlichkeitsstörung einzusetzen, ist leider Usus geworden, in den allermeisten Fällen aber nicht notwendig. Auch die Behandlung der immer häufiger werdenden Allergiepatienten mit lediglich juckreizmildernden Medikamenten wie Cortison ist in meinen Augen überflüssig und schädlich, gibt es doch zahlreiche andere gut wirksame Substanzen. Besonders in diesen Fällen muss erst einmal die Ursache abgestellt, die Ernährung angepasst, entgiftet werden und ... und ... und ...

Tierarztpraxis: www.dr-ziegler.eu
E-Shop: www.naturfutterlaedchen.eu

Impfpraxis: Zwischen reellen und imaginären Risiken

Tierheilpraktikerin Anne Sasson über den Sinn und Unsinn von Impfungen

Das Thema Impfen ist bekanntlich äußerst umstritten. Einerseits geht es darum, eigene oder fremde Hunde und in manchen Fällen auch Menschen zu schützen. Eine konsequente Impfstrategie hat tatsächlich dazu geführt, dass manche Krankheiten in Ländern wie Deutschland nahezu ausgerottet sind (z. B. Tollwut). Andererseits ist es wichtig, sich über die Risiken der Impfung im Klaren zu sein, um schließlich nach dem oft zitierten Grundsatz handeln zu können: »So viel wie nötig, so wenig wie möglich«.

Andere Spezies, andere Sitten

Betrachtet man die Impfpraxis in der Human- und in der Tiermedizin, fallen gravierende Unterschiede auf. Während bei Hunden regelmäßige Impfungen jedes Jahr oder spätestens alle drei Jahre empfohlen werden, bleiben die Menschen – bis auf das Kindesalter – von der Impfwut verschont. »Es gibt keinen einleuchtenden Grund für die häufigen Impfungen«, sagt Anne Sasson. »Früher ist man davon ausgegangen – oder hat behauptet –, dass die Impfstoffe für Hunde nur eine zeitlich sehr begrenzte Immunität gewähren. Inzwischen gibt es aber zahlreiche Studien, die eine wesentlich längere Schutzdauer belegen. Dies gilt allerdings nicht für alle Impfstoffe, deshalb ist es wichtig, sich seriös beraten zu lassen.«

Kritische Kunden

Die Impfpraxis ist heute in der Tat deutlich differenzierter geworden, sowohl wegen neuer medizinischer Entwicklungen und Erkenntnisse als auch wegen der Hundehalter, die jetzt kritischer den tierärztlichen Praktiken gegenüber stehen. »Früher war alles einfach«, erklärt die Tierheilpraktikerin. »Der Hund wurde jährlich ›gegen alles‹ geimpft und kaum jemand hat das in Frage gestellt. Inzwischen gibt es viele verschiedene Impfstoffkombinationen und Impfschemata, es werden auch neue Impfstoffe entwickelt, so dass es nicht immer leicht ist, sich zurechtzufinden.«

Neue Impfempfehlungen

Das Bewusstsein über mögliche Impfschäden wird immer größer und die Ständige Impfkommission (StIKo Vet), die immer noch als recht streng gilt, hat ihre Leitlinien verändert. Seit 2009 empfiehlt sie, Staupe, Parvovirose und Hepatitis nach erfolgter Grundimmunisierung nur noch im Drei-Jahres-Rhythmus zu wiederholen. Seit Anfang 2006 gibt es auch Tollwutimpfstoffe mit einer dreijährigen Zulassung und Ende 2016 wurde die Impfleitlinie für die Tollwutimmunisierung gelockert. WSAVA, der Weltverband der Kleintierärzte, räumt ebenfalls ein, dass 98 Prozent der Welpen, die im Alter von 14 bis 16 Wochen geimpft wurden, lange Jahre bis lebenslang gegen Parvovirose, Staupe und Hepatitis immun sein werden.

Titer statt Spritze

Angesichts der gelockerten Impfrichtlinien und Zugeständnisse aus den Chefetagen der Tierärzteschaft fragt sich der eine oder andere Hundehalter sicherlich, ob man auf Impfungen nicht auch vollständig verzichten könnte. »Hunde sollten gegen Gefahren geschützt werden, deshalb ist die Immunisierung gegen lebensbedrohliche Erkrankungen wichtig«, empfiehlt Anne Sasson. »Es gibt allerdings andere Wege, dieses Ziel zu erreichen als mit jährlichen Kombiimpfungen, deren Komponenten nicht alle unbedingt notwendig sind.« So gäbe es bei Welpen die Möglichkeit der Titerbestimmung, die es ermögliche, den genauen Zeitpunkt für eine wirksame Immunisierung zu definieren. Auf diese Weise starten die Welpen mit einer statt drei Impfungen ins Leben. Titerbestimmungen bieten auch später die Möglichkeit zu überprüfen, ob die Immunität immer noch vorhanden ist, sodass weitere unnötige Impfungen vermieden werden können. »Dann muss auch überlegt werden, wogegen im Einzelfall geimpft werden soll. Manche Impfungen, z. B. Zwingerhusten mögen bei dichten Populationen wie in Tierheimen sinnvoll sein, sind aber für ein Leben in einer Familie nicht dringend notwendig. Es ist also wichtig, genauer hinzuschauen und für den eigenen Hund ein individuelles Impfschema zu haben«, so die 53-Jährige.

Ernste Impfrisiken
Das (Hunde-)Leben wäre ohne Risiken und Nebenwirkungen sicherlich schöner, Impfungen stehen aber genau deswegen oft heftig in der Kritik: Impfstoffe können nämlich starke Nebenwirkungen haben und Schäden verursachen. »Manche Hunde vertragen sie sehr schlecht, doch auch wenn sie gut vertragen werden, stellen sie eine chemische Belastung für den Organismus dar«, betont Anne Sasson. Die Zahl der Meldungen von unerwünschten Arzneiwirkungen steige auch kontinuierlich, bemerkenswert sei vor allem der Anstieg von Meldungen bei Impfstoffen gegen Leptospiren.

Zu den Nebenwirkungen von Impfungen zählen Mattigkeit, Durchfall und Erbrechen, lokale Schmerzen und Umfangvermehrungen an der Impfstelle. »Das ist sicherlich nicht angenehm, aber vielleicht noch hinnehmbar, solange es sich um kurzfristige Beschwerden handelt«, so die Tierheilpraktikerin. »Deutlich schwerwiegender sind aber Ödembildung, Juckreiz, gestörter Bewegungsablauf, Herz-Kreislauf-Beschwerden, partielle Lähmungserscheinungen oder ein anaphylaktischer Schock.« Tierärzte argumentieren oft, dass es meist unmöglich sei, einen zeitlichen Zusammenhang zwischen einer unerwünschten Arzneiwirkung und dem Zeitpunkt der Impfung festzustellen. »Doch es gibt immer mehr ernstzunehmende Hinweise auf Impfspätfolgen, insbesondere Arthritis, Darmentzündungen, allergische Reaktionen, Bindehautentzündungen, Epilepsie, Nierenschäden oder Autoimmunerkrankungen«, so Anne Sasson.

Leitlinien fürs Impfen

Die große Neuerung in den Leitlinien der Ständigen Impfkommission Veterinärmedizin (StIKo Vet) ist es, dass die Impfleitlinie für die Tollwutimmunisierung gelockert wurde. Seit Dezember 2016 soll nicht mehr in der 12. und 16. Woche und anschließend mit 15 Monaten gegen Tollwut geimpft werden. Die aktuelle Empfehlung lautet:
- erste Impfung im Alter von 12 Wochen.
- eine weitere Impfung nach einem Jahr ist dann empfohlen, wenn es vom Impfstoffhersteller so vorgesehen ist.

Auch wird es nicht mehr als dringend notwendig angesehen, gegen Hepatitis zu impfen. Auf internationaler Ebene hat die WSAVA (World Small Animals Veterinary Association) 2013 neue Leitlinien herausgebracht, die kurzgefasst Folgendes beinhalten:
- die Wiederholung der »Core Vaccines[32]« – also der unverzichtbaren Impfungen – soll nicht öfter als alle 3 Jahre erfolgen, da »bekannt ist, dass der Schutz viele Jahre währt, wahrscheinlich lebenslang«.
- sie bestätigt, dass die letzte Welpenimpfung im Alter von 14-16 Wochen erfolgen sollte.
- sie bestätigt ebenfalls, dass 98 Prozent der Welpen, die zuletzt in diesem Alter geimpft wurden, lange Jahre und wahrscheinlich lebenslang gegen Parvovirose, Staupe und Hepatitis immun sein werden.
- die Richtlinien der WSAVA sehen vor, dass Hunde 12 Monate nach dieser letzten Impfung erneut geimpft werden sollten. Jedoch unterstützt sie ausdrücklich die Titerbestimmung, die diese Impfung bei der überwiegenden Mehrheit der Hunde unnötig macht.
- die WSAVA unterstreicht deutlich, dass es wichtig ist, so wenig wie möglich zu impfen.

Durchfall: Die häufige Plage

Anne Sasson über die Ursachen und Heilmethoden

Anders als bei Menschen, zählt ein Durchfall bei Hunden zu den häufigsten Gründen für einen Besuch beim Tierarzt oder Tierheilpraktiker. Diarrhoe – so das griechische Äquivalent der weit verbreiteten Unwohl-Erscheinung – ist nur ein Symptom und keine eigenständige Erkrankung. Die Ursachen hierfür sind nicht zwangsläufig im Magen-Darm-Trakt zu suchen: Auch Leber-, Nieren- oder Bauchspeicheldrüsenerkrankungen, sowie Angst, Stress oder Schmerz können zu Durchfall führen. Die häufigsten Ursachen von Durchfall beim Hund sind:

- Futtermittelintoxikation oder -unverträglichkeit
- Viren
- Parasiten
- Antibiosen
- Immunreaktive Darmentzündung (wie z.B. IBD, inflammatory bowel disease)
- Darmtumore

///

Diätfehler, Vergiftung oder Entzündung

Mit dem Durchfall werden Erreger ausgeschieden, etwa nach Diätfehlern oder bei leichten Futtermittelintoxikationen, in vielen Fällen hat Diarrhoe also eine reinigende Wirkung. »Die Ursachen des Durchfalls sind jedoch vielfältig, sodass die Betrachtung über die reinigende Funktion hinausgehen sollte«, erklärt Anne Sasson. Durchfall entstehe dadurch, dass Flüssigkeit in den Darm kommt und die Darm-Motilität, also die Muskeltätigkeit des Darms, gestört ist. Es gebe verschiedene Prozesse, die zu diesem Flüssigkeitsüberschuss führen. »Es können sich Partikel im Darm befinden, die nicht verdaut werden, und bewirken, dass Wasser vom Organismus durch die Darmschleimhaut in den Darm hineinströmt«, so die Homöopathin. »Oder aber die Darmwand ist so entzündet, dass sie selbst Flüssigkeit produziert. Bei beiden Prozessen verflüssigt sich der Darminhalt. Im Falle einer Entzündung der Darmwand hat der Durchfall keine reinigende Funktion.« Man unterscheidet zwischen Dünndarm- und Dickdarmdurchfall: Bei Dünndarmerkrankungen ist der Kot wässrig und voluminös, die Häufigkeit des Kotabsatzes etwas höher als sonst. Bei Erkrankungen des Dickdarms ist der Kot breiig, man findet oft Blut- und/oder Schleimbeimischungen und die Häufigkeit des Kotabsatzes ist sehr hoch.

Natürliche Mittel gegen Durchfall

Wenn das Allgemeinbefinden des Hundes nicht beeinträchtigt ist, verschwindet der Durchfall aller Wahrscheinlichkeit nach schon nach einem oder zwei Tagen von selbst. Das ist nicht anders als bei uns Menschen. Als Erste-Hilfe-Maßnahme ist die Morosche Suppe bestens geeignet, wenn Bakterien die Ursache für den Durchfall sind. Eine weitere Möglichkeit ist die Fütterung von Huminsäuren. »Es gibt auch verschiedene homöopathische Mittel, die bei akutem Durchfall sehr schnell helfen«, erklärt Anne Sasson. »Diese sollten aber von einem Tierheilpraktiker individuell empfohlen werden.« Leicht verdauliche Kost macht für ein paar Tage auf jeden Fall Sinn.

Gesunde Darmflora als Prophylaxe

Eine gesunde Darmflora ist das Zentrum des Immunsystems und langfristig die beste Prophylaxe. Leider wird sie sehr oft stark beansprucht, z. B. durch Antibiotika oder Wurmtabletten. Eine artgerechte Fütterung, der Verzicht auf unnötige Antibiosen und regelmäßige Maßnahmen zum (Wieder-)Aufbau der Darmflora hält Anne Sasson für unerlässlich.

Durchfall kann auch gefährlich werden

In den meisten Fällen nicht lebensbedrohlich, kann Durchfall aber vereinzelt auch gefährlich werden. »Sehr junge und sehr alte Hunde dehydrieren schnell, dem muss man ohne Verzug entgegenwirken«, erklärt Anne Sasson. »Hat der Hund Fieber und ist geschwächt, sollte er einem Tierheilpraktiker oder Tierarzt vorgestellt werden. Gleiches gilt, wenn der Durchfall sich durch erste Behandlungen nicht bessert oder wenn es in regelmäßigen Abständen immer wieder zu Durchfall kommt.« Bei der Behandlung sei darauf zu achten, dass der Durchfall nicht lediglich unterdrückt wird. Mit einer umfassenden Anamnese und einer seriös durchgeführten Diagnostik sollten die Ursachen gefunden und gezielt therapiert werden.

Morosche Karottensuppe

Die Morosche Karottensuppe verdankt ihren Namen Ernst Moro (1874 – 1951), einem österreichischen Kinderarzt an der Ruprecht-Karls-Universität Heidelberg. Durch sehr langes Kochen von Karotten werden Oligogalakturonsäuren freigesetzt, die die Haftung der Bakterien an der Darmwand blockieren. Diese können sich nicht mehr an die Darmschleimhaut anheften und keine Giftstoffe mehr freisetzen. Die Bakterien werden dadurch leichter ausgeschieden und können keinen Durchfall mehr verursachen. Eine Besserung tritt meist nach 1 – 2 Tagen ein.

- 500 g geschälte Karotten in einem Liter Wasser mindestens anderthalb Stunden langsam kochen,
- durch ein Sieb drücken oder im Mixer pürieren,
- mit gekochtem Wasser wieder auf einen Liter auffüllen und drei Gramm Kochsalz zugeben.

Die Suppe in kleineren Portionen über den Tag verteilt verabreichen. Für Hunde, die öfter unter Durchfall leiden, empfiehlt sich die Zugabe zum normalen Futter, zwei Wochen lang, täglich zwei Esslöffel. Bei vereinzelt auftretendem, nicht langanhaltendem Durchfall, gibt man die Suppe 2 – 3 Tage zum normalen Futter. Verschmäht der Hund die Suppe pur, kann gekochtes Huhn (mit Brühe) dazu gegeben werden. Wenn sich Besserung zeigt, kann man mit Schonkost beginnen, z. B. gekochtes Huhn und danach wieder normal füttern.

Ekzeme: Lästige Hautveränderungen
Die Suche nach Ursachen und die Wahl
der richtigen Behandlung

Der Begriff Ekzem oder Dermatitis beschreibt eine entzündliche Hauterkrankung, die verschiedene Erscheinungen, Ausprägungen und Ursachen haben kann. Zu den sichtbaren Zeichen gehören Rötung, Knötchen, Pusteln, Krusten, Haarausfall. Manchmal gibt es aber auch keine sichtbare Hautveränderung. In den allermeisten Fällen ist Ekzem mit Juckreiz verbunden. Die Hautveränderungen befinden sich häufig an den Lefzen, am Kinn, an den Augenlidern, an Hals und Bauch, in den Gelenkbeugen und an den Pfoten. Leckt oder kratzt sich der Hund an der betroffenen Stelle, entstehen oft Hautverletzungen. »Dadurch kommt es zu Infektionen, diese sind allerdings nicht die Ursache, sondern die Folge der Dermatitis«, betont Anne Sasson. Mechanische Ursachen wie Halsband, Geschirr oder Maulkorb sind leicht an der Lokalisation zu erkennen. Juckreiz am unteren Rücken, etwa direkt am Rutenansatz, kann auf Flohbisse hinweisen. Manche Ekzeme werden durch rassebedingte Faltenbildungen begünstigt, z. B. beim Shar Pei oder der englischen Bulldogge. Leckekzeme können Stress oder Angstzustände als Ursache haben.

Last but not least: Dermatitiden sind sehr oft der Ausdruck einer allergischen Reaktion. Die Erreger hierfür sind vielfältig: Futter- oder Hausstaubmilben, Futtermittel, Pollen, Insektenstiche, Arzneien, chemische Mittel, Seifen, Waschpulver, Weichspüler...

Nebenwirkungen bei Antibiotika und Kortison
Die Behandlung mit Kortison oder Antihistaminika sind in den Tierarztpraxen recht verbreitet, das lindert den Juckreiz und die Entzündung meist

sehr schnell. Mit einer Antibiose werden sekundäre Infektionen bekämpft, die als Folge von Kratzen und Lecken entstehen. »Problematisch bei diesen Behandlungen sind allerdings die Nebenwirkungen«, erklärt Anne Sasson. »Jede Antibiose schadet der Darmflora, die wiederum einen wesentlichen Bestandteil des Immunsystems darstellt. Und gerade kranke Hunde brauchen diese Abwehrkraft ganz dringend.«

Die ersten Nebenwirkungen von Kortison sind vermehrtes Trinken und gesteigerter Appetit. Bei längerer Verabreichung wird das Immunsystem geschwächt und auch die Haut geschädigt. »Und gerade das ist bei einer Dermatitis nicht erwünscht«, so die Tierhomöopathin. »Einfach nur den Juckreiz zu nehmen, kann im Akutfall wichtig sein, wird aber auf Dauer nichts bringen. Solange die Ursache nicht gefunden wurde, werden die Symptome immer wiederkehren.« Hierzu gibt es verschiedene diagnostische Verfahren. Während bestimmte Parasiten leicht zu erkennen sind und auch gut behandelt werden können, sucht man doch manchmal – wie etwa bei Futtermittelunverträglichkeiten – nach der berühmten Nadel im Heuhaufen. Und in manchen Fällen – wie bei Pollen- oder Hausstauballergien – kann man den Erregern auch nur schlecht aus dem Weg gehen.

Der richtige Umgang mit Ekzemen

Die Suche nach den Ursachen von Ekzemen kann ein langer Weg sein, deswegen ist es wichtig, dem Hund auch in der Zwischenzeit zu helfen. »Als Tierheilpraktikerin ist es mir wichtig, so lange ohne Kortikoide oder Antibiose auszukommen, wie es für den Hund vertretbar ist«, sagt Anne Sasson. »So wird das Immunsystem nicht noch zusätzlich angegriffen.« Es gebe gute Salben auf natürlicher Basis, die den Juckreiz lindern, sowie Tinkturen, die bei Entzündungen und Infektionen mit Erfolg eingesetzt werden können. »Effektive Mikroorganismen können die Hautflora gut unterstützen. Ebenfalls auf der lokalen Ebene ist eine Behandlung mit Lasertherapie empfehlenswert«, rät die Wahl-Lausitzerin. Darüber hinaus ist es sehr wichtig, bei der Behandlung von Dermatitiden ganzheitlich vorzugehen. »In meinen Augen ist hier die klassische Homöopathie die Therapie der Wahl. Des Weiteren arbeite ich aufgrund ihrer immunmodulierenden Wirkung

Anne Sasson mit ihrem
Rauhaar-Galgo Mirlo,
ca. 7 Jahre alt

gern mit Vitalpilzen.« Sind Ekzeme allerdings auf eine Futtermittelallergie zurückzuführen, ist eine Ausschlussdiät unvermeidbar. In dem Fall muss der Hundehalter sehr sorgfältig vorgehen, damit durch die zunächst einseitige Fütterung kein Nährstoffmangel entsteht. Ungesättigte Fettsäuren dürfen auf dem Speiseplan nicht fehlen, weil sie eine positive Wirkung auf Allergien und Hautentzündungen entwickeln. Wichtig ist es aber auch, auf die Lebensbedingungen des Hundes zu achten: Zu viel Stress kann eine Ursache für eine Dermatitis sein.

Körper schulen lassen

Die Vorbeugung gegen Ekzeme fußt in einer gesunden Lebensweise. Das bedeutet in erster Linie und von Beginn an eine artgerechte und ausgewogene Fütterung mit frischen Futtermitteln. »Wer seinen Hund seit Welpenalter begleitet, kann viel Einfluss nehmen: So wenig wie möglich impfen und entwurmen lassen, so wenig wie möglich mit Antibiotika behandeln«, davon ist Anne Sasson überzeug. Haben Welpen die Gelegenheit, selbst gegen (leichte) Krankheiten oder einen (leichten) Wurmbefall zu kämpfen, wird das Immunsystem gestärkt und auch »geschult«. »Es lernt, Freunde von Feinden zu unterscheiden, so dass es später nicht auf harmlose Substanzen reagieren wird.« Aber auch ältere Hunde können sinnvoll unterstützt werden, etwa mit einer regelmäßigen Pflege der Darmflora. Auch Fellpflege sollte nicht vernachlässigt werden: Bürsten dient nicht nur der Hygiene, sondern auch der Durchblutung der Haut.

Die Wahl der Rasse (oder des Züchters) kann entscheidend sein: Viele sogenannte »Modehunde« werden unseriös vermehrt und geben eine Anlage zu allergischen Reaktionen weiter. Ein solcher »Schnäppchen-Hund« wird mit seinem Leid teuer bezahlen müssen.

www.berlin-tierhomoeopathie.de

Da ist der Wurm drin
Über den unbekümmerten Umgang mit der chemischen Entwurmung und natürliche Alternativen

Einmal herunterschlucken und futsch ist das Problem. Selbst, wenn es keins gab, ist man doch auf der sicheren Seite oder nicht? Eine Pille auf alle Fälle. Kostet nicht viel und hält lästige Parasiten fern. Hat ja der Tierarzt empfohlen. Doch ist die Wurmpille tatsächlich so harmlos, wie viele denken? Millionen von Hunden wird sie in regelmäßigen Abständen verabreicht. Aus Sorge, versteht sich. Der Liebling könnte doch von gefährlichen Würmern befallen sein. Wie gefährlich sie genau sind, wissen eher wenige Hundehalter. Auch nicht, ob sich Parasiten im Hundekörper überhaupt eingenistet haben und wenn ja, welche. Die Wurmtablette gilt quasi als eine Wunderpille und soll genauso einfach wie effektiv sein. Dabei wirken die Chemiekeulen keinesfalls vorbeugend, sondern ausschließlich bei Befall. Ist der Hund also wurmfrei, bekommt aber die Pille, bringt sie absolut nichts, die Kur ist völlig unnötig. Schon ein paar Tage nach der Einnahme kann der Hund neue Parasiten in sich tragen. Das bedeutet ganz einfach, dass selbst ein straffer Entwurmungsplan nicht zuverlässig vor Würmern schützen kann. Außerdem – und das ist eine besonders ernst zu nehmende Nebenwirkung mit langfristigem Charakter – zerstören die Wurmtabletten nicht nur die schädlichen Parasiten, sondern schädigen massiv die Darmflora und machen den Darm mit jeder neuen Verabreichung einer Wurmkur anfälliger für Neuinfektionen.

Darm wird anfälliger
Es kann vorkommen, dass die Darmflora so gestört ist, dass Parasiten ständig wiederkommen und so immer wieder erneut entwurmt wird. Ein ver-

hängnisvoller Kreislauf. Trotzdem hat die Pharmaindustrie mit Erfolg eine äußerst zufriedenstellende, von einer erstaunlichen Selbstverständlichkeit flankierte Verbreitung der Wurmtablette erreicht. Die von Tierärzten und Pharmaindustrie empfohlene mindestens 3-monatige Wurmkur kann aber schwere Schäden im Darm anrichten und zu chronischen Verdauungsbeschwerden führen. Es ist deutlich besser, bei Verdacht auf Wurmbefall, eine Stuhlprobe untersuchen zu lassen und – sollte sich ein Befall herausstellen – mit »alternativen« wurmfeindlichen natürlichen Substanzen, wie beispielsweise Kamala[33] zu behandeln. Diese Stoffe sind genauso wirksam wie chemische Wurmkuren, schädigen die Darmflora aber nicht. Immer häufiger treten auch Resistenzen auf: Viele Tierärzte raten deswegen das Wurmmittel jährlich oder von Gabe zu Gabe zu wechseln.

Erst testen, dann entwurmen

Unter den Heilpraktikern und auch Barfern, die ja für »Back to basics« einstehen, sind einige natürliche Methoden verbreitet, die Würmern auf die Pelle rücken sollen, ohne das Gleichgewicht im Körper zu stören. Vor jeder Entwurmung muss allerdings ihre Notwendigkeit festgestellt werden: Ein Hund muss nur dann entwurmt werden, wenn er auch unter Wurmbefall leidet. Eine Kotuntersuchung beim Tierarzt oder in einem Labor bringt Klarheit, ob ein Wurmbefall vorliegt. Dazu sollen über 3 Tage kleine Kotproben gesammelt und zur Untersuchung abgegeben werden.

wurmCHECK: Mit DNA-Analyse gegen Parasiten
Oder warum Entwurmung nur bei Befall sinnvoll ist

Gesundheit und Schönheit – das sind die Kernkompetenzen von microsTECH. Doch neben Kosmetikprodukten und Nahrungsergänzungsmitteln für Menschen, macht sich das Schweizer Unternehmen auch für Tiere stark und zwar mit mikro- und molekularbiologischer Diagnostik. Das Produkt wurmCHECK richtet sich an Halter, die ihre Hunde nicht einmal im Quartal – wie von den meisten Tierärzten empfohlen – entwurmen, sondern nur bei Wurmbefall behandeln lassen. Eine Wurmkur, ganz egal wie häufig, wirkt nämlich nicht prophylaktisch, beugt also keinem Wurmbefall vor, sondern tötet lediglich vorhandene Würmer und Larven ab. Ein Test mit wurmCHECK soll Sicherheit bringen, ob und welche Wurmpille überhaupt von Nöten ist.

//

Größtmögliche Sicherheit mit DNA-Analyse
Der Auslöser für die ungewöhnliche Portfolio-Erweiterung der in Olten ansässigen Firma war die Deutsche Dogge des Gründers Patrick Schwarzentruber. »Nach einer verabreichten Wurmtablette hat der Hund einen Tag nur noch rumgelegen, hatte starken Speichelfluss und litt unter Übelkeit«, erzählt der Geschäftsführer. »Es ging ihm richtig schlecht, so eine Pille wollte ich ihm nicht wieder grundlos antun. Es muss doch eine Alternative für die häufige Entwurmung geben, habe ich mir gedacht.« Das Ergebnis der Suche nach Alternativen war der wurmCHECK, ein Kotproben-Test, den die 2013 gegründete Firma entwickelt hat.
   Die Testmöglichkeit an sich ist nicht neu. Die herkömmlichen Tests sind allerdings in der Regel nicht sehr zuverlässig. »Bei diesen Tests wird der Kot mit Wasser verdünnt und abgesiebt. Anschließend sucht man unter einem

Kotanalyse im Labor

Mikroskop nach den Eiern der Parasiten. Die Erfolgsrate ist aber erschreckend schlecht«, erklärt Patrick Schwarzentruber. »microsTECH bietet stattdessen eine DNA-Analyse der Parasiten. Sie ist viel schneller und präziser. Ist die DNA der Parasiten in der Probe, dann finden wir diese.« Das erklärt wohl auch den höheren Preis. Während eine einfache Kotanalyse in Deutschland ca. 10 Euro und eine aufwändigere ca. 25 Euro kostet, beträgt der Preis für den wurmCHECK zwischen 51 und 55 Euro.

Tierarzt nicht immer nötig

Kauft der Hundehalter ein Testkit von microsTECH, muss er an drei Tagen eine Kotprobe seines Hundes entnehmen, in dem gelieferten Behälter platzieren und an das Schweizer Labor schicken. Die Sammelprobe von drei aufeinanderfolgenden Tagen erhöht die Nachweisbarkeit im Anwesenheitsfall von Parasiten, weil deren Eier nicht zwingend täglich ausgeschieden werden. Durch den unabhängigen Test erreicht man eine gewisse Unabhängigkeit von dem Tierarzt. »In der Humanmedizin ist es schließlich auch so: Wegen eines Schwangerschaftstests oder um Blutdruck zu messen, muss ich auch nicht zum Arzt«, erklärt Caroline Conrad-Behr, in der Geschäftsleitung für Finanzen, Recht und HR verantwortlich. »Das war für uns eine Motivation: Wir wollten einen selbständigen Test auf den Markt bringen, der einerseits chemische Entwurmung reduziert und andererseits den Halter aktiv zur Handlung zwingt, wenn eine Entwurmung nötig ist.« Und das ist relativ selten: »Nur sehr wenige der eingesendeten Proben sind positiv, weniger als 10 Prozent«, erklärt Fabienne Hoch, Leiterin Diagnostik. »Die beiden häufigsten Parasiten sind der Spulwurm Toxocara canis und die einzelligen Parasiten, die Giardien.« Würden die Hundehalter zu einer Wurmpille statt zu einem Test greifen, hätten die Hunde in über 90 Prozent der Fälle umsonst die Chemiekeule bekommen.

Selektive statt strategische Entwurmung

»Wir sind der Meinung, dass eine Entwurmung nur beim Befall erfolgen soll. Weg von der strategischen hin zur selektiven Entwurmung«, betont Patrick Schwarzentruber. Das reduziert nicht nur den Einsatz von chemischen Substanzen, sondern lässt auch gezielt gegen bestimmte Würmer vorgehen. »Lungen- und Herzwürmer werden beispielsweise anders behandelt als Spul- oder Bandwürmer.« Aufgrund des massiven Einsatzes der chemischen Entwurmung haben sich mittlerweile verstärkt auch Resistenzen gebildet. Das kann längerfristig dramatische Konsequenzen haben. »Wir hatten so einen Fall. Eine Kundin hat ihrem Hund eine Entwurmungstablette gegeben, sich danach aber noch für unseren Test entschieden. »Unsere Analyse hat einen Herzwurm ergeben, gegen den die Tablette nicht angeschlagen hat. Dabei endet die Herzwurmerkrankung oft tödlich.« Die Schweizer Firma beschäftigt mittlerweile – außer den beiden Gründern – zehn Mitarbeiter und entwickelt sich ständig weiter. »Vor kurzem haben wir beispielsweise den Test um einen neuen Parasiten erweitert«, erwähnt der Ideengeber.

www.microscheck.ch

Alternative Entwurmungsmethoden

Natürliche Entwurmung ist aufwändiger und langwieriger als die schnelle Verabreichung einer Wurmtablette, aber auch schonender und nachhaltiger. Nach der Kräuter-Darmreinigung soll der Kot auf Parasiten untersucht werden, um sicher zu gehen, dass der Verdauungstrakt wieder frei ist. Ein starker Parasitenbefall kann nämlich gesundheitliche Schäden hervorrufen: Gewebe zerstören, giftige Stoffwechselprodukte ausscheiden, dem Wirt Nährstoffe entziehen. Ist der Kottest nach einer natürlichen Wurmkur nach wie vor positiv, soll ein Tierheilpraktiker oder ein naturheilkundlich ausgerichteter Tierarzt konsultiert werden.

Entwurmen mit Kräutern nach Juliette de Baïracli Levy[34]
Die bekannte Kräuter-Expertin Juliette de Baïracli Levy empfiehlt mit Fasten anzufangen. Es entlastet die Verdauung, unterstützt den Körper bei der natürlichen Darmreinigung und erhöht auch die Wirksamkeit der natürlichen Wurmmittel.
Ein Tag bei sehr jungen Welpen und zwei Tage bei Welpen ab dem 6. Monat und bei erwachsenen Hunden. Wasser muss immer zur Verfügung stehen, gerne mit ein bisschen Honig oder Zitrone.
Am Abend soll Rizinusöl gegeben werden (1 Teelöffel für einen mittelgroßen Welpen unter 6 Monaten, etwas weniger für einen Welpen unter 3 Monaten).
Am Folgetag werden selbstgemachte Kräuterpillen Juliettes verabreicht. Dazu kann man jeweils einen Teelöffel von Wermutkraut, Salbei, Thymian und Minze in getrockneter Form zusammen mit etwas Mehl aus amerikanischer Ulmenrinde (Slippery Elm Baumrinde) oder mit herkömmlichem Mehl und Honig vermischen und kleine Bällchen formen. Bei Bandwurmbefall hat sich eine Mischung aus Weinraute, Wermut und Cayenne bewiesen. Ein 30 Kilo schwerer Hund braucht ca. 5 – 6 haselnussgroße Kügelchen pro Gabe.
Am Tag zwei sind morgens wieder die Kräuterpillen angesagt und eine halbe Stunde später Rizinusöl. Einige Stunden später kann der Hund eine leichte, dickflüssige Mahlzeit bekommen, zum Beispiel einen Brei aus Ulmenrindenmehl mit etwas Honig und Hüttenkäse oder Jogurt. Das Gel, das aus Slip-

pery Elm und Wasser entsteht, beruhigt den Magen-Darm-Trakt und zieht zusätzlich noch Parasiten und ihre Eier mit raus.

Am Tag drei die Menge der Kräuterpillen um die Hälfte reduzieren und eine halbe Stunde später eine leichte, flüssige Mahlzeit geben. Abends ebenfalls eine leichte Mahlzeit, z. B. Gemüse, Hüttenkäse oder Joghurt und Eier.

Tag vier fängt mit der reduzierten Menge von Kräuterpillen an. Dann zwei, über den Tag verteilte leichte Mahlzeiten geben: morgens einen Brei und abends eine kleine Fleischmahlzeit mit püriertem Grünzeug und Knoblauch.

Am Tag fünf wird die Diät mit etwas erhöhter Fleischmenge fortgesetzt.

Tag sechs kann alle leicht verdaulichen Zutaten enthalten, aber keine Knochen.

Entwurmen mit Kokosöl
Junge Welpen sollen bei Bedarf nur ganz behutsam entwurmt werden und nicht schon, bevor sie beginnen, feste Nahrung zu sich zu nehmen. Ein Spulwurmbefall kann oft mit Kokosöl behoben werden. Dazu soll der Welpe 1 ml Kokosöl/kg Körpergewicht über drei Tage bekommen. Bei älteren Welpen, die bereits fressen, sowie erwachsenen Hunden können auch Kokosflocken helfen: 1 Teelöffel / 5 kg Körpergewicht über drei Tage. Man sollte Bio-Produkte vorziehen und nur kaltgepresstes Öl verwenden. Die enthaltene Laurinsäure macht den Hund als Wirt für die Würmer unattraktiv.

Entwurmen mit Propolis
Propolis, auch als Bienenharz bekannt soll auf Würmer im Darm abweisend wirken und auch Einzeller töten. Am besten ist es, 1 ml Propolis Urtinktur je 100 ml Wasser in ein dunkles Gefäß zu geben und es im Kühlschrank aufzubewahren. Davon sechs Tage lang zwei Teelöffel / 10 kg Körpergewicht verabreichen. Alternativ kann auch Propolispulver verwendet werden: 1 Messerspitze Pulver / 10 kg Körpergewicht über drei Tage. Die Kur mit Propolis ist für erwachsene Hunde und Welpen über sechs Wochen geeignet.

Entwurmen mit Kürbiskernen
Kürbiskerne sollen wegen der enthaltenen Aminosäure Cucurbitin wirksam gegen Bandwürmer sein. Sie lähmen die Würmer und verhindern auf die-

se Weise, dass sie an der Darmwand fest haften. Dazu frisch gemahlene Bio-Kürbiskerne zwei bis drei Mal täglich für etwa eine Woche geben: 1 Esslöffel pro 10 kg Körpergewicht.

Wurmprophylaxe: Den Körper gegen Parasiten stärken
Auch Naturheilmittel können bei falscher Dosierung negative Nebenwirkungen haben, wie etwa das Schwarzkümmelöl. Bevor man willkürlich herumexperimentiert, soll man vorher den Rat eines erfahrenen Tierheilpraktikers oder ganzheitlich behandelnden Arztes einholen.

Ananaspulver enthält nicht nur zahlreiche Vitalstoffe, sondern auch das wichtige Verdauungsenzym Bromelain mit stoffwechselaktivierenden Eigenschaften. Das dient der natürlichen Parasitenbekämpfung.

Nelken sind wegen ihrer keimabtötenden Wirkung bewährt.

Propolis und **Schwarzkümmel** wirken prophylaktisch und stärken die Immunabwehr.

Walnussblätter werden in der Heilkunde zur Stärkung der Verdauung empfohlen und zeigen sich parasitenwidrig

Zimt war schon im alten Ägypten als Magen-Darm-Beruhiger bekannt und wird auch in der indischen Heilkunst Ayurveda wegen seiner Gesundheits vorteile für den Verdauungsapparat geschätzt. Bei Pilzen, Bakterien und Parasiten kann es reinigende Wirkung zeigen.

Praktische Links für den Einkauf:
BARF GUT: www.barf-gut.de
BIO-KRÄUTER: www.bio-kraeuter.de
KRÄUTERIE: www.krauterie.de
TIERGEWÜRZE: tiergewuerze.de

»Am Ende haben alle Angst«
Eine Studentin der Veterinärmedizin packt aus

Nachdem ich von so vielen praktizierenden Tierärzten gehört habe, dass ihr Ausbildungsweg sehr einseitig der Schul-, nicht aber der Alternativmedizin gewidmet ist, und dass die tierärztlichen Institute fest in den Krallen der mächtigen Futtermittelkonzerne stecken, möchte ich gerne mit jemandem darüber sprechen. Wer weiß, vielleicht hat sich mittlerweile etwas geändert? Ich lerne eine Tiermedizin-Studentin über eine Bekannte kennen – und bekomme eine erstaunliche Geschichte erzählt.

///

Fragen unerwünscht
Elftes Semester, sie ist kurz vor dem Ziel. Nur noch acht Prüfungen und die Hürde ist genommen. Selbstverständlich möchte die 27-Jährige anonym bleiben. Ihre Approbation will Anna – so nenne ich sie einfach – keinesfalls riskieren. Selbst nach einem schlechten Studium will sie schließlich eine gute Tierärztin werden. Als »schlecht« kritisiert sie nicht etwa das schulmedizinische Wissen, das schulbuchgetreu vermittelt wird, sondern vielmehr den Praxisbezug und die Öffnung gegenüber alternativen Behandlungsmethoden. »Wir bekommen etwas vorgesetzt, friss oder stirb. Hinterfragen ist nicht erwünscht. Selbst, wenn einige Studenten am Anfang noch Träume von artgerechter Ernährung und alternativen Behandlungsmethoden haben – die Uni verlassen am Ende fertig geformte, waschechte Schulmediziner. Im Studium gibt es zu wenige Studenten, die gegen den Strom schwimmen. Machst du den Mund auf, bist du das schwarze Schaf. Das will keiner riskieren. Und später, im richtigen Leben, haben alle einfach Angst, veterinärmedizinisch etwas falsch zu machen, wenn sie so lange die eine Sicht der Dinge eingetrichtert bekommen haben«, so Anna. Schulmedizin finde sie

dabei keinesfalls schlecht, wirft sie noch mit ernster Miene ein. Sie möchte nicht missverstanden werden. In Notfällen sei das ja auch lebensrettend und alternativlos. Kortison kann in schweren Krebsfällen auch das Leben verlängern und den letzten Lebensabschnitt erträglicher machen.»Aber auf Dauer finde ich herkömmliche Medikationsmethoden, allzu häufiges Impfen sowie Fütterung mit industriellem Fertigfutter weder zeitgemäß noch gesund. In meinen Augen hat das einen negativen Einfluss auf die Gesundheit und allgemeines Wohlbefinden.«

»Industrielles Trockenfutter ist wie jeden Tag McDonald's«

»Bei der Futtermittelkunde hatten wir alle Ernährungsmethoden vorgestellt bekommen«, erzählt Anna, die sich künftig auf Hunde und Katzen konzentrieren will.»Allerdings galten 90 Prozent des Vortrags über Kleintiere dem Trockenfutter. Alles andere war eher pro Forma, der Vollständigkeit halber. Der Dozent hat auch alle anderen Fütterungsarten als riskant bis gefährlich eingestuft. Die Liste der Argumente gegen das Barfen war ewig lang. Wir haben eine klare Empfehlung bekommen: Trockenfutter ist das Beste, allen voraus das von Hills und Royal Canin. Aber das ist doch ähnlich, als ginge eine Mutter mit ihrem Kind täglich zum McDonald's«, konstatiert Anna mit einer Mischung aus Entrüstung und unterdrückter Wut.»Bei jeder Gelegenheit werden wir mit Futterproben zugeballert. Ob Bierfest oder Semesterparty – die Futtermittel und Pharma-Vertreter sind allgegenwärtig. Auf der anderen Seite werden Studien über chronische Niereninsuffizienz oder Übergewicht, die ja wahrscheinlich mit dem Trockenfutter zusammenhängen, einfach blockiert. Mit so einem Thema kann man nicht promovieren. Warum?« Die rhetorische Frage klingt beinahe verzweifelt.

»Wir brauchen rationales Denken«

Was Anna während ihres Studiums vermisst hat, ist der ganzheitliche Blick. »Wir betrachten Probleme rein medizinisch. Das Verhalten und die Tierpsychologie werden völlig außer Acht gelassen«, kritisiert die Katzenhalterin. »Eine faule Katze beispielsweise, die von den Haltern nicht beschäftigt wird, wird irgendwann zu Übergewicht neigen, was recht oft zu Diabetes führt.

Man kann dem rechtzeitig etwa mit Klickertraining entgegenwirken. Es ist doch viel besser, als der Katze hinterher einfach Insulin zu spritzen.« Auch das Thema Qualzucht beschäftigt sie sehr. »Tagtäglich sehe ich in der Klinik krank gezüchtete Hunde. Im Studium arbeiten wir sogar mit ganzen Listen von Prädispositionen für bestimmte Krankheiten, typisch für eine Rasse. Nach dem Motto: Sag mir die Rasse und ich zähle dir die Krankheiten auf. Hier sollten Tierärzte auch Aufklärung leisten, statt einfach nur zu therapieren. Das einzig Wichtige, was uns im Studium beigebracht werden müsste, ist das rationale Denken«, sagt die Wahl-Berlinerin entschieden. Doch woher nimmt sie selbst ihren kritischen Pragmatismus? Wieso setzt sich der gesunde Menschenverstand gerade bei ihr durch? Sie ist schließlich auch jung, formbar und den gleichen Einflüssen ausgesetzt wie ihre »Leidensgenossen«, mit denen sie seit über fünf Jahren studiert. »Ich hatte das Glück, dass ich mit Hunden aufgewachsen bin, die nur natürliches Futter bekommen haben. Mein Opa und Onkel waren Metzger und Hundezüchter. Sie fütterten Frischfleisch, ohne zu wissen, dass sie barfen«, lächelt Anna. »Die Hunde waren durch und durch gesund und sind steinalt geworden. Und heute bekomme ich in der Klinik tausende von kranken Hunden zu Gesicht. Die überwiegende Mehrheit bekommt kein artgerechtes Futter. Das kann kein Zufall sein.«

Phytotherapie? Fehlanzeige!
Das Studium an der FU Berlin nennt Anna sehr einseitig. Auf dem Lehrplan stehen Physik, Mathematik, Chemie, später Anatomie, Physiologie, Biochemie, Pharmakologie oder Statistik. Aber keine Alternativmedizin: keine Homöopathie, keine Bioresonanz, keine Phytotherapie. »Ich habe ganz klare Defizite in dem Bereich und fühle mich unzureichend informiert. Aber wenn du in einem Pharmakologie-Vortrag hörst, dass die Dozentin weder an die Homöopathie noch an die Phytotherapie glaubt, kannst ja nichts machen.« Ihre Praxis-Erfahrung, auch im Bereich Alternativmedizin, sammelt Anna in einer Klinik im Osten der Hauptstadt. »Es ist das Beste, was mir passieren konnte«, erzählt sie begeistert. »Die Chefärztin verteufelt die Alternativmedizin keinesfalls, greift auch oft zu bewährten Hausmitteln statt zu An-

tibiotika oder Kortison und nimmt sich richtig viel Zeit für Anamnese und Beratung.«

Der Plan: Prophylaxe-Praxis

Anna selbst hat ganz große Pläne, keine halben Sachen. Sie will eine Prophylaxe-Praxis gründen, in der Schulmedizin genauso wichtig ist wie die Alternativmedizin. »In meiner Praxis spielen auch die Tierpsychologie, das Verhalten und die artgerechte Haltung eine entscheidende Rolle. Durch Prophylaxe kann das Risiko der Krankheitsentstehung deutlich minimiert werden. Die richtige Ernährung bleibt eins der zentralen Themen. Ganz sicher verkaufe ich kein Futter. Werbung für Rassehunde oder -katzen vom Züchter hat bei mir auch keinen Platz. Es gibt zu viele Tiere auf der Welt, dass man sie noch züchten muss.«

Das universitäre Wissen fällt zu einseitig aus

Statt Spritze und Tablette
Alternative Behandlungsmethoden von Akupunktur bis Vitalblutdiagnostik

Die alternativen Behandlungsmethoden bieten nicht nur eine sinnvolle Ergänzung zur Schulmedizin. Manchmal sind sie die eindeutig bessere – denn naturnahe und chemiefreie – Methode. Nicht alle naturheilkundlichen Alternativen eignen sich allerdings für jeden Hund. Manche Behandlungen, wie Akupunktur oder Blutegeltherapie, kommen nur bei Hunden in Frage, die imstande sind längere Zeit ruhig liegen zu bleiben.

Akupunktur: Die Nadel-Kunst
Die Therapie mit hauchdünnen Nadeln wurde vor etwa 3.000 Jahren in China entwickelt und basiert auf der Vorstellung, dass der Mensch von der Lebensenergie – bezeichnet als Qi (auch Chi oder Ki) – durchflossen wird. Laut der traditionellen chinesischen Medizin (TCM) soll sie in den Leitbahnen, den sogenannten Meridianen, durch den Körper strömen. Es gibt zwölf Hauptmeridiane, die mit den verschiedenen Organen in Verbindung stehen, und acht Sondermeridiane, die die Körperfunktionen beeinflussen. Kann die Lebensenergie ungehindert fließen, ist der Mensch gesund. Wird das Qi blockiert, kann es zu gesundheitlichen Störungen kommen. Die Meridiane sind an über 700 Punkten gleich unter der Hautoberfläche leicht erreichbar. 361 der 700 Stellen werden als Akupunkturpunkte genutzt. Die Einstiche sollen das Qi in die richtige Bahn lenken oder anders ausgedrückt: durch Anregung der Punkte auf der Haut sollen die inneren Organe und die Körperfunktionen positiv beeinflusst werden.

Bachblüten: Die Kraft der Pflanzenessenzen
Bachblüten sind nicht etwa Wasserpflanzen. Der Name geht auf den Grün-

der der alternativen Therapie, den britischen Arzt, Dr. Edward Bach zurück. In den 1930er-Jahren suchte er nach einer einfachen, natürlichen Heilmethode, die im Organismus nichts verändert oder zerstört, die aber die körperliche, energetische und seelische Ausgewogenheit wiederherstellt. Bach ordnete menschliche Gemütszustände in sieben Gruppen ein: Angst, Unsicherheit, Interesselosigkeit, Einsamkeit, mangelnde Abgrenzungsfähigkeit, Mutlosigkeit und Verzweiflung sowie übertriebene Empathie. Daraus entwickelte er ein System von 38 Persönlichkeitstypen und wies ihnen passende Pflanzenessenzen zu: 37 aus Pflanzenblüten bzw. Knospen und eine aus Quellwasser. Sein System ergänzte er noch um eine aus fünf Blüten kombinierte Rezeptur, das als »Rescue«- oder »Notfalltropfen« bekannt ist. Der Verzehr der passenden Blütenessenz soll eine Harmonisierung auf der seelischen und feinstofflichen Ebene bewirken. Die Pflanzen werden auch heute noch nach den Vorgaben von Dr. Bach gesammelt und anschließend durch die Tautropfen-, Koch- oder Sonnenmethode aufbereitet. Dabei gehen nach Vorstellung von Dr. Bach die Schwingungen der Blüten in das Wasser über. Die dabei hergestellten wässrigen Auszüge werden in Alkohol konserviert und nach Weiterverarbeitung als Konzentrate in Vorratsflaschen (Stockbottles) abgefüllt und später vom Anwender verdünnt. Heute gibt es auch alkoholfreie Varianten, Globuli und viele weitere Darreichungen wie Bonbons, Tee oder Kaugummis.

Bioresonanz-Therapie: Alles schwingt

Die Bioresonanztherapie basiert auf den Erkenntnissen der Quantenphysik, die sich mit Teilchen und Wellen bei Atomen und deren Wechselwirkungen beschäftigt. Energieteilchen machen über 99 Prozent aller Materie aus und vermitteln im Körper elektromagnetische Impulse. Diese steuern einen großen Teil der körperlichen Abläufe und werden auch als »Zellkommunikation« bezeichnet. Jede Materie – wie etwa ein Bakterium oder Toxin – hat seine eigenen Wellenlängen und ein eigenes Frequenzmuster. Auch die Zellen im Körper senden und empfangen Wellen mit bestimmten Frequenzmustern, kommunizieren also miteinander. Das ist die Grundlage für die Selbstregulation des Körpers. Solange die Zellen ungehindert miteinander kommunizieren können, ist der Körper gesund. Wenn eine unerwünschte Substanz in den Körper gelangt, zum Beispiel ein Erreger, Pollen oder Schwermetalle, stören die Frequenzmuster dieser Substanz die Kommunikation zwischen den Zellen. Diese gestörte Zellkommunikation kann mit der Zeit organische Veränderungen und Symptome einer Krankheit ergeben. Um die belastenden Substanzen aufzuspüren und zu eliminieren, werden die pathologischen Frequenzmuster des Patienten mittels einer Elektrode in das sogenannte Bicom-Gerät geleitet, dort in physiologische Frequenzmuster umgewandelt und mittels einer weiteren Elektrode an den Patienten zurück geleitet. Dadurch werden die belastenden Stoffe freigesetzt und können ausgeschieden werden. Die Kommunikation zwischen den Zellen kann wieder ungehindert stattfinden: Die körpereigene Regulationsfähigkeit ist wieder hergestellt. Während der Behandlung fließt kein Strom durch den Körper, die Behandlung ist vollkommen schmerzfrei.

Blutegelbehandlung: Heilende Bisse
Schon in der Antike praktiziert, geriet die Methode in Vergessenheit und erlebt erst jetzt wieder ihre Renaissance. Bei der Behandlung werden mehrere Blutegel, die als höherentwickelte Verwandte der Regenwürmer gelten, an vorher eingeritzte Hautstellen angelegt und sondern verschiedene heilende Stoffe in Blut und Gewebe ab. Nachdem sich die Tiere vollgesaugt haben, fallen sie meist nach einer Stunde von selbst ab. Experten vermuten 30 – 40 Inhaltsstoffe im Speichel der Tiere, die gerinnungshemmend, gefäßweitend, entkrampfend, entzündungshemmend und schmerzlindernd wirken. Das macht man sich bei der Behandlung verschiedener Erkrankungen zunutze, wie etwa bei Entzündungen, Schmerzen und Wunden. Die Methode kann Linderung verschaffen bei Arthrose, Arthritis, Bandscheibenvorfall, Blutergüssen, Ödemen oder schlecht heilenden Wunden.

Cluster-Analytik: Die Sprache der Kristalle
Diese Heilmethode aktiviert die Regenerations- und Selbstheilungskräfte des Menschen. Sie hat ihre Wurzeln in der Spagyrik, die bis in vorchrist-

liche Zeit zurückreicht. Das Wort Spagyrik prägte Paracelsus (1493 – 1541), der den Körper, den Geist und die Seele als eine normalerweise im gesunden Gleichgewicht stehende Einheit betrachtete. Clusteranalytik wurde vom deutschen Heilpraktiker Ulrich-Jürgen Heinz entwickelt, der die Spagyrik auf den heutigen Stand brachte und sie mit heilenden Tönen kombinierte. Töne wirken über die Schallwellen auf jede Zelle im Körper und beeinflussen damit Stoffwechselvorgänge und den Geist des Zuhörenden und tragen wesentlich zur Optimierung von Heilungsprozessen bei. Für die clustermedizinische Analyse werden zunächst verschiedene Proben von Blut, Urin und anderen Körperflüssigkeiten kristallisiert. Anschließend wird aus den dabei entstandenen Kristallisationsmustern ein Code gebildet, der die gesamte Persönlichkeit des Patienten darstellen soll. Laut Heinz ist in den Zellen eines Individuums dessen gesamte seelische und körperliche Vergangenheit in einer bestimmten Verschlüsselung enthalten, die sich so ablesen lasse. Auch zukünftige Erkrankungen sollen dadurch erkannt werden können.

Homöopathie: Information ist alles

Homöopathie beruht auf den Ende des 18. Jahrhunderts veröffentlichten Vorstellungen des deutschen Arztes Samuel Hahnemann. Nach seiner Theorie ist Krankheit nichts anderes als eine krankhafte Verstimmung des »Lebensprinzips«. Die Heilmethode geht davon aus, dass bei Erkrankungen auftretende Symptome kein Ausdruck der Krankheit sind, sondern Selbstheilungsversuche des Körpers. Deswegen soll ein homöopathisches Medikament diese nicht unterdrücken, sondern leicht verstärken, um die Regenerationsbemühungen des Organismus zu fördern und das Abwehrsystem zu kräftigen. Ein homöopathisches Mittel hat aber keine stoffliche oder energetische Wirkung, sondern gleicht einer Information. Es gibt dem Körper einen Impuls, wie er wieder ein Gleichgewicht im Organismus herstellen kann – die Selbstheilungsprozesse des Körpers werden so stimuliert und reguliert. Bei der Wahl homöopathischer Mittel geht man nicht kausal vor, also nicht nach der Ursache der Erkrankung. Stattdessen folgt die Homöopathie der sogenannten Ähnlichkeitsregel. Nach dieser Regel gehen Homöopathen davon aus, dass eine Krankheit, die bestimmte Beschwerden verursacht, durch ein Mittel heilbar ist, das beim Gesunden ähnliche Symptome hervorruft. Deswegen kommen in der Homöopathie beispielsweise Wirkstoffe der Küchenzwiebel zum Einsatz, um die laufende Nase und tränende Augen bei Schnupfen zu behandeln, weil die Küchenzwiebel bei Gesunden dieselben Beschwerden hervorruft. Bei der Herstellung der homöopathischen Mittel werden Medikamente stark verdünnt und anschließend dynamisiert: Für eine D1-Potenz wird ein Tropfen des Medikaments mit 10 Tropfen Alkohol vermischt und anschließend verschüttelt (dynamisiert). Bei der Herstellung einer D2-Potenz wird ein Tropfen der D1 in 10 Tropfen Alkohol gegeben und diese Lösung entsprechend wieder verschüttelt. Ohne das Verschütteln (also die Dynamisierung) wäre es nur eine Verdünnung und keine Potenzierung, die in der Homöopathie notwendig ist.

Isopathie: Das richtige Milieu

Bei der Isopathie werden die Heilmittel aus Krankheitserregern gewonnen. Im Unterschied zur Homöopathie, bei der die Erkrankung mit Ähnlichem geheilt wird, arbeiten Ärzte in der Isopathie mit denselben Erregern, die die Krankheit ausgelöst haben. Nach dieser Theorie können Mikroorganismen eine Umwandlung durchlaufen, von einer harmlosen zur schädlichen Form und umgekehrt. Um Erkrankungen zu diagnostizieren, braucht man in der Isopathie einen einzigen Tropfen Blut: Mit der Blutdunkelfeldmikroskopie untersucht man die Anordnung und die Form der Blutbestandteile und diagnostiziert so die Schwachstellen im Körper. Durch Fehlernährung, Umweltverschmutzung, Stress oder den Alterungsprozess kann der Organismus außerstande sein, sich gegen krankmachende Einflüsse zur Wehr zu setzen. Das Ziel der Therapie ist es, mit natürlichen Mitteln das sogenannte Milieu des Körpers in Ordnung zu bringen. Milieu steht für das Zusammenspiel aller Stoffwechselvorgänge. Ist das Milieu wieder im Einklang, ist auch der Körper gesund.

Phytotherapie: Die Macht der Flora

Die Pflanzenheilkunde ist eine der ältesten Heilverfahren und fußt auf der Erfahrung und Tradition der Volksmedizin. Die ältesten bekannten Aufzeichnungen über die Heilkraft bestimmter Pflanzen sind bereits 6.000 Jahre alt, es existieren Dokumente aus dem Alten Ägypten, Persien, China und vielen anderen Ländern. Phytotherapie setzt auf Behandlung und Vorbeugung von Krankheiten durch Pflanzen und deren Zubereitungen (Bäder, Extrakte, Gurgellösungen, Inhalationen, Pulver, Säfte, Salben, Tabletten, Tee, Tinktur, Tropfen). In der Phytotherapie wird die Pflanze im Ganzen eingesetzt. Verwendung finden: Blätter, Blüten, Früchte, Holz, Hülsen, Knospen, Rinde, Samen, Stängel, Wurzel, Wurzelstock, Zweigspitzen und Zwiebel. Für die Wirksamkeit der Phytotherapie ist die Rohstoffqualität und die Zubereitungsform entscheidend.

Shiatsu: Akupunktur auf Japanisch

Shiatsu ist eine Variante der Akupunktur, die seit dem 10. Jahrhundert in Japan praktiziert wird. Der eigentliche Ursprung von Shiatsu liegt in der uralten traditionellen chinesischen Medizin (TCM). Ähnlich wie bei der Akupunktur geht Shiatsu auch von Energiebahnen aus – den Meridianen –, die den Körper durchziehen. Kann die Lebensenergie Ki nicht mehr frei durch den Körper fließen, entstehen Schmerzen, Verspannungen und Krankheiten. Auf diesen Energiebahnen befinden sich Stellen besonders konzentrierter Energie, die identisch mit den Akupunkturpunkten sind, die aber hier Tsubos heißen. Ziel einer Shiatsu-Massage ist es, der Lebensenergie einen Bewegungsimpuls zu geben, damit diese einen ausgeglichenen Energiezustand herstellt.

Vitalblutdiagnostik: Analyse des lebendigen Blutes

Vitalblutdiagnostik, auch dunkelfeld-Blutdiagnostik genannt, ist eine qualitative Beurteilung des lebendigen Blutes unter dem Dunkelfeldmikroskop bei 1000facher Vergrößerung. Während das schulmedizinische Blutbild die jeweiligen Parameter mit dem Bevölkerungsdurchschnitt vergleicht und ein quantitatives Ergebnis liefert, bietet die Vitalblutdiagnostik eine qualitative Analyse, also den Ist-Zustand des lebendigen Blutes. Ein Tropfen Blut verrät unter dem Dunkelfeldmikroskop in Echtzeit die Qualität des Blutplasmas, die Anzahl und Beschaffenheit der roten Blutzellen, die Anzahl und Qualität der weißen Blutzellen und den Status Quo des Säure-Basen-Haushalts, mögliche Schwermetallbelastungen, die Fließeigenschaft des Blutes, mögliche Blockaden der Blutzellen sowie mögliche Organstörungen und Parasitenbefall.

Antibiotika und Kortison: Muss das sein?

Zwei Tierärztinnen auf alternativen Wegen

Sind Sie denn noch bei Trost, liebe Damen? Antibiotika und Kortison-Präparate sind doch ein Muss! Ein Wundermittel. Seit Jahrzehnten etabliert und hoch wirksam. Gut gegen Ekzeme, Entzündung, Durchfall und Fieber. Oder etwa nicht? »Eben nicht«, finden Frigga Wiese und Simone Schleich. Mit ihren Patienten gehen sie gerne andere Wege – und deshalb stehen die beiden Tierärztinnen für uns beispielhaft für eine neue Richtung in der Tiermedizin. »Ich möchte nicht Symptome unterdrücken. Ich will heilen«, sagt Frigga Wiese. Symptom-Unterdrückung gehörte lange genug zu ihrem beruflichen Alltag. Die Mittvierzigerin hat eine Praxis in Berlin-Wilmersdorf geführt und sie schließlich aus tiefer Überzeugung verkauft. »Ich habe mich eingehend mit der Medizinethik beschäftigt und die schulmedizinischen Methoden gründlich hinterfragt«, erklärt Frigga Wiese.

///

Alternativmedizin aus Überzeugung
Das Ergebnis ihrer Neufindungsphase war die Öffnung gegenüber alternativen Behandlungsmethoden, die sie – zusammen mit ihrer Kollegin Simone Schleich – seit Anfang 2017 in der gemeinsamen mobilen Tierarztpraxis anwendet. »In unserer Kultur hat der Arzt eine klare Aufgabe und der Tierhalter die Erwartung, sein Problem schnell gelöst zu bekommen. Am besten mit einer Spritze oder Tablette. Und weg ist es – so funktioniert die Schulmedizin«, sagt Frigga Wiese. »Wir lehnen die Schulmedizin aber nicht ab«, wirft Simone Schleich ein. »Wenn wir keine Alternativen sehen, greifen wir auf die herkömmlichen Methoden zurück. In unserer Brust werden wohl immer zwei Herzen schlagen.« Eine der Leistungen, die die Tierärztinnen

anbieten, ist, eine zweite Meinung zu geben. »Wir wollen umfassend über etablierte schul- und alternativmedizinische Behandlungen informieren und den Tierhalter in seiner Entscheidungsfindung unterstützen. Denn die eine ›richtige‹ Therapie gibt es nicht«, erklärt Frigga Wiese.

Antibiotika töten auch gute Bakterien

»Wir schauen schon länger über den Tellerrand. Auch wenn man eigentlich nur noch den gesunden Menschenverstand bräuchte«, erläutert Frigga Wiese. »Antibiotika sind sinnvoll und wichtig, man braucht aber einen gezielten Blick und eine scharfe Selektion. Sie sind dazu da, um Bakterien zu töten. Bei

oben: Frigga Wiese
unten: Simone Schleich

einer schweren Nierenbecken- oder Lungenentzündung kommt man nicht drum herum. Bei einem blutigen Durchfall würde ich auch ein Antibiotikum verschreiben – allerdings nicht, um das Symptom zu eliminieren, sondern um die für Eindringlinge durchlässige Grenze zu schützen.« »Antibiotika sind kein Allheilmittel, sie töten Bakterien, auch die guten. Diese brauchen wir aber, um den Körper im Gleichgewicht zu halten«, so Frigga Wiese. »Ein unbekümmert verabreichtes Antibiotikum macht mehr kaputt als es hilft.«

Kortison ist zu verbreitet
Auch Kortison – in der Natur ein körpereigenes Hormon, das den Organismus in Stresssituationen reguliert – erfreut sich aus Sicht der beiden Tierärztinnen einer zu großen Popularität. Gelinde gesagt. »Ab einer bestimmten Kortison-Dosis macht das Immunsystem eine Pause, es kann gewissermaßen seinen Stillstand erzwingen. Rein äußerlich tritt die gewünschte Besserung auf: Die Symptome verschwinden fast immer unmittelbar nach Verabreichung der Arznei. Eine Kortison-Therapie ist meist dann wirksam und gut verträglich, wenn das Mittel nicht chronisch verabreicht wird. Bei einem langfristigen Einsatz kommt es zu zahlreichen Nebenwirkungen, wie Muskelschwund, Wassereinlagerungen, Fettanreicherung, Morbus Cushing, hoher Blutdruck oder Diabetes. Schlechte Wundheilung, verzögerte Blutgerinnung und schwerwiegende Immunschwäche sind ebenfalls eine Folge von Kortison. Mitunter macht es auch träge und depressiv.«

Aus verschiedenen Heilmethoden wählen
»Wer für Alternativen offen ist, wird umdenken«, so Simone Schleich. »Die Herangehensweise und das Verständnis von Heilung sind grundlegend anders. Manchmal nützt eben der hahnemannsche Blick auf die Erkrankung. Aber keine Sicht ist per se richtig oder falsch. Optimal wäre es, alle Heil-Methoden unter einen Hut zu bringen und situativ zu entscheiden.«

www.schleich-wiese.de

Sunasar: Bachblüten to go
Bachblüten-Mixe für Hunde in allen Lebenslagen

Mit Globuli gegen Jagdtrieb? Mit Tropfen gegen Kläffen? Das Leben eines jeden Hundehalters wäre ein Traum, wenn das so einfach wäre. Und trotzdem: Bachblüten bieten eine natürliche Möglichkeit, ungünstige Gefühle und Gemütszustände positiv zu beeinflussen. »Das Tier – wie auch der Mensch – besteht neben dem Körperlichen auch aus Gefühls- oder Gemütskörpern«, erklärt Susan Mehranfar, Geschäftsführerin der Sunasar AG und klassische Heilpraktikerin. »Nach Überzeugung von Dr. Edward Bach kann die richtige Essenz aus einer der 37 wild wachsenden, in der Therapie verwendeten Pflanzen einen positiven Einfluss auf Emotionen und Denkweisen nehmen. Die Harmonisierung auf der geistigen und der Gemütsebene beeinflusst positiv körperliche Anzeichen«. Bachblüten liefern feinstoffliche Informationen auf der Basis von Schwingungen, der Körper bekommt also keine chemischen Stoffe geliefert. Deswegen können Bachblüten ohne Bedenken parallel zu konventionellen Methoden – auch mit Medikamenten – eingesetzt werden.

Fertigmischungen als bequeme Alternative
Alle Bachblüten bei Sunasar kommen aus eigenem Bio-Anbau. Dr. Klaus Huck, Lebenspartner von Susan Mehranfar und großer Pflanzenliebhaber, sorgt für den pflanzlichen Ertrag. In den virtuellen Regalen findet der Kunde die bekannten, alkoholhaltigen Konzentrate, aber auch alkoholfreie Präparate, mit Agaven-Sirup konserviert. Beide Varianten – im Fachjargon als Stockbottles bezeichnet – müssen vor der Verwendung noch verdünnt werden. Die in der Heilpraktiker-Szene belächelte Besonderheit des kleinen Familienunternehmens sind die Fertigmischungen »Edis Ready's«. Sie

Die Bachblüte Lerche unterstützt bei mangelndem Selbstvertrauen

bieten eine bequeme Alternative für Kunden, die auf das Anmischen der Bachblüten-Stockbottles verzichten wollen. Edis Ready's sind eine Weiterentwicklung der Idee von Dr. Bach, der kurz vor Ende seines Lebens eine anwendungsfertige Kombination aus fünf Blüten kreierte: die Rescue-Tropfen.

Zehn Präparate für Hunde
Die fertig angemischte Variante für Tiere trägt bei Sunasar den Namen »Edis Pets« und umfasst 20 Produkte, davon zehn nur für Hunde. Leidenschaftliche Kläffer oder Größenwahnsinnige, notorische Angsthasen oder passionierte Jäger, Raufbolde oder Bettler, Energiebündel oder Leinen-Verächter – man findet hier Unterstützung bei jedem tierischen Problem. »Wir hatten

Problemtiere und griffen zu Bachblüten. Der Erfolg war unglaublich«, erzählt Susan Mehranfar. »Die Tiere wissen ja nicht, was sie bekommen, denken nicht darüber nach. Wenn sich dann der Hund aber plötzlich verändert, da muss man entweder an eigene Überkräfte als Trainer glauben oder eben an die Wirkung von Bachblüten«. Die Präparate können keine Hundeerziehung ersetzen, helfen aber die Aufnahmefähigkeit und -bereitschaft zu erhöhen und beschleunigen den Lerneffekt. »Bachblüten bewirken eine seelische Harmonisierung, Stabilität und Entfaltung der Persönlichkeit. Das begünstigt das Lernen«, so die gebürtige Mainzerin.

»Keine harmlosen Placebos«
Auf meinen Einwand, Bachblüten werden von den meisten Menschen als Geldmacherei und Hokuspokus abgelehnt, antwortet Susan Mehranfar: »Damit tut man dieser Methode sicherlich Unrecht. Wie erklären sich sonst die Erfolge bei der Anwendung von Bachblüten bei Menschen oder Tieren?« Die Verfechterin der Bachblüten liefert aber auch objektive Befunde. »Zusammen mit dem Labor Dr. Helm hat die SUNASAR AG Neuland betreten und exemplarisch biophysikalische Untersuchungen an den »Edis Readys Detrose Tabs« und den »Five Flowers«-Tropfen vorgenommen, jeweils mit und ohne Bachblütenzubereitung – also auch mit Placebo-Lutschtabletten. Mittels Kapillardynamolyse konnten reproduzierbare Aussagen zu den Bachblüten getroffen werden.«

www.bachblueten.eu
www.bachblueten.ch
www.sunasar.ch

Akupunktur ohne Nadel
Doggy Deluxe bietet in Berlin Shiatsu für Hunde

Um Verwöhnung und Vermenschlichung geht es hier nicht – auch wenn »Shiatsu für Hunde« beim ersten Hinhören etwas Etepetete klingt. Shiatsu ist eine alte Technik der Fingerdruckmassage, die ihren Ursprung in der traditionellen chinesischen Medizin hat. Eine nadellose Variante der Akupunktur sozusagen. Die handfeste Behandlung geht – ähnlich wie die therapeutische Nadelkunst – von zwölf Energiebahnen im Körper aus, den sogenannten Meridianen, durch die die Lebensenergie fließt. Ist der freie Energiefluss gehindert, entstehen Schmerzen, Verspannungen und Krankheiten. Jede der dutzend Meridiane ist einem Organ zugeordnet und hat mehrere Punkte, die ein erfahrener Therapeut zu stimulieren weiß, um die gestörte Energie wieder fließen zu lassen. So wie Susanne Olm, die seit Anfang 2017 in Berlin-Charlottenburg Shiatsu für Hunde anbietet.

//

Ausbildung zur Tier-Shiatsu-Therapeutin
Die Praxis für Hunde-Shiatsu existiert allerdings schon länger, nur dass sie bisher ihren Sitz in der Schweiz hatte. Dort hat die 46-Jährige die letzten 20 Jahre gelebt und seit 2010 eine erfolgreiche Hundepension in Morgarten im Kanton Zug geführt. Zusätzlich zu der Tierbetreuer-Ausbildung beim Schweizer Verband für Tierpflege hat die gebürtige Berlinerin einen Diplom-Abschluss als Tier-Shiatsu-Therapeutin gemacht. »In der Schweiz ist Hunde-Shiatsu bereits etabliert«, erklärt Susanne Olm. »Die meisten meiner Kunden sind einmal im Monat gekommen, erst mit Problemen und dann vorbeugend.«

Schweigen und genießen

Hilfe bei physischen und psychischen Beschwerden

Shiatsu soll bei vielen Krankheitsbildern helfen, sowohl bei körperlichen Beschwerden als auch beim psychischen Ungleichgewicht. Susanne Olm behandelt ihre tierischen Patienten, wenn sie Schmerzen im Nacken und Rücken haben, an Arthrose und Gelenkproblemen leiden, aber auch bei Hauterkrankungen oder Allergien«. Die Fingerdruckmassage eigne sich aber auch bei Stress, Angst, Aggression, Erschöpfung oder bei Unruhe. »Wenn der Hund schlapp macht, sucht man sofort Hilfe. Aber auch wenn er hyperaktiv, unkonzentriert oder leicht reizbar ist, kann Shiatsu Abhilfe schaffen«, so die Berlinerin.

Therapeutische Massagen

In Berlin ist Hunde-Shiatsu kaum bekannt, doch selbst wenn Susanne noch am Anfang steht, ist sie von ihrem Konzept sehr überzeugt. »Wer einmal selbst Shiatsu ausprobiert hat, wird es nie wieder missen. Auch wenn ich kein gebrochenes Bein oder Krebs heilen kann – mit Shiatsu bin ich imstande, die Beweglichkeit herzustellen, Verspannungen zu lösen, Schmerzen zu lindern und instabile Psyche zu therapieren.« Shiatsu fördere auch die Konzentration bei quirligen Hunden und verbessere die Beweglichkeit bei älteren Tieren.

Das Spiel mit der Energie

Alles dreht sich um Energie: Mit den Fingern gleitet die Therapeutin entlang der Meridiane, ertastet die neuralgischen Punkte und ermittelt die energetischen Defizite. »Spüre ich eine Leere, versinken meine Finger, also da ist die Energie nicht mehr oder nicht ausreichend vorhanden«, erklärt Susanne Olm ihre Vorgehensweise. »Ist die Stelle mit Energie überfüllt, muss ich versuchen, sie wegzuleiten – mit Fingerdruck oder Ausstreichen.«

Gut für Mensch und Hund

Hunde-Shiatsu unterscheide sich leicht von der Massagetechnik für Menschen. »Der Mensch hat viel mehr Punkte auf den Meridianen, bei Hunden sind es höchstens zehn pro Bahn«, so Susanne. Aber beiden Spezies tut die Technik gleich gut. »Der Hund merkt auch schnell, dass es sich nicht bloß ums Kraulen handelt. Und selbst, wenn er am Anfang manchmal skeptisch reagiert, legt er sich spätestens beim dritten Mal freiwillig unter meine Hände.«

www.doggydeluxe-berlin.de

Der Mann hinter dem Molekül X
Dirk Schrader: Ein streitbarer Tierarzt mit einem Faible für Chlorioxid

Keine Frage: Dirk Schrader ist ein Original. Für manche bewundernswert und charismatisch. Für andere wahnwitzig und größenwahnsinnig. Auf jeden Fall ist der 73-Jährige kontrovers und unerschrocken im Umgang mit der Politik, Wirtschaft und Presse: »Professor Julius Hackethal sagte schon in den 70er-Jahren: ›Jeder Arzt, wenn er seine Approbation in den Händen hält, weiß genau, dass er einer kriminellen Vereinigung beigetreten ist‹. Das kann man nicht ändern, man kann sich aber von den Kollegen abgrenzen, die im Mainstream schwimmen.« Und Abgrenzen kann sich Dirk Schrader gut. Anecken ebenfalls.

Seit mehreren Jahren liegt der gebürtige Hamburger im offenen Clinch mit lokalen Behörden, weil er sich mit allen erdenklichen Mitteln gegen die Hamburger Hundeverordnung eingesetzt hat. Manch einem – und das bundesweit – ist der Tierarzt aus Hamburg-Rahlstedt wegen seines Engagements für die Anwendung von Chlordioxid bei Kleintieren bekannt. Dirk Schrader nennt den Stoff »Molekül X«. Das Mittel ist auch unter dem etwas esoterisch-reißerisch klingenden Namen Miracle Mineral Supplement (MMS) bekannt und besteht aus Natriumchlorit – nicht zu verwechseln mit Natriumchlorid, also Kochsalz – und einer Salzsäure-Lösung. Wird Natriumchlorit angesäuert, entsteht Chlordioxid – eine Substanz, die weltweit für Aufruhr sorgt.

///

Kontroverse um Chlordioxid
Chlordioxid ist eine chemische Verbindung aus einem Chlor-Atom und zwei Sauerstoff-Atomen mit der Summenformel ClO_2, möglich in gasförmiger

oder flüssiger Form. Als Gas hat er einen stechenden, chlorähnlichen Geruch, ist giftig und hochexplosiv. Löst man das Gas jedoch in Wasser – der chemische Prozess heißt Hydrolisierung – verliert Chlordioxid seine gefährlichen Eigenschaften und wird, was immer mehr Heilpraktiker und Mediziner kundtun, zu einem wirksamen Therapiemittel. Auch Dirk Schrader ist ein engagierter Verfechter der Substanz. »Der Stoff ist geeignet, Bakterien, Viren, Pilze, einzellige Parasiten und viele Tumorzellen durch Oxidation zu zerstören«, so der Hamburger Tierarzt. Und hier fängt das Problem an: Außerhalb der dafür üblicherweise vorgesehenen Anwendung – zur Desinfektion, zum Bleichen oder Entkalken – ist Chlordioxid nicht zugelassen. Dabei ist der Stoff »nicht nur Antibiotika überlegen, sondern macht auch Cortison oft überflüssig, weil es schneller und ohne Nebenwirkungen wirkt«, erklärt Dirk Schrader. »Chlordioxid ist ein Mittel, das alle Krankheitskeime und Toxine angreift. Und das bei einem Einsatz von 60 Cent.«

Dr. med. vet. Dirk Schrader

Verbotene Substanz

Die Kombination aus schneller Wirkung, geringem Preis und leichtem Zugang eines Mittels kann durchaus zum Stein des Anstoßes unter den Ärzten, Pharmaunternehmen und Behörden werden. Diese warnen vor schweren Verätzungen der Haut und massiven Augenschäden durch Chlordioxid. Dirk Schrader winkt ab. »Das ist nur Propaganda. Wir hatten in der Praxis mehrere Fälle von schwersten Infektionen, die tödlich verlaufen wären. Mit Chlordioxid als Infusion haben wir die Tiere gerettet. Mit 100 Prozent Erfolg und ohne Beschädigung von Patienten. Gewebeschädigung oder Nebenwirkungen gab es nie. Es mag sein, dass bei unkorrekter Herstellung und Anwendung Probleme der Verträglichkeit auftreten, nicht aber, wenn man das Mittel richtig einsetzt.« Nach einer Anzeige der Hamburger Behörde für Gesundheit und Verbraucherschutz im Jahre 2014 darf Chlordioxid in der Praxis von Dirk Schrader nicht mehr eingesetzt werden.

Umstrittenes Buch

Der Tierarzt lässt sich aber nicht so leicht in die Schranken weisen. Sein im Februar 2017 erschienenes Buch »(Keine) Menschlichkeit in der Tiermedizin« polarisiert genauso, wie er selbst. Das kritische Werk wird online einerseits als »sehr erhellend« und »Pflichtlektüre« bezeichnet oder auch als »sehr gutes Buch, welches allen die Augen öffnet, die noch an Märchen glauben«. Andererseits erntet es Stimmen wie »ein Sammelsurium von Verschwörungstheorien«, »Wissenschaftlicher Nonsens« und »Unsinn«. Dirk Schrader wird von manchen für einen begnadeten Tierarzt und von anderen für einen gefährlichen Scharlatan gehalten. Die ersten kennen ihn meist persönlich und haben ihm erfolgreich – und häufig sehr günstig – geheilte Haustiere zu verdanken. Die andere Gruppe bildet sich ihre Meinung oft anhand seiner Publikationen, die zugegebenermaßen keine leichte Kost darstellen. Manch einen versetzen die kritischen Schriften in eine Art Schockstarre: Der Inhalt ist so verblüffend, ja bestürzend, dass sich der Verstand einfach weigert, daran zu glauben.

Tops & Flops

👍 **Haar-Analyse**
Die österreichische Firma h-test GmbH analysiert die eingeschickten Haare des Hundes und benennt atypische Verbräuche und Defizite von Aminosäuren, Enzymen, Vitaminen, Mineralstoffen, Spurenelementen, esentiellen Fettsäuren sowie Prä- und Probiotika. www.h-test.com

👍 **Impfen ja, aber mit Verstand**
Neben dem Kottest mittels DNA-Analyse der bietet die Schweizer Firma MicrosTech auch den ImmunCheck, eine Titerbestimmung der Antikörper von Parvovirose, Staupe und Hepatitis. Zugegeben, mit knapp 80 Euro nicht ganz billig. Aber würdest du deinen Hund lieber günstiger impfen lassen, selbst wenn er noch immun ist? www.immunocheck.ch

👍 **Mit Haut und Knochen**
Nach ihrem Biotechnologie-Studium mit dem Schwerpunkt Knorpelgewebe und Haut hat Anja Skodda ein Nahrungsergänzungsmittel für die Hundegelenke entwickelt. »Happy again« besteht aus hochdosiertem Kollagen sowie Glukosamin. www.happyagain4dogs.com

👍 **Weniger Antibiotika**
Im Jahr 2016 sind insgesamt 742 Tonnen[35] Antibiotika an Tierärzte – sowohl Klein- als auch Großtierpraxen – in Deutschland abgegeben worden. Das ist 56 Prozent weniger als fünf Jahre zuvor.

👍 **Chinesische Kräuterheilkunde online**
Der Betreiber des Portals www.naturheilkunde-bei-tieren.de beschäftigt sich seit knapp 20 Jahren mit chinesischer Kräuterheilkunde und bietet online eine Fülle an Kräutertabletten, die auf ca. 2000 Jahre alten chinesischen Formeln beruhen.

Tierarztbesuch wird zum Luxus

Die Gebühren für tierärztliche Leistungen wurden am 27. Juli 2017 durch eine »Änderung der Tierärztegebührenordnung«, einer Verordnung des Bundes, nach neun Jahren pauschal um 12 Prozent angepasst. Die Untersuchung, Beratung und Betreuung von Nutztieren verteuert sich gleich um 30 Prozent.

Papier ist geduldig

Qualzucht ist nach § 11b des Tierschutzgesetzes (Fassung der Bekanntmachung vom 25. Mai 1998) eindeutig verboten, der Handel mit kranken Hunden geht aber ununterbrochen weiter. Daran hat auch das Gutachten der Sachverständigen des Bundeslandwirtschaftsministeriums[37] vom 1999 nichts geändert.

Chemische Kauknochen

Gepresste Kauknochen für Hunde sind äußerst beliebt, leider stehen sie im Verdacht, aus Abfällen der chinesischen Lederproduktion[38] zu stammen. Vor der mehrwöchigen Schiffsreise werden sie zur Haltbarmachung in Chemie unbekannter Zusammensetzung und Toxizität getränkt. Anschließend werden noch Lockstoffe und Geschmacksverstärker hinzugesetzt. Da die Hundeknochen nicht unter das Lebensmittelgesetz fallen, besteht auch keine Kennzeichnungspflicht für die Inhaltsstoffe.

Diät-Futter ohne Regeln

Der Begriff »light« ist bei Futtermitteln nicht gesetzlich geschützt. Auch Diätfutter muss lediglich einen geringeren Energiegehalt aufweisen, wie viel weniger, ist jedoch nicht festgelegt. Die Kalorienreduzierung im Diät-Futter wird in der Regel durch weniger Fett erreicht (unter zehn Prozent), allerdings beinhaltet solches Futter meist billige Füllstoffe, die in einer Untersuchung[39] von ÖKO-Test auch noch aus gentechnisch veränderten Pflanzen bestehen. GVO (genetisch veränderte Organismen) wurden in fast allen zehn untersuchten Produkten nachgewiesen. Durch die in Gen-Pflanzen neu gebildeten Proteine können vermehrt Allergien auftreten.

Pflege- und Therapieprodukte: Zwischen Chemiekeule und Naturkosmetik

Während Ernährung und Erziehung unter den Hundehaltern ein Dauerbrenner ist, kommt das Thema Fell- und Pfotenpflege eher selten zur Sprache. Am ehesten dann, wenn der Hund Zecken oder Flöhe hat. Den verhassten Parasiten und der natürlichen Abwehr widme ich mich in diesem Kapitel, aber auch den zahlreichen Hundeshampoos und Seifen, selbst wenn Hundepflege an sich eher belächelt und mit verwöhnten zwei- und vierbeinigen Gören assoziiert wird. Den wenigsten Hundehaltern ist es allerdings bewusst, dass die Hundepflege ein gleichermaßen attraktiver wie vernachlässigter Markt ist.

Vernachlässigt, weil etwa 95 Prozent der im Fachhandel verfügbaren Shampoos, Seifen und Salben auf der gleichen, chemiegetränkten Rezeptur basiert wie die Billig-Spülseifen bei Discountern: nichts, was die Hundehaut gut verträgt. Und attraktiv, weil es immer mehr Hundehalter gibt, die ihre Vierbeiner fern von vermeidbaren chemischen Einflüssen halten wollen.

Gleiche Rezeptur, unterschiedlicher Preis

Schlendert man durch die Räumlichkeiten der bekannten Fachmärkte für Haustiere, springen einem zahlreiche Hundeshampoos für helles und dunkles, langes und kurzes, glattes und lockiges Haarkleid ins Auge. Riskiert man einen Blick auf das Etikett, wird einem oft bange: Die meisten der im Fachhandel erhältlichen Pflegemittel – unabhängig von dem Endpreis – greifen zu den billigsten, aggressivsten Tensiden, synthetischen Konservierungsmitteln und kritischen Parabenen. Das Phänomen ähnelt den Anfängen der Futterbranche: Kaum einer hinterfragt den Inhalt.

Natürlich geht's immer

Die meisten im Fachhandel erhältlichen Pflegeprodukte enthalten ionische und anionische Tenside auf Erdöl-Basis, aggressive Sodium Laureth oder Sodium Lauryl Sulfate sowie synthetische Konservierungsmittel. Für all diese Stoffe gibt es natürliche Alternativen, die weder hautunfreundlich noch umweltschädlich sind. Auch der richtige pH-Wert spielt eine große Rolle:

Menschliche Shampoos oder solche, die mit »pH-hautneutral« werben, sind für die Vierbeiner viel zu sauer und können die Haut stark austrocknen und schuppig machen. Belastend sind ebenfalls die kreativ-künstlichen Aromen, die – ganz klar! – für das menschliche Riechorgan bestimmt sind, die aber auf die sensible Hundenase zu penetrant, ja abstoßend wirken.

Gesetze für Hundeshampoo und WC-Reiniger sind gleich

Nach geltenden Gesetzen unterliegen Hundeprodukte nicht der für Humanpflegeartikel gültigen Kosmetikverordnung, sondern fallen unter das Wasch- und Reinigungsmittelgesetz (WRG) und die Detergenzienverordnung. Nach der Auskunft des in Chemikalienrecht spezialisierten Anwalts Thomas Bruggman aus München ergibt sich schon »aus dem Produktsicherheitsgesetz, dass Tiershampoos sicher für Tier und Halter sein müssen. Die Regelungen des Wasch- und Reinigungsmittelgesetzes treten nur ergänzend hinzu. Das Wasch- und Reinigungsmittelgesetz regelt die umweltverträg-

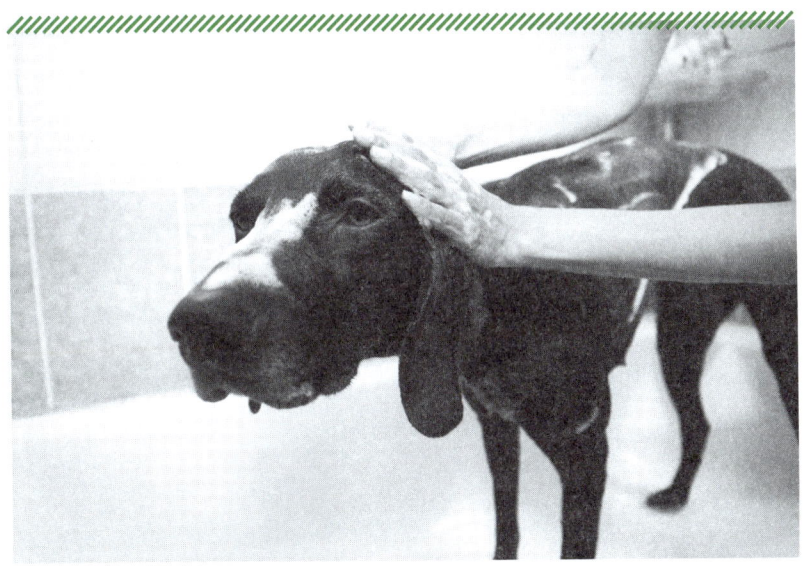

Wenn baden, dann ohne schädliche Chemie

liche Zusammensetzung von Wasch- und Reinigungsmitteln auf dem deutschen Markt und gilt ergänzend zur Detergenzienverordnung, die ähnliche Schutzzwecke verfolgt.« Da Hundeshampoos und -seifen überwiegend an Tieren und nicht an Menschen angewendet wenden, gibt es auch keine Bestrebungen, Tierprodukte unter die Kosmetikverordnung fallen zu lassen. »Es wäre nicht gerechtfertigt, Tierkosmetika 1:1 den strengen Regelungen für Humankosmetika zu unterwerfen«, so Thomas Burggman. »Ein Hund ist kein Mensch. Auch wenn viele Hundehalter dies vielleicht anders sehen.«

Tier versus Mensch

Das ist richtig: Ein Hund ist kein Mensch. Das ist aber auch kein Grund, den Vierbeiner mit synthetischen Chemikalien zu traktieren. Bestimmte Parabene wie Isopropyl-, Isobutyl-, Phenyl-, Pentyl- und Benzylparaben sowie Salze von Isobutylparaben waren bis Oktober 2014 in Humankosmetika auch noch nicht verboten. Ich bin überzeugt, dass die Liste der verbotenen Substanzen mit der Zeit wachsen wird – je mehr negative Nebenwirkungen nachgewiesen werden können. Will ich solange warten? Lieber schütze ich meinen Hund schon heute.

Zecken- und Flohschutz
Die natürlichen Alternativen für chemische Spot-ons, Shampoos und Sprays

Ein Wundermittel gegen lästige und zum Teil auch gefährliche Parasiten gibt es leider nicht. Wer mit Zecken oder Flöhen in Berührung kommt, hat die Wahl zwischen einer schnellen und einer sicheren Lösung. Die schnelle – darunter Spot-ons, Tabletten, imprägnierte Halsbänder – basiert auf Nervengiften und kann ernste Nebenwirkungen und Langzeitschäden mit sich bringen. Die sichere ist – wie alles in der Natur – langwieriger und muss häufiger angewendet werden.

///

Krankheiten und Ansteckungsrisiko
In Deutschland können Zecken – neben der gefürchteten Borreliose – auch Anaplasmose, Babesiose und FSME (Frühsommer-Meningoenzephalitis) übertragen. Ehrlichiose und Hepatozoonose sind meist auf die Mittelmeerländer beschränkt.

Schätzungen zufolge sind nur 0,5 bis 4 Prozent der in Deutschland vorkommenden Parasiten – meist Holzbock oder Auwaldzecke – mit den Erregern befallen, nur Borreliose ist häufiger: Etwa 3 Prozent der Zeckenlarven, 7 Prozent der Zeckennymphen und 15 Prozent der erwachsenen Holzböcke sind Träger von Borrelien. Stellenweise können aber auch 30 bis 50 Prozent der Zecken infiziert sein. Das Erkrankungsrisiko bei Borreliose steigt mit der Dauer der Saugzeit: Die Bakterien können frühestens acht Stunden nach dem Stich übertragen werden, sie leben nämlich im Darm der Zecke und werden erst aktiv, wenn sie ausreichend Energie getankt, also Blut gesaugt hat. Erst dann wandern sie aus dem Darm in die Stich- und Saugwerkzeuge der Zecke und gelangen so in sein Opfer. Flöhe wiederum sind vor allem wegen des Juckreizes lästiger, können aber auch Allergien oder Anämie auslösen oder den Hund mit Bandwürmern infizieren.

Warum sind die Spot-on-Produkte gefährlich?

Viele Zeckenschutz- und Flohmittel enthalten Pestizide wie Carbamate, Organophosphate und Pyrethroide, die im März 2015 von der Weltgesundheitsorganisation als krebserregend eingestuft wurden. Das sind Nervengifte, hochwirksame Insektizide und Neurotoxine, die sowohl für Tiere als auch für Menschen gesundheitsschädlich sind. Sie sind ebenfalls gefährlich für Fische und andere Wasserorganismen: Behandelte Hunde müssen für mindesten 48 Stunden von allen Arten von Gewässern ferngehalten werden. Auch das Öko-Test-Magazin[40], das über 80 verschiedene Flohmittel getestet hat, lehnt viele Präparate ab – trotz belegter Wirksamkeit. »Die Tierarzneimittel wirken überwiegend mit synthetischen Nervengiften. Diese Mittel können aber auch das Nervensystem des Menschen beeinträchtigen. (...) Da bei der Anwendung etwas eingeatmet werden kann, können solche Mittel [Umgebungssprays und -behandlungsmittel, Fogger/Vernebler, Körpersprays und Puder mit den synthetischen Nervengiften] leicht gesundheitliche Problemen verursachen. Zudem belasten Shampoos mit dem Carbamat Propoxur die Haushaltsabwässer.«

Waffen der Natur

Die Natur hält viele eigene Mittel bereit, um mit verschiedenen Problemen fertig zu werden. So ist das in Chrysanthemen vorkommende Pyrethrum ein natürliches Insektizid, das von der Industrie nachgebaut wurde und in Form von Pyrethroiden als synthetisch hergestelltes Mittel gegen Flöhe, Läuse, Milben und Zecken eingesetzt wird. Auch Rizin, das sich in den Samen des Wunderbaumes (oder Rizinus) befindet, eignet sich als natürliches Pestizid zur Abtötung, Vertreibung oder Hemmung von Insekten. Allerdings sind die Rizinus-Samenkörner schon in kleineren Mengen auch für Menschen und Hunde gefährlich.

Natürliche Alternativen

Grundsätzlich gilt: Ein gesunder Körper kann gefährliche Erreger sehr gut selbst bekämpfen. Ein Hund, der natürliche Nahrungsmittel statt Industriefutter bekommt und nicht regelmäßig mit Chemiekeulen in Form von Spotons, Wurmpillen, Impfstoffen und Medikamenten in Berührung kommt, wird also leichter mit Bakterien fertig, die durch Zecken oder Flöhe übertragen werden. Optimal ist aber natürlich die Vorbeugung.

Kokosöl: Die Kraft der Nuss

Ein beliebtes Mittel ist das Kokosöl, das hauptsächlich aus mittelkettigen Fettsäuren besteht, insbesondere Laurinsäure und Caprylsäure, die keimtötend wirken. Naturbelassenes, hochwertiges Kokosöl besteht zu etwa 60 Prozent aus Laurinsäure (Butter hat dagegen nur etwa fünf Prozent) und genau die Laurinsäure soll auf Zecken als ein Repellent wirken. Die abschreckende Wirkung von Laurinsäure auf heimische Zecken wurde 2009 von einer Arbeitsgruppe Angewandte Zoologie/Ökologie der Tiere an der FU Berlin (Wissenschaftler Monika Hilker, Olaf Kahl und Hans Dautel) festgestellt. Zwischen 81 und 100 Prozent der untersuchten Zecken-Nymphen mieden die mit Laurinsäure-Lösungen behandelte Fläche. Das Kokosöl hält nicht alle Zecken vollständig fern, macht den Hund aber eindeutig unattraktiver als Saugopfer. Das Öl wird aufs Fell aufgetragen – je nach Größe des Hundes reicht eine erbsen- bis walnussgroße Portion. Auch im Futter macht sich Kokosöl gut – es wirkt zusätzlich von innen.

Schwarzkümmel: Das schwarze Gold

Dem Schwarzkümmel (Nigella sativa) wird nachgesagt, dass er schmerzlindernd, entzündungshemmend und keimtötend wirkt. Er wird auch bei Allergien, Haut- und Wurmerkrankungen sowie bei Atembeschwerden angewendet. Er soll aber auch Zecken und Flöhe auf natürliche Weise abwehren: Äußerlich angewendet wirken die ätherischen Öle abschreckend auf die Parasiten. Aber auch im Futter wirkt es dank des Wirkstoffs Thymoquinon, der besonders konzentriert im Schwarzkümmelöl vorkommt, als eine Langzeit-Prophylaxe. Das seine lebertoxische Wirkung nicht ausreichend erforscht wurde, soll Schwarzkümmel allerdings nur in kleinen Mengen und nicht täglich im Futternapf landen. Bei Beeinträchtigung der Leber und trächtigen Hündinnen soll es gar nicht verwendet werden. Zwecks richtiger Dosierung immer einen guten Heilpraktiker konsultieren.

Ätherische Öle
In den meisten alternativen Insektenschutzmitteln sind einzelne oder gemischte ätherische Öle enthalten, wie etwa Lavendel, Geraniol, Thymian, Oregano, Wacholder, Grapefruit, Myrrhe, Rosenholz und viele andere. Geraniol, das als eins der wirkungsvollsten gilt, soll den Chitinpanzer von Zecken und Flöhen angreifen und die Tiere austrocknen. Eine marokkanische Studie[41] von 2009 hat ergeben, dass aufgesprühtes 1-prozentiges Geraniol den Zeckenbefall bei Rindern um 98,4 Prozent senken konnte. Der hohe Effekt hielt sich selbst 14 Tage später (97,3 Prozent) und fiel nach drei Wochen auf 91,3 Prozent. Manche Hunde vertragen das Geraniol nicht so gut und zeigen eine Überempfindlichkeitsreaktion wie stumpfes, schuppiges Fell.

Wenn Hildegard von Bingen heute leben würde

Oder wie »Lila loves it« Natur mit High-Tech verbindet

Als die Anti-Aging-Wunderwaffe der Neuzeit ist sie bestens bekannt. Viel weniger als Bestandteil der Pflege- und Therapieprodukte für Hunde: die Hyaluronsäure. Doch genau auf dieses gelartige, in der Humankosmetik und Medizin sehr verbreitete Polysaccharid setzt Stefanie Diem mit ihrer Marke »Lila loves it«. Die Produkte mit der athletischen Hundesilhouette im Logo sollen bei Tieren nicht etwa die Alterung verlangsamen, sondern die Wundheilung beschleunigen. Bei Verletzungen oder nach Operationen unterstützt die Hyaluronsäure den Aufbau neuer Hautstrukturen, verbessert die Zellaktivität und wirkt antientzündlich. Mit seiner außergewöhnlich starken Fähigkeit, 7000-fach Wasser zu binden – bis zu sieben Liter Wasser pro Gramm also – verbessert Hyaluron den Feuchtigkeits- und Nährstoffaustausch während der Wundheilung. Sodium Hyaluronate – so der lateinische Begriff – steht auch gleichzeitig für den innovativen High-Tech-Part im Konzept von »Lila loves it«.

Medizin und Natur in der Flasche

Die dunkelbraunen Flaschen und Flakons – hergestellt in Franken – erinnern an die Ausstattung alter Apotheken, nur dass sie leider nicht aus Glas, sondern aus Kunststoff bestehen. Die Assoziation an altehrwürdige Pharmazie-Utensilien ist Teil des Konzepts. »Schon immer wollten wir die Schulmedizin mit der Naturheilkunde verbinden«, erklärt die Geschäftsführerin Stefanie Diem. »Wir sind von der Kraft naturwissenschaftlich-medizinischer Erkenntnisse und naturheilkundlicher Erfahrungen überzeugt. ›Lila loves it‹ ist das Ergebnis dieser Überzeugung.« Die Shampoos, Sprays und Salben für Hunde sind der hündischen Haut angepasst und weisen einen konstanten pH-Wert zwischen 6,5 und 7,0 auf.

Offene Deklaration der Zutaten

Ein näherer Blick auf die Zusammensetzung der Produkte von »Lila loves it« offenbart eine INCI-typische Volldeklaration. INCI steht für »Internationale Nomenklatur für kosmetische Inhaltsstoffe« (International Nomenclature of Cosmetic Ingredients) und ist nur für den menschlichen Bereich vorgeschrieben. Da die Produkte von »Lila loves it« aber als Naturkosmetik mit dem Natural Product Standard zertifiziert sind, müssen sie auch bestimmten Anforderungen standhalten. In der Zutatenliste stehen Mikroelemente wie Zink oder Mikrosilber, ätherische Öle und andere Pflanzenextrakte, darunter Schafgarbe, Eukalyptus, Zaubernuss oder Aloe Vera. Synthetische Tenside, Parabene, Silikone oder Konservierungsstoffe auf Erdöl-Basis fehlen hier gänzlich. 80 Prozent der Inhaltsstoffe sind vegan, den Rest bilden etwa Milchderivate oder Honig, die in der Naturkosmetik erlaubt sind. Die Päckchen werden von einer Behindertenstätte der Caritas gepackt, die Bürsten kommen aus dem Schwarzwald. Die Stofftaschen entstehen bei Manomama, dem sozialen Unternehmen aus Augsburg.

Wohlbefinden hat seinen Preis

Die Rohstoffe für die Mixturen und Tinkturen bezieht »Lila loves it« hauptsächlich aus der Region oder dem Land des Vorkommens. Das Lavendelöl kommt aus der Provence, das Ringelblumenöl wird gleich um die Ecke, in Oberbayern gepresst und das Nachtkerzenöl ist sächsisch. »Regional verfügbare Rohstoffe kaufen wir auch lokal ein, manche Substanzen bekommen wir aber nicht in dem Maße vor Ort und in der Qualität, wie wir sie bräuchten. Rosenöl aus Bulgarien oder Lavendelöl aus der Provence – das ist ein Qualitätsmerkmal. Wir schätzen das naturheilkundliche Wissen der Alten, aber auch die Herkunft der Rohstoffe, das Original«. Die Inhaltsstoffe haben ihren Preis. »Für 1 kg Hyluaron zahlen wir mehrere tausend Euro, 200 Gramm Silber kosten über 1.000 Euro und bulgarisches Rosenöl gehört zu den wertvollsten Rohstoffen der Welt«, zählt die Geschäftsführerin auf.

»Der elitäre Gedanke mag durch das Aussehen und die Zutaten kommen, wir sind aber nicht teurer als andere in unserem Segment. Und es geht um das Wohlbefinden unserer Tiere.«

Ein Jahr Produktentwicklung

Das Wohlbefinden des eigenen Hundes war auch der Auslöser für die Entstehung von »Lila loves it«. Als ihre Ridgeback-Hündin Lila – die Namensgeberin der Marke – langwierige Ohrenprobleme hatte, wollte Stefanie Diem Kortison-Kuren vermeiden. Sie bat einen Pharmazeuten um Rat – und bekam eine kurze Zeit später eine Phiole, deren Inhalt wahre Wunder wirkte. »Nach zwei Tagen waren 80 Prozent der Wunden verschwunden«, sagt die gebürtige Karlsruherin. Als dann ihr Pferd erkrankte und sie von einem zufällig kennengelernten Augenspezialisten aus Kanada die Diagnose hörte »You need Hyaluron«, war die Idee für »Lila loves it« geboren.

Pflegeprodukte von »Lila loves it«

Pflege und Therapie

Auf die Frage, ob sie »Lila loves it« eher im Therapie- oder doch im Pflegebereich sieht, lächelt Stefanie Diem. »Ich muss wohl Pflege sagen, auch wenn viele unserer Produkte zur Rehabilitationsunterstützung angewendet werden und wir an der Grenze zur Medizin arbeiten«, so die 46-Jährige. Eine medizinische Zulassung würde »Lila loves it« aber in die Apotheken verbannen. »Dabei ist es unser Prinzip, möglichst vielen Tieren zu helfen.« Einen direkten Zugang zu Tierärzten hat Stefanie Diem über ihre zweite Marke »St. Diem´s« gefunden, die keinen Naturkosmetik-Stempel trägt. »Dort verwenden wir andere Inhaltsstoffe in abweichenden Konzentrationen. Bei der Pfotenpflege findet sich zum Beispiel Hirschtalg, der therapeutische Eigenschaften hat, als Tierprodukt in der Naturkosmetik aber nicht zugelassen ist«.

Künftig auch Nahrungsergänzungsmittel

Ende 2017 will »Lila loves it« in der Gewinnzone landen. Ein Grund, das Tempo zu drosseln, ist das für Stefanie Diem aber keinesfalls. Im Portfolio der Marke erscheinen bald auch naturbelassene Nahrungsergänzungsmittel und in fünf Jahren möchte Lilas Frauchen ihr Team auf 20 Mitarbeiter aufgestockt und einen Umsatz in zweistelligem Millionenbereich erreicht haben. Das Portfolio soll auf 50 bis 60 Produkte wachsen, die auch in allen Ländern der Erde vertreten sind. »Ich will beweisen, dass es funktioniert: ehrlich und umweltfreundlich zu agieren, zu wachsen und auf dem Markt zu bestehen.« Kleine Brötchen backen? Ganz sicher nicht ihr Ding.

www.lila-loves-it.com

»Wir haben Angst vor Giftködern, schmieren aber Gift ins Hundefell«
»Hund und Herrchen« oder wozu Vierbeiner Naturkosmetika brauchen

Schonend, hautberuhigend, mit köstlichem Blaubeer-Muffin-Duft – die Flaschen und Flakons mit der Bezeichnung Hundeshampoo stehen in der Kreativität der Werbeversprechungen den menschlichen Produkten in Nichts nach. Schade nur, dass die meisten dieser Pflegeartikel, die »glänzendes Fell« oder »schonende Reinigung« versprechen, nicht mehr als eine wohlduftende Chemiekeule mit hautreizenden und gefährlichen Stoffen enthalten. Diese Erfahrung hatte auch der Hundebesitzer Reinhard Krinke machen müssen, bevor er selbst eine Pflegeserie für Hunde entwickelte und auf den Markt brachte.

»Als mein schwarzer Labrador Chester vor zehn Jahren in mein Leben getreten ist, habe ich für circa 30 Euro ein angeblich unbedenkliches Welpenshampoo gekauft und ihn damit gebadet. Ich wollte dem kleinen Stinker, der sich mal wieder in Fisch gewälzt hatte, den Gestank wegwaschen. Es ging ihm danach jedoch gar nicht gut: Seine Haut war sehr trocken und schuppig, er hat sich dauernd gekratzt, gewälzt und war schlapp«, erzählt der Geschäftsführer der YEAUTY GmbH. Das Mannheimer Unternehmen, das sich auf Naturkosmetik spezialisiert hat, entwickelt und produziert – außer Humankosmetik – auch natürliche Pflegeprodukte für Hunde.

///

Falscher pH-Wert und wenig Infos
Doch bevor die Shampoos und Seifen unter dem Namen »Hund & Herrchen« 2014 die Produktpalette der Firma ergänzt haben, ist viel Zeit ins Land gegangen. »Meine Forschungen vor dem Launch der Marke haben Jahre gedauert. Ich habe damals mit Erschrecken festgestellt, dass die meisten Hundeshampoos

Die Pflegeserie von »Hund und Herrchen« im neuen Design

den für die Hundehaut geeigneten pH-Wert nicht aufweisen und auch keine für den Endverbraucher verständlichen Inhaltsstoffe auf der Verpackung platzieren«. Das müssen sie auch nicht, denn Hundeshampoos und Pflegeprodukte für Hunde unterliegen nicht der Kosmetikverordnung, sondern dem Wasch- und Reinigungsmitttelgesetz (WRMG) und der Detergenzienverordnung.

Aggressive Tenside und gefährliche Parabene

»Sehr viele gängige Hundeprodukte enthalten chemische Konservierungsstoffe wie z. B. Ethyl- oder Methylparabene, die seit 2004 im Verdacht stehen das Brustkrebsrisiko zu erhöhen. Parabene können Allergien auslösen und zählen zu den hormonell wirksamen Chemikalien. Viele konventionelle Hundeshampoos enthalten auch aggressive Tenside, darunter Sodium Laureth Sulfat und Sodium Lauryl Sulfat. Diese waschaktiven Substanzen trocknen die Haut des Hundes stark aus und verursachen häufig allergische Reaktionen und Juckreiz«, bemängelt Reinhard Krinke. Die synthetischen Tenside haben entfettende und schaumbildende Wirkung und sind sehr günstig in der Herstellung, bleiben also sicherlich noch sehr lange hoch in der Beliebtheitsskala der Produzenten. »Ganz übel ist auch der Konservierungsstoff Bronidox, also die 5-Bromo-5-Nitro-1,3-Dioxan Kombination«, ergänzt der Hobby-Chemiker. »Das ist ein richtiger gesundheitsschädlicher Allergieauslöser, den man einfach mal in Hundeshampoos verwendet. Die PEGs – also Polyethylenglykole – weichen die Zellwände auf und begünstigen so das Eindringen schädlicher chemischer Stoffe in den Hundekörper. Ähnlich wie Silikone.«

pH-Wert-Messer selbst gebastelt
»Mit den pH-Werten der Hundehaut hat sich vor ein paar Jahren niemand ausgekannt. Die Institute, die ich angerufen habe, konnten mir keine Auskunft geben«, erzählt Reinhard Krinke. »Durch Zufall habe ich eine Firma entdeckt, die eine in der Raumfahrt genutzte Technologie zur Messung des pH-Wertes einsetzt.« Mit Teilen dieses Gerätes baut der Erfinder eine für den Hund schmerzfreie und schnelle Lösung zur Messung von pH-Werten an Hunden und testet seine Maschine erst einmal an seinem Chester. Später kommen noch 150 andere Rassen dazu. »Verschiedene Rassen haben leicht abweichende pH-Werte auf der Haut, zwischen 6,4 und 7,4«.

Vegane Naturkosmetik
Heute, acht Jahre später, bietet »Hund & Herrchen« sieben verschiedene Hundeshampoos, eine Hundeseife, ein Pfotenbalsam und einen Waschlappen »to go« und für reinigende Streicheleinheiten zwischendurch. Alle Pflegeprodukte sind vegan, frei von synthetischen Konservierungsstoffen und erdölbasierten Inhaltsstoffen. Im Unterschied zu den weit verbreiteten, synthetischen Tensiden, setzt »Hund & Herrchen« auf milde und vollständig biologisch abbaubare Pflanzentenside. Die Pflegeöle stammen aus kontrolliert biologischem, wenn auch nicht regionalem Öko-Anbau. »Vieles, was gut für Haut und Haar ist, wächst leider nicht in Deutschland, wie Arganbaum, Granat-Apfel, Oliven, Avocado, Mango, Papaya oder Aloe Vera. Deswegen müssen wir auf ausländische Bestandteile zugreifen, die Produktion unserer Pflegeprodukte erfolgt aber 100 Prozent regional«, erklärt der Geschäftsführer. Die Linie von »Hund & Herrchen« ist die erste Hundepflege auf dem Markt, die von dem Naturkosmetik-Verband BDIH zertifiziert wurde.

www.hund-herrchen.com

Eine handgemachte Seife muss reifen

LindGrow macht Seifen für Hunde mit Ekzemen, Parasiten und unerwünschten Duftnoten

Die Hundeseife »Après Plaisir« schließt in ihrem Namen einfach alles ein: Das hündische Faible für stinkige Angelegenheiten und die Vergänglichkeit des aromatischen Zeitvertreibs. Dank der Seife »bleibt der Duft vom Ausflug ins Vergnügen nicht tagelang im Fell hängen«, verspricht Bernadette Linden, Gründerin von LindGrow. Auch zur Geruchsneutralisierung von älteren Hunden sei das Produkt sehr empfehlenswert. Neben dieser, wie ich sie mal nenne, Notfall-Sorte, gibt es im Sortiment von joveg – dem eingetragenen Label der LindGrow Manufaktur – noch weitere Produkte für Hunde, darunter Seifen zur Anwendung bei Pilz- und Parasitenbefall, bei Ekzemen, trockener und narbiger Haut oder aber Pflegeshampoos für sensible und allergische Hunde. Alle joveg-Produkte entstehen in der Prignitz, im Nordwesten Brandenburgs, in einer kleinen Manufaktur, die dort 2009 in Betrieb ging.

Erste Tierseifen auf dem Markt

Bernadettes erste Naturseifen erschienen schon 2005 auf dem Markt, im nordrhein-westfälischen Kreuztal, wo sie früher wohnte. Damals war die Seifenmacherin noch Floristin und suchte nach Produkten, die weniger pflegeintensiv sind als Pflanzen, aber einen hohen Durchsatz garantieren. »Auf die Idee der Naturseifen brachte mich meine Tochter und ich wusste sofort, das ist mein Ding«, erzählt die Geschäftsführerin und studierte Sozialarbeiterin. »Damals habe ich auch gleich die Tierseifen entwickelt – als erste auf dem Markt.« Bei der Entwicklung der Naturseifen für Tiere mit Hautproblemen, aber auch Seifen für gründliche Reinigung ohne Chemie haben der findigen Nordrhein-Westfälin Tierheilpraktiker und Tierärzte geholfen.

»Brauche kein Zertifikat«

Die genauen Zutaten erfährt der Hundehalter allerdings nicht im Detail. Die Verpackung verrät lediglich reine Pflanzenöle, ätherische Öle oder Kräuter. Anders als bei der zertifizierten Naturkosmetik für Menschen: Diese bietet – gemäß der geltenden Kosmetikverordnung – eine vollständige Liste aller Inhaltsstoffe. »Die Zertifizierung als Naturkosmetik ist im Tierbereich nicht notwendig«, erklärt Bernadette Linden. »Die Qualität und die Wirkung der Hundeseifen sprechen einfach für sich«. Den größten Umsatz macht sie heute mit Tierprodukten. 15.000 Seifen im Jahr verlassen ihre Manufaktur.

Erfolgsgeheimnis: Einfachheit

Ihr Erfolgsrezept liegt in der Einfachheit. »Das Simpelste ist meistens das Beste. Meine Seifen haben jeweils nur die Bestandteile, die notwendig sind, um das entsprechende Ergebnis zu erzielen. Ich habe nach altem Wissen geforscht, einfache Hausmittel betrachtet und so meine Rezepturen entwickelt«, erklärt die zweifache Mutter. »Die eigentliche Herstellung von Naturseifen ist nicht kompliziert, wir haben uns einfach nur zu sehr von dem alten Handwerk und der Natur entfernt.« Das Kräuterwissen basiert zum Teil auf Ihrer Floristenausbildung. »Mein Anspruch war, statt mit Duft und Farbe zu spielen, die guten Eigenschafen der Pflanzen zu kombinieren«.

Kaltgerührt, nicht geschüttelt

Jedes Produkt aus der LindGrow-Manufaktur ist vegan, ähnlich wie der Lebensstil der dreiköpfigen Familie. Alle Seifen entstehen im Kaltrührverfahren: Die Masse wird nicht über 60°C erhitzt, damit die Wirkung erhalten bleibt. Das Produkt muss dann noch vier bis sechs Wochen reifen, es lagert, trocknet und verliert dabei etwa 10 Prozent der Feuchtigkeit. »Eine Industrieseife wird gekocht und hat ganz andere Inhaltsstoffe. Eine handgefertigte Seife muss reifen.« Bei den kargen Produktbeschreibungen auf der Webseite tummelt sich die eine oder andere Bewertung. Die Seife für Hunde mit Ekzemen – der Bestseller der Firma – erntet begeisterte Stimmen. Die Kunden schreiben von ›Wunderheilung‹ und ›unglaublicher Wirkung‹. Kann ein einfacher Quader aus pflanzlichen Ölen, Kräutern und Lauge dermaßen

Fertig für die Verpackung

wirksam sein?«Die Wirkung ist natürlich nur rein äußerlich«, erklärt die Seifenmacherin. »Die Ursache des Ekzems wird mit der Seife nicht beseitigt.«

»Ich will wachsen«
Der Vierseitenhof, auf dem Bernadette Linden mit vielen Tieren lebt und arbeitet, bietet deutlich mehr Platz als ihre letzte Wirkungsstätte in Nordrhein-Westfallen, da die Produktion aber immer weiter wächst, wird es auch langsam eng. »Mein Traum ist, dass wir größer werden und international expandieren.« Sie darf aber auch Einiges auf ihrer Wunschliste als erledigt markieren. »Wir verschicken 100 Prozent plastikfrei und das Palmöl, das wir früher verwendet haben, ist in keinem Produkt mehr vorhanden. Wir stellen auch keine Flüssigseifen her, da sie 80 Prozent Wasser enthalten und eine Plastikverpackung benötigen. Nachhaltigkeit ist mir sehr wichtig.«

www.lindgrow.de

Tops & Flops

👍 Bio-Seifen für Hunde
Die Naturseifen-Manufaktur Küstenseifen macht neben Naturkosmetik für Menschen auch Shampooseifen für Tiere. Unter www.kuestenseifen-shop.de gibt es die Edition «Fellinchen" mit Zutaten aus kontrolliert biologischem Anbau und ohne schädliche Zusätze. www.kuestenseifen-shop.de

👍 Codecheck
Mit dem Codecheck kann man Marken und Produkte suchen und kritische Inhaltsstoffe aufspüren. Neben der Volltext-Suche auf der Webseite gibt es auch eine App zum Herunterladen. www.codecheck.info

👍 Anti-Zeck-Snack: Schlemmen statt Sprühen
Um die Ecke gedacht und witzig: Die Marke »Tierliebhaber« bietet **natürlichen Zecken-Schutz für Hunde** in Form von Leckerli-Kugeln auf Basis von Schwarzkümmel-Öl und Lavendel. Der Verzehr ist streng reglementiert und soll Zecken, Flöhe und Milben durch für den unangenehmen, für Menschen aber nicht wahrnehmbaren Geruch vertreiben.

👎 Menschenprodukte für Hunde nicht geeignet
Viele Hundeshampoos tragen das Prädikat »pH-hautneutral«. Damit sind sie für die hündische Haut, die basisch ist, zu sauer und können sie sehr austrocknen und schuppig machen. Die menschliche Haut hat einen pH-Wert von 5,5. Der pH-Wert auf der Hundehaut erreicht 7,5.

Zubehör für Hunde: Zwischen Mode und Minimalismus

Mit dem Thema »Zubehör« verbindet mich ein besonderes Verhältnis. Vor drei Jahren habe ich mich nämlich in das Abenteuer gestürzt, handgemachte, nachhaltige Hundesachen herzustellen – mit der festen Überzeugung, die Hundebranche zu revolutionieren. Mein Thema war: Weg von Massenwaren, hin zu ökologisch wertvollen und artgerechten Hundesachen. Der Ansatz ist vielen jedoch nicht wichtig, obwohl die Ausgaben für Hundeaccessoires und Bedarfsartikel kontinuierlich wachsen: Während im Jahre 2008[42] noch Waren im Wert von 146 Millionen Euro über die – reelle oder virtuelle – Ladentheke gegangen sind, wuchs die Zahl 2011 auf 159 Millionen Euro – also ein Plus von knapp 10 Prozent – und die Tendenz zeigt nach oben.

///

Öko-Markt wächst

Der Anteil von ökologisch sinnvollen Produkten war bei dem Gesamtumsatz so klein, dass er nicht einmal erfassbar war. Doch immerhin wächst die Zahl der Hundehalter, die auf eine wertige Verarbeitung und sichere Quelle der Stoffe setzen. Das zeigt auch die konstante Entwicklung von nachhaltigen Konzepten wie Treusinn.

Weniger ist mehr

Eines ist allerdings sicher: Der moderne Hund lebt im Überfluss. Deswegen stelle ich in dem Buch nur sinnvolle Initiativen und bodenständige Ideen vor. Ein Hund braucht keine fünf verschiedenen Leinen mit farblich passendem Geschirr oder Halsband und auch keinen Korb voller Spielzeug. Je hochwertiger ein Produkt ist, desto langlebiger ist es. Ich halte nichts von Polyester-Caps, witzigen Sonnenbrillen oder strassbesetzten Jacken für Hunde. Auch chemiegetränkte Anti-Parasiten-Decken oder batteriebetriebene Dauerbeschäftigungsmaschinen für Hunde sind mir zuwider. Ich mag einfache, natürliche, artgerechte Produkte, die schön und ästhetisch sind, aber niemals umweltschädlich oder sinnfrei sein sollten.

Die Sache mit dem Leder

Von Anfang an habe ich mir vorgenommen, in meinem Buch keine Lederprodukte vorzustellen. Ich finde Leder zwar elegant und langlebig, doch die Verwendung des Materials ist in den meisten Fällen mit so viel Tierleid verbunden, dass es in mein Konzept in keinster Weise passt. In der Regel ist Leder kein Abfallprodukt[43] der Fleischindustrie, wie es häufig angenommen wird, sondern stammt meist aus China, Brasilien oder Indien, wo die Tiere qualvoll gehalten und getötet werden. Doch als ich auf die Idee von ecodog stieß, beschloss ich eine Ausnahme zu machen. Erstens: Weil die Gründerin Nicole Kraft erstaunlich konsequente Prinzipien verfolgt, von den kleinsten Bestandteilen bis zum fertigen Produkt hält sie sich an die selbst auferlegten Nachhaltigkeitsregeln. Und zweitens: Weil die Wasserbüffel, die auf den brandenburgischen Weiden grasen und aus deren Leder ecodogs-Produkte entstehen, ein wirklich artgerechtes Leben führen. Durch einen gezielten Schuss auf der Weide geschlachtet, kennen sie weder Todesangst noch lange und stressige Transportwege. Wenn Leder, dann nur solches. Eine Leine oder ein Halsband aus dem Atelier von ecodog reicht wohl für das ganze Hundeleben. Wenn das nicht nachhaltig ist...

Weniger ist mehr

Giftiges Hundespielzeug
Studie testet Kunststoff-Spielzeuge bekannter Marken

Der österreichische Verein für Konsumenteninformation (VKI) hat 2013 insgesamt 18 Hundespielzeuge aus Kunststoff getestet[44] und in allen Produkten gefährliche Giftstoffe[45] gefunden, zum Teil in hoher Konzentration. Unter den getesteten Hunde-Accessoires waren auch sehr verbreitete Produkte wie etwa der rogz Grinz-Ball, Kong Original sowie beliebte Spielsachen von Karlie, Fuss-Dog, Vitakraft und Trixie.

Alle untersuchten Spielzeuge belastet
Egal ob Noppen-Knochen, Quietsche-Tier, Kunststoff-Stöckchen oder Gummi-Ball – der österreichische Schadstoff-Test hat in allen Hunde-Accessoires gesundheitsgefährdende Substanzen nachgewiesen. Kein einziges untersuchtes Hundespielzeug war frei von Giftstoffen: Zu den hartnäckigsten Übeltätern gehörten die brisanten krebserregenden *polyzyklischen aromatischen Kohlenwasserstoffe (PAK)*. PAK entstehen bei der unvollständigen Verbrennung von organischem Material wie Holz, Kohle oder Öl und begegnen uns als Luftschadstoffe in Haushalten mit Kaminen und Öfen, in Otto- und Dieselkraftstoff und deren Abgasen, aber auch in Tabakrauch und geräuchertem, gegrilltem und gebratenem Fleisch.

Mehrfach überschrittene Grenzwerte
Da Teeröle, erdölbasierte Weichmacheröle und Industrieruße verstärkt in Produkten aus Gummi oder Weich-PVC zum Einsatz kommen, sind PAK auch in Kunststoff-Gegenständen weit verbreitet. Weichmacheröle erhöhen die Elastizität, machen also steife oder spröde Kunststoffe weich und biegsam. Seit 2015 gilt für acht krebserzeugende Polyzyklische Aromatische Kohlen-

wasserstoffe ein Grenzwert von 1 mg/kg. Bei Spielzeug und Babyartikeln beträgt der Grenzwert sogar nur 0,5 mg/kg. Polyzyklische aromatische Kohlenwasserstoffe werden über die Haut und noch leichter über die Schleimhäute aufgenommen. Das deutsche Bundesinstitut für Risikobewertung (BfR) empfiehlt für Gebrauchsgüter einen Grenzwert von 0,2 Milligramm pro Kilogramm. Bei den getesteten Hundespielsachen lag der Wert um ein Vielfaches höher, teilweise um mehr als das Hundertfache. Am zahlreichsten waren PAK in folgenden Produkten vorhanden:
- Der Moos Gummibal von Karlie: 141 mg/kg
- Hundeknochen von Karlie: 31 mg/kg
- Rogz GrinzBall: 30 mg/kg
- Schwarzes Schwein von Fuss-Dog: 25 mg/kg

Für Kinder bereits verboten

Eine weitere gefährliche Substanz, die in dem Produkt »Schwarzes Schwein« von Fuss-Dog nachgewiesen wurde, ist der hochproblematische Stoff DEHP Di(2-ethylhexyl)phthalat. In Spielzeug für Kinder unter drei Jahren ist diese Chemikalie bereits verboten. DEHP schädigt die Fortpflanzungsfähigkeit und löst Krebs aus. In sieben weiteren Produkten wurden Weichmacher-Ersatzstoffe in Konzentrationen von 41 bis 50 Prozent ermittelt. Die Alternativ-Stoffe gelten zwar als weniger gefährlich als DEHP, die Verwendung von Weichmachern ist jedoch generell problematisch. Werden Teile der Spielzeuge verschluckt, härtet das Material im Magen-Darm-Trakt aus und kann zu lebensgefährlichen Verletzungen an den Verdauungsorganen führen.

Nonylphenol: In Europa auf dem Index

Bereits 2003 hat die EU die Verwendung des hormonähnlich wirkenden Nonylphenols für die industrielle Produktion verboten. In Ländern wie China oder Indien kommen Nonylphenole nach wie vor zum Einsatz. So erklärt sich wohl auch das Vorkommen des kritischen Stoffes in sechs von VKI getesteten Hundeprodukten. Nonylphenole können Nieren und Leber schädigen und haben eine östrogenartige Wirkung mit Auswirkungen auf weibliche wie männliche Fortpflanzungsorgane.

Starke Belastung mit Bisphenol A

Fünf weitere Produkte erwiesen sich in dem Test als stark mit Bisphenol A (BPA) belastet. Laut neuesten Untersuchungen wird diese Substanz oral besonders rasch aufgenommen und reichert sich stark im Körper an. Bisphenol A wurde bereits seit den sechziger Jahren in Kunststoffen eingesetzt, um deren Haltbarkeit zu erhöhen. Der Stoff wird unter anderem zur Herstellung von Lacken, Beschichtungen von Getränke- und Konservendosen und von Klebstoffen sowie in Thermopapieren, wie Kassenzetteln eingesetzt. Studien lassen allerdings einen Zusammenhang mit der Entwicklung von Diabetes sowie Herz-Kreislauf-Problemen vermuten. Die Substanz steht auch als Ursache für die Störung der Gehirnentwicklung bei Ungeborenen sowie für Unfruchtbarkeit, Zeugungsunfähigkeit, Krebs und Übergewicht in Diskussion. In Deutschland sind seit 2011 Babyflaschen mit BPA verboten.

Fazit: Alle von dem österreichischen Verein getesteten Hundespielzeuge erwiesen sich als stark mit gesundheitsschädlichen Stoffen belastet. Expertinnen des Österreichischen Umweltbundesamtes sowie der Veterinärmedizinischen Universität Wien stufen sämtliche Produkte als ungeeignet ein. Gundi Lorbeer, Leiterin des Bereiches Stoffe und Analysen im Umweltbundesamt nimmt dazu Stellung: »Stoffe, die die Gesundheit gefährden, haben in Verbraucherprodukten nichts verloren. Prinzipiell sollten Konsumentenprodukte frei von krebserregenden, reproduktionstoxischen, hormonell wirksamen oder umweltschädlichen Stoffen sein. Vor allem, wenn sie durch ungefährliche Alternativen ersetzt werden können.«

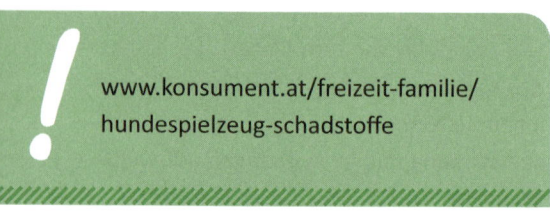

www.konsument.at/freizeit-familie/
hundespielzeug-schadstoffe

Nähross statt Stethoskop
Wie aus einer Tierärztin eine Sattlerin wurde

Schwertahle, Locheisen, Kantenschärfer – was nach martialischen Folterinstrumenten klingt, ist in der Wirklichkeit ziemlich harmlos, jedenfalls in den Händen von Nicole Kraft. Immer wieder greift sie in ihre Werkzeugkiste und holt einen anderen metallenen Gegenstand hervor. Vor ihr auf dem Tisch liegt ein kariertes Geschirrtuch ausgebreitet, darauf ein Holzbrett mit einem länglichen Stück Leder. In etwa zwei Stunden wird aus dem dunkelbraunen Riemen ein Halsband. »Erst musst du das Leder auf die richtige Länge zuschneiden, dann ein Loch für die Schließe stanzen und anschließend eine Kerbe für die Naht ziehen, damit sie später versenkt wird«, erläutert die gebürtige Berlinerin. »Die Löcher für die Nadelstiche müssen vorgestanzt werden, sonst sieht die Naht später nicht einheitlich aus.« Die perfekte Symmetrie der Einstichstellen erreicht Nicole mit einem Werkzeug, das einer Gabel ähnelt. Es heißt Mehrzack-Locheisen und ermöglicht das Vorstanzen der punktuellen Vertiefungen in exakt gleichem Abstand zueinander. Danach beginnt das Nähen: rittlings, auf einem Nähross.

Altes Handwerk, junges Gemüt
Über ihrem Nähross gebeugt, spannt Nicole das Leder in den Holzschraubstock ein: Es muss erst fixiert werden, bevor sie nähen kann. Das traditionelle Handwerk erfordert ordentlich Kraft. Die Sattlernaht ist ganz speziell und wird beidhändig mit zwei Enden eines Fadens aus entgegengesetzter Richtung erzeugt. Sollte mal eine aufgehen, bleibt das Produkt immer noch intakt. »Es gibt keine Maschine der Welt, die die Handnaht imitieren kann«, sagt die 43-Jährige. Sie sticht zuerst jedes vorgestanzte Loch mit einer Ahle durch, einem spitzen Werkzeug, das vor dem dicken Leder

nicht kuscht. Dann führt sie erst eine Nadel mit dem eingefädelten Faden durch. Dann die zweite aus der Gegenrichtung.

»Ich will das perfekte Produkt«
»Schnelle Lösungen sind meist nicht hochwertig genug, ich will ein perfektes Produkt anbieten«, sagt Nicole und zieht den Faden durch ein Loch hindurch. Die Schnalle und Schlaufe werden vernäht, nicht getackert. Das Garn selbst besteht aus gewachster Baumwolle und steht Nicoles Kunden in sechs Farben zur Wahl. Wenn die Naht fertig ist, werden noch drei Löcher für die Verstellbarkeit des Halsbandes gestanzt. Den Leim für die Kantenbearbeitung macht Nicole aus Knochenmehl, das sie mit heißem Wasser vermischt, mit einem kleinen Schwamm auf die Kanten des Halsbandes aufträgt und mit einem Tuch Stelle für Stelle einreibt. Wenn sie nicht gerade Halsbänder, sondern Leinen herstellt, bearbeitet sie die Kanten auf der Fleischseite zusätzlich mit einem Kantenzieher, damit sie nicht so scharf bleiben, sondern abgeschrägt und schön geschmeidig werden.

Der gemeinsame Nenner: Tiere
Das fertige Halsband trägt dann ein rundes, schlichtes Messing-Logo, das Nicole im letzten Arbeitsschritt mit einer Nietmaschine anbringt: ecodog. Das Leder fühlt sich sehr warm und weich an, Naturmerkmale wie Narben, Falten, Dornenrisse oder Farb- und Strukturunterschiede sind noch erkennbar. Es stammt von Wasserbüffeln, die in einem Demeter-zertifizierten Landwirtschaftsbetrieb in Brandenburg leben. »Wasserbüffel sind Landschaftspfleger bei der Renaturierung der Moore«, erzählt Nicole. »Sie dürfen sich über Suhlen und grüne Weiden freuen, soweit das Auge reicht. Die Tiere werden nicht enthornt. Kälber wachsen im Familienverbund auf. Auf einen Transport zum Schlachthof verzichten die Betreiber: Die Tiere werden gleich auf der Weide mit einem Kugelschuss geschlachtet«, erläutert Nicole. Sie weiß, wovon sie spricht. Noch vor kurzem trug sie einen Arztkittel und arbeitete als Amtstierärztin in Brandenburg. »Ein Teil meines Jobs war die Kontrolle der Bauern- und Schlachthöfe. Ich kenne alle möglichen Formen der Tierhaltung, die unabhängig von Bio-Zertifizierung gut oder schlecht

sein können«, erläutert Nicole. »Man muss sich immer persönlich ein Bild vor Ort machen. Das habe ich und weiß, dass es meinen Tieren gut geht.«

Sattlerin mit Haut und Haaren
Für das Gerben des exklusiven Leders hat Nicole etwas Besonderes gefunden: den Extrakt aus getrockneten Olivenblättern. Sie sind ein Abfallprodukt, fallen von den Bäumen bei der Olivenernte ab und werden in der Regel verbrannt. Als Gerbstoff finden sie eine gute Verwertung.« Den dunklen, satten Braunton bekommen Nicoles Produkte in der ökologischen Gerberei wet-green in Reutlingen. Individualisieren lässt sich das Hundezubehör durch die unterschiedlichen Garnfarben und Breiten des Lederriemens. Ihren Schritt, den Tierarzt-Job an den Nagel zu hängen, bedauert sie nicht. »Das war schon nicht ohne, keine Frage. Man gibt ja schließlich seinen Status und die Sicherheit auf. Aber ich wollte unbedingt etwas mit den Händen schaffen und einfach etwas Ehrliches machen«, erklärt Nicole. Das Sattler-Handwerk konnte sie sich autodidaktisch in Sattlerkursen aneignen. Den Rest hat sie sich über langes Probieren beigebracht. »Man hat schnelle Erfolgserlebnisse und das Nähen hat auch schon was Meditatives«. Olga, den lebhaften Rauhaardackel, versetzt Frauchens Werkeln nicht in eine meditative Stimmung, dafür aber in einen tiefen Schlaf.

Leine »Hippie«

Ein Traum von 40 Fuß Länge

Oder wie Sleepy Dog den Sprung von China nach Deutschland schaffte

Nele und Jonas Dageförde haben ihren Traum von robusten und pflegeleichten Hundebetten von Anfang an richtig angepackt: Materialien getestet, Markt analysiert, Manufakturen gesucht. Aus einer kleinen Idee, die im Kreis enger Freunde beim Essen gezündet hat, ist aber sehr schnell eine riesengroße Herausforderung geworden. Als 2005 der erste Prototyp eines kuscheligen Donuts mit dem Label »Sleepy Dog« entstand, sah sich das junge Ehepaar vor einem Berg scheinbar unlösbarer Probleme. Allen voran die Produktionsstätte: In Deutschland war keine Manufaktur imstande, Kunstleder in gewünschter Qualität zu produzieren. »Dass es Kunstleder sein soll, war uns schon immer klar«, erzählt Nele. »Kunstleder hält lange, ist robust und leicht zu pflegen. Wir wollten allerdings ein besonderes Produkt: schadstofffrei, nach EU-Spielzeugnorm zertifiziert, in der Haptik angenehmer als die Standardware und extrem widerstandsfähig dazu. In Deutschland kamen wir aber schnell an die Grenzen und waren enttäuscht.« Der Hauptmarkt für Kunstleder befindet sich schließlich ein paar Tausend Kilometer weiter östlich, in Asien – kein leichtes Pflaster für 25-jährige Existenzgründer. Doch manchmal sind junges Alter und fehlende Erfahrung die besten Voraussetzungen, etwas Großes zu wagen. Über Agenten suchen die BWL-Absolventen Kontakte zu Manufakturen in China und bestellen die ersten Muster. Als sie innerhalb von ein paar Monaten vor einem Container voller Hundebetten stehen, ist die Euphorie mindestens genauso groß wie die Panik. »Ein 40 Fuß langer Container«, erinnert sich Nele. »Und kein Lager weit und breit. Wir waren ziemlich blauäugig.«

Good bye, China

Doch Lagerungsprobleme erweisen sich im Laufe der Zeit als lächerlich klein. Nach einem erfolgreichen Markteinstieg und guter Anfangsresonanz muss das junge Unternehmerpaar schnell das Sortiment erweitern. »Ein Produkt in zwei Farben und drei Größen stellt die Kunden nicht zufrieden«, erklärt die 37-Jährige. »Wir mussten zügig mehr Auswahl bieten«. Doch am Erfolg will man in China ordentlich partizipieren, ganz egal, was im Vertrag steht. »Das war eine never ending story«, erzählt die gebürtige Kielerin. »Erst wurden die Einkaufspreise angezogen, dann die Lagergebühr. Später war alles an Zusatzbedingungen geknüpft: Wenn wir das eine kauften, mussten wir was anderes auch noch nehmen. Das hat mich zunehmend gestört«.

Der Wendepunkt kommt für Sleepy Dog aber erst zusammen mit einem Container voller fehlerhafter Ware. »Wir mussten all die schlecht vernähten Betten bezahlen. Ein Riesenverlust.« 2008 trennt sich das Ehepaar von ihrem chinesischen Geschäftspartner und steht vor der Entscheidung, alles einzustampfen oder das Konzept zu verändern. Eine Entscheidungshilfe kommt aus einer unerwarteten Richtung: Nele bekommt ihr erstes Baby, mit dem sich auch ihr Weltbild dramatisch verändert. »Ich habe alles in meinem Leben umgekrempelt und bin auf umweltfreundliche Produkte umgestiegen: bei Ernährung, Bekleidung, beim Auto. Das ganze Bewusstsein ist plötzlich wie neu geschaffen«, lächelt Nele. Die Erleuchtung lässt nicht lange auf sich warten: Bei so viel Veränderung im Privaten, fühlen sich die jungen Eltern auch bei ihrem bisherigen Produkt nicht wohl. »Richtig gute Qualität ist auch in China sehr teuer«, konstatiert Nele. »Asien ist nur dann eine Option, wenn man in Masse produziert. Dann kann man auch am Preis etwas machen.« Ihre Suche beginnt aufs Neue.

1,5 Jahre Materialfindung

Ein Zufall kam dem Unternehmerpaar zu Hilfe: Aus einem flüchtigen Kontakt zu einem deutschen Händler entwickelte sich eine feste Partnerschaft. »Wir haben viel Dusel gehabt. Ein Händler aus dem orthopädischen und textilen Bereich hatte die richtigen Maschinen, fand unsere Idee spannend und wollte unser junges Unternehmen unterstützen«, erzählt Nele. Auf die

Gespräche folgten aber erst 1,5 Jahre, in denen wir mit verschiedenen Materialien experimentiert haben. »Kunstleder ist an sich schon schwierig in der Herstellung und Verarbeitung und wir hatten ja noch besondere Ansprüche. Es hat ewig gedauert, bis wir endlich in Taiwan einen Anbieter für Kunstleder ausfindig machten, das unseren Erwartungen entsprach: reißfest, feuerfest, geruchsneutral, schadstofffrei. Unser Kunstleder wird nach europäischen DIN-Standards produziert und ausgiebig getestet«, betont Nele. 2010 verließen die ersten neuen Modelle von Sleepy Dog die Manufaktur. »Durch die höheren Herstellungs- und Lagerungskosten in Deutschland haben wir massiv von der Marge abgeben müssen, bieten aber ein Produkt an, von dem wir 100 Prozent überzeugt sind. Im Verhältnis zu der Konkurrenz sind wir aber nur ein kleiner Fisch«, meint die mittlerweile vier-

»Sleepy Dog« macht Betten für allergische Hunde

fache Mutter.»Dem Kunden ist das ›made in Germany‹ nicht mehr so wichtig. Er googelt nach einem Hundebett aus Kunstleder und kauft in der Regel das billigste Produkt.«

Zwischen Ökologie und Ökonomie
Der Naturkautschuk kommt aus einem indischen Bio-Anbau und ist fair gehandelt. Das Besondere an der Füllung ist aber ihre ursprüngliche Bestimmung: Es ist ein Upcycling-Produkt aus der Matratzenproduktion in verschiedenen europäischen Ländern, darunter auch in Deutschland. Da Naturlatex-Matratzen ein sehr hohes Eigengewicht haben, entlastet man sie durch eine Stiftbohrung. Und die übrig gebliebenen Kautschuk-Stifte landen – zu Flocken zerkleinert – statt im Müll in den Hundebetten von Sleepy Dog. Auch die Donuts, das Bestseller-Produkt beim »Schläfrigen Hund«, setzen auf Verwertung statt Verschwendung: Hier bedient sich das Unternehmer-Duo geshredderter Textilreste. Doch längst nicht alles ist bei der Marke 100 Prozent umweltfreundlich.»Ökologisch müssen wir Abstriche machen«, gibt die Geschäftsführerin unumwunden zu.»Bei gewissen Materialien stoßen wir ganz einfach auf unsere Grenzen«. So hat Fleece wärmeisolierende Eigenschaften und ist angenehm leicht, verliert aber bei jedem Waschgang kleine Faser-Partikel, wodurch unter Umständen Mikroplastik in das Grundwasser und den Boden gelangt. Kunstleder ist wunderbar hygienisch, Polyester schmutzabweisend und Neopren hält Feuchtigkeit fern, allesamt greifen sie aber in ihrem Ursprung auf die endliche Ressource Erdöl zurück.»Es bleibt immer ein Balanceakt zwischen Umweltschutz und Funktion, eine Abwägung zwischen dem, was ökologisch vertretbar ist, und dem, was der Kunde bereit ist zu kaufen«, erklärt Nele. Da nur wenige Kunden auf Nachhaltigkeit und faire Arbeitsbedingungen setzen, bleiben die Hundebetten von Nele und Jonas wohl für immer ein Nischenprodukt. Aber eins mit hohem Sympathie-Reservoir und optimalen Eigenschaften für allergische Hunde.

Hundenerd:
Wie ein guter Turnschuh

Ein Hundegeschirr, das mit Druck fertig wird

Wenn sich eine Künstlerin, ein Tier-Osteopath und ein Ingenieur zusammentun, muss etwas Außergewöhnliches entstehen. Etwas mit Schwung. Und Seele. Und Sachverstand. So ist nach 2,5 Jahren intensiver Entwicklungsarbeit das Geschirr der Marke Hundenerd entwickelt worden. Es soll den Druck, der beim Ziehen entsteht, gleichmäßig verteilen, dem Hund volle Bewegungsfreiheit garantieren und sich seinem Körper anpassen. Der ökologische Mehrwert bleibt wie fast immer im Verborgenen: Die Halsung hat einen hohen Anteil an Naturfasern, ist sehr langlebig und wird zu 100 Prozent in Deutschland produziert. Das mehrfarbige Gurtband geht in Wuppertal vom Fließband und das Geschirr erhält in Thüringen seine finale Form. »Bei meinen Produkten geht es in erster Linie um den Hund, er muss sich damit wohl fühlen«, sagt Pedi Matthies, Künstlerin und Gründerin von Hundenerd. »Das Geschirr ist der erste Kommunikationspunkt mit dem Hund. Die Kommunikation soll schützend und führend sein und nicht einengend und nervend. Das Geschirr muss wie ein guter Turnschuh funktionieren.«

///

Wenn Physik auf Design trifft
Um den größtmöglichen Komfort zu erreichen, hat sich das Entwickler-Trio eine anatomisch ausgeklügelte Form einfallen lassen. Eine stabile, mit zwei Steckschließen und einem Haltegriff ausgestattete Rückenplatte findet ihren Platz direkt hinter dem Widerrist. Sie führt die diagonal verlaufenden Brust- und Rückengurte zusammen. Den breitesten Teil des Brustbeins, den sogenannten Manubrium sterni, umhüllt ein gepolstertes Brust-Dreieck, das durch einen flexiblen, gummierten Gurt mit der Bauchpolsterung ver-

bunden ist. Durch den Gummi-Einsatz am Bauchgurt passt sich das Geschirr den Bewegungen des Hundes an und hängt beim gesenkten Kopf nicht durch. Das breite, weiche Bauchteil sitzt über den letzten verbundenen Rippen und bietet eine Brücke für ein Zusatzband, das sich auf den hinteren Rücken stützt und mit einem ovalen Polsterkissen ausgestattet ist. »Mit dem zusätzlichen Band hinten habe ich das weit verbreitete Problem ausgehebelt, dass das Geschirr nach vorne rutscht«, erklärt Pedi Matthies. »Der Druck wird im Brustbereich aufgefangen und gleichmäßig auf Rücken und Rippen verteilt.« Die Vier-Gurte-Konstruktion mit Stützen und Schnallen sieht auf den ersten Blick zwar etwas kompliziert aus, muss aber nur einmal eingestellt werden und passt sich dann dem Hundekörper widerstandslos und flexibel an.

Mehrere Verstellmöglichkeiten

Die Arbeit geht weiter
»Ich bin mit Hunden aufgewachsen: Habe mit den Schäferhunden meines Vaters laufen gelernt und meine Kindheit mit einem Pudel geteilt. Aber erst, als ich nach einem Geschirr für meinen ersten eigenen Hund gesucht habe, wurde mir klar, dass es beim Thema ›Hund anleinen‹ einige Defizite gab«, erzählt die gebürtige Konstanzerin. »Viele der Geschirre, die ich ausprobiert habe, waren richtig unbequem und haben den Hund beim Tragen gestresst: die Gurte scheuerten an den Achseln, die Steckverschlüsse klapperten an den Rippen, die Gurte saugten sich beim Regen voll mit Wasser.« Aus diesem Defizit ist die Idee für Hundenerd entstanden. Heute gibt es die verstellbaren Halsungen in drei Größen, aber in nur einer farblichen Ausführung. »Schwarz als Grundfarbe ist nie verkehrt«, erläutert Pedi Matthies ihre Entscheidung. »Und Beige passt zu allen möglichen Fellfarben und auch zu möglichst vielen Farben der Leinen.« Mit den vielen, aber gedeckten Farben ist der Gurt optisch nicht langweilig, aber auch nicht quietschig. Eingewebte Reflektorfäden garantieren gute Sichtbarkeit im urbanen Raum. Durch sechs Verstell-Möglichkeiten lässt sich das Geschirr auf jeden Hund anpassen. Eine Bulldogge von 18 Kilogramm trägt dann aber eher ein S. Einem Borsoi, der genauso viel wiegt, wird ein M besser passen. Das schlichte, schwarze Strichlogo von Hundenerd schmückt heute nicht nur Geschirre, sondern auch Leinen und Halsbänder. Das Nähgarn, das in dem Gurtband verwendet wird, ist Öko-Tex-Standard zertifiziert. Nur das finale Gurtband hat noch kein solches Zertifikat. Das Eintragen stellt eine echte Investition dar«, so die 48-Jährige. »Wir arbeiten aber daran, ein 100 Prozent ökologisches Produkt herzustellen.«

www.hundenerd.de

Treusinn: Aus Sehnsucht nach schönen Sachen

Wie ein althochdeutscher Begriff die moderne Hundeszene erobert

Vor vielen, vielen Jahren gehörte das Wort »Treusinn« noch zum allgemeinen Sprachgebrauch und bedeutete so viel wie »Sinn für Redlichkeit und Treue«. Treusinnig waren also rechtschaffene, prinzipientreue Menschen. Bemüht man den Duden heute, findet man keinen Eintrag mehr. Simone Rosner, die Gründerin von Treusinn, hat das Wort gewissermaßen wiederbelebt. »Für meine Marke wollte ich unbedingt ein deutsches Wort, das Bezug zu Tier und Wertigkeit hat. Treusinn verschwand irgendwann mal aus dem Sprachgebrauch. Jetzt ist es halt mein Wort und steht für Haustierbedarf aus nachhaltiger Manufaktur.«

Zwölf Manufakturen in ganz Deutschland

Es sind gleich zwölf Manufakturen in ganz Deutschland, die das Hundezubehör für die Marke herstellen. Manche verarbeiten Holz, andere Textilien, Seile oder Keramik. An den Geräten und Maschinen sitzen Menschen mit Behinderungen – Simone Rosner lässt ihre Produkte ausschließlich in sozialen Werkstätten produzieren. »Von Anfang an wollte ich soziales Engagement in die Herstellung von Hundezubehör einfließen lassen. Dass die Zusammenarbeit mit solchen Manufakturen sehr speziell ist und eine gute Organisation erfordert, habe ich erst lernen müssen«, erzählt die ehemalige TV-Autorin und Regisseurin.

Simone Rosner

Back-up-Werkstätten für bessere Planung
Die Menschen, die in den Einrichtungen arbeiten, gelten arbeitsrechtlich als Rehabilitanden und nicht als Angestellte. In der Regel arbeiten sie nur wenige Stunden pro Tag und sind nicht sehr belastbar. Sie haben also kein Arbeitsverhältnis, kein Arbeitspensum und auch keinen Zeitdruck. »Sie kommen, weil sie es einfach gerne tun, können aber jederzeit wieder gehen. Am Anfang war das für mich eine große Herausforderung, die mich manchmal bis an meine Grenzen brachte. Eine Lieferung kann eben 8 Wochen oder 1,5 Jahre dauern. Mit der Zeit habe ich gelernt, dass es nicht zack, zack geht, und weiß, wann ich ein Produkt bestellen muss, damit es auch rechtzeitig da ist. Bis auf ein paar Ausnahmen habe ich außerdem zwei Werkstätten pro Produkt, falls eine ausfällt.« Die größte Herausforderung bleibt dann noch,

dass alle Sachen gleich aussehen, obwohl sie von sehr unterschiedlichen Menschen gemacht werden. Kleine Unterschiede im Gesichtsausdruck der Kuschelspielzeuge sind allerdings ziemlich charmant und bekräftigen den Wert des Handgemachten. Das Fleece-Monster »Vladimir« schielt manchmal verschmitzter als sonst und die Frottee-Katze »Mieze« schaut eben gelegentlich baff statt neugierig. Je nach Gemütszustand ihrer Erzeuger.

Soziale, wirtschaftliche und ökologische Nachhaltigkeit

Neben dem sozialen Engagement schreibt sich Treusinn auch wirtschaftliche und umweltbezogene Nachhaltigkeit auf die Fahnen. »Eine nachhaltige Entwicklung kann nur durch das gleichzeitige und gleichberechtigte Umsetzen von umweltbezogenen, wirtschaftlichen und sozialen Zielen erreicht werden. Die drei Aspekte bedingen sich dabei gegenseitig«, erklärt Simone Rosner. »Alle unsere Produkte sind sozial und wirtschaftlich nachhaltig. Und viele auch umweltbezogen nachhaltig, entweder durch eine hohe Qualität und Langlebigkeit oder durch die Nutzung natürlicher und lokaler Rohstoffe und Materialien.« Wo nur möglich, verarbeitet Treusinn nachwachsende Rohstoffe wie regionales, FSC zertifiziertes Eichenholz für die Napfständer, deutschen Wollfilz für die Schlüsselanhänger oder Westerwälder Steinzeugton für die Futternäpfe, die vom Material bis zur Glasur lebensmittelecht sind. Für Holzoberflächen nutzt Simone Rosner ausschließlich Naturöle und verzichtet auf Lacke.

Ich muss mich am Markt richtig durchsetzen

Auf die Idee für ein hochwertiges Hundezubehör, hergestellt in Sozialeinrichtungen, kam die Schwäbin bereits 2011. Getrieben von der Sehnsucht nach schönen und sinnvollen Sachen und danach, der Gesellschaft etwas zurückzugeben. Ein Handwerk hat sie nie gelernt. Stattdessen hat sie sich jahrelang in der schnelllebigen TV-Redaktionswelt zurechtgefunden. »Ich habe mich schon lange nach irgendetwas gesehnt, was ausgleichender ist«. Für den Traum von stil- und sinnvollen Hundesachen hat die Wahl-Münchnerin schließlich ihren finanziell attraktiven Job aufgegeben und gegen ein unsicheres Gewässer getauscht. »Am Anfang war alles sehr schwierig«, sagt Simone Rosner. »Jetzt ist es richtig gut geworden, auch wenn ich mich als Einzelkämpferin mit so viel Anspruch an Qualität auf dem Markt richtig durchsetzen muss. Das Potenzial von hochpreisigen Produkten ist aber auf jeden Fall da und die Zahl der Kunden, die Wert auf nachhaltigen Lebensstil setzen und Handarbeit schätzen, steigt«. Perfekte Voraussetzungen für die Marke, die den meisten Umsatz mit den Hundespielzeugen und Keramiknäpfen macht. Reich werden möchte Simone Rosner damit aber nicht, nur gut leben können. »Wenn es mir in erster Linie ums Geld ginge, müsste ich meine Ansprüche runterschrauben und gegebenenfalls im Ausland produzieren«, erklärt sie. »Mit meinem Konzept verschenke ich Umsatz, ganz klar. Die Arbeit macht mich aber glücklich und bringt trotzdem Geld. Das ist wohl der Traum von jedem. Und ich mache etwas, wozu ich 100 Prozent stehe.«

! www.treusinn.de

Hanf für Hunde!

Robustes Seilspielzeug von Betty Woof

Seit knapp zwei Jahren verkauft Betty Woof Raketen, Schraubenzieher oder Galgen. Durch die virtuellen Regale der Firma stöbern allerdings weder handwerklich begabte Henker noch pensionierte Militärs. Betty Woof's Kunden sind Hundehalter, die Wert auf natürliches, unbedenkliches, chemiefreies Hundezubehör legen. Und die etwas martialisch klingenden Namen stehen für robustes Seilspielzeug aus Bio-Hanf – und den Sinn für Humor der Firmengründerin. Diese heißt Elli Panagopoulos Zocco, lebt in Zürich und versucht mit ihrem 2015 gegründeten Unternehmen die Schweizer Hundebranche zu revolutionieren. »Ich würde mir wünschen, dass mein Hanfseil DAS Ökospielzeug in der Schweiz wird, vor allem für Welpen und Junghunde«, schwärmt die 29-Jährige.

///

Von Natur aus bio

Die Schnur für die Knotenseile, Wurfbälle oder Zergel kommt aus einer Schweizer Seilerei und fühlt sich erstaunlich weich und glatt an, nicht zu vergleichen mit den sonst borstig-rauen, ausfransenden Hanfprodukten, die oft auf dem Markt erhältlich sind. »Ich habe unzählige Seile ausprobiert, bis ich das richtige fand«, erklärt Elli. »Der Biohanf, den ich verwende, ist nicht nur umweltfreundlich, sondern auch frei von jeglichen Chemikalien oder Pestiziden.« Das liegt in der Natur der Sache, beim Anbau von Hanf werden nämlich grundsätzlich keine Herbizide oder Pestizide benötigt. Die Pflanze ist äußerst schädlingsresistent, pflegeleicht und schnellwüchsig: Bereits nach wenigen Tagen beschattet sie den Boden vollständig und raubt dem Unkraut so das nötige Licht. Hanf ist also gewissermaßen von Natur aus »bio« – das hat sich Elli Panagopoulos Zocco für ihr Hundezubehör sinnvoll zunutze gemacht.

Holzkisten für Hundespielzeug

Betty testet mit

Bis die sieben Seilspielzeuge, die der Online-Shop anbietet, die heutige Form erreicht hatten, hat die Gründerin Hunderte von Knoten geflochten und wieder gelöst. Auch die Vierer-Affenfaust, die sich zum Spielen für mehrere Hunde eignet, hat schon eine Fehlentwicklung hinter sich. »Einer der Knoten hat sich früher beim Ziehen plötzlich nach innen verschoben«, erzählt Elli. »Zum Glück teste ich das Spielzeug gründlich«. Als engagierte Produkttesterin steht ihr Betty zur Seite, eine 3-jährige Mini American Shepherd-Hündin, die auch Namensgeberin für die Marke war.

Heute ist die Vierer-Affenfaust ein Bestseller und eins von zwölf Produkten im Betty-Woof-Sortiment. Umweltbewusste Kunden finden dort auch mit Sand oder Hanffasern gefüllte Stoffdummys, Kuschelspielzeug, eigens gezeichnete Poster und Grußkarten mit Hundemotiven, Geschenkpapier sowie wunderschön geformte Holzkisten, die innen mit umweltfreundlicher Kontrastfarbe und außen mit Bio-Pflanzenfett behandelt werden. Die aus 14 gleichseitigen Dreiecken bestehenden Birke-Boxen entstehen in einer lokalen Schreinerei und können Hundespielzeug oder anderen Gegenständen Obdach geben. Alle Artikel bei Betty Woof werden von der Gründerin selbst, ihren Familienangehörigen oder Menschen mit Behinderungen gefertigt: Auf diese Weise will Elli Panagopoulos Zocco nicht nur ein umweltfreundliches, sondern auch soziales Unternehmen aufbauen.

wwww.bettywoof.com

Quadratisch, praktisch, Hund
Darling Little Place: Inneneinrichtung von
Hunden mitentwickelt

Architekten haben Ansprüche an Design. Und wenn sie Hunde halten, gilt der ästhetische Anspruch auch dem Hundezubehör. So entstand jedenfalls die Idee für Darling Little Place: Weil eine Architektin etwas Schönes für Mensch und Hund suchte, aber nicht fand. Also machte sie sich selbst an die Arbeit und kreierte ein hochwertiges und artgerechtes Hundebett, das perfekt in die Wohnung passte. Die Architektin heißt Constanze Frank und ist eine der beiden Gründerinnen und der kreative Kopf. Ihre Tochter, Vanessa Frank, hat einen Masterabschluss in Leadership mit Schwerpunkt auf nachhaltiger Unternehmensführung und die Geschäftsführung inne, nennt sich aber selbst recht bodenständig »Mädchen für alles«.

///

Ein Konzept-Bett

Das Konzept von Darling Little Place – zu Deutsch »Lieblingsplatz« – macht formschöne und strapazierfähige Kissen für Menschen und Haustiere aus, die optisch aufeinander abgestimmt sind. »Der Hund ist Partner und Familienmitglied«, erklärt Vanessa. »Sein Schlaf- und Ruheplatz sollte doch genauso schön und durchdacht sein wie unserer. Zusammen mit den Sofakissen für den Menschen fügt sich das Hundebett perfekt in die Inneneinrichtung ein«. Auf das XL-Kissen – das größte der vier angebotenen Formate – passt auch die Irische Wolfshündin Velvet, die der größten Hunderasse der Welt angehört und die beiden Gründerinnen durchs Leben begleitet. Die überdimensionalen, 135 x 135 Zentimeter großen Kuschelplätze zählen zu den Besonderheiten der Firma. Auch die quadratische Form ist ein Markenzeichen der baden-württembergischen Marke: Egal, ob der Hund auf dem

Rücken, auf der Seite oder auf dem Bauch liegt, findet er ausgestreckt genug Platz, ohne durch einen Rand eingeengt zu werden.

Reiches Innenleben

Und wenn der Hund zu den »Wühlmäusen« gehört, die sich ihren Schlafplatz erst einmal graben müssen, bevor sie die optimale Position finden, kann er auf dem Kissen von Darling Little Place seiner Buddel-Leidenschaft frönen. Das patentierte Innenleben besteht nämlich aus zwei Modulen: einer festen Matratze unten und einem bauschigen Kuschelkissen oben. An allen Ecken sind die beiden Schichten mit einer Baumwollschnur verbunden. Die gesteppte Matratze garantiert eine stabile Unterlage und schützt vor Druckstellen. Das getrennte Kuschelkissen mit einzelnen Flocken obendrauf sorgt für weiche Gemütlichkeit und macht das »Nestbauen«, also Wühlen, Kratzen und Zurechtrücken möglich. Das Konzept haben wir der Natur ab-

Platz auch für die Riesen unter den Hunden

geschaut, ähnlich einer Kuhle aus Blättern im Wald«, erklärt die 29-Jährige. Die Füllung der Kissen ist zwar weniger natürlich als Laubblätter, aber trotzdem sinnvoll, besteht nämlich zu 90 Prozent aus recycelten PET-Flaschen, in einer Hülle aus ungebleichter Naturbaumwolle. »Für unsere Prototypen hatten wir sämtliche Naturfasern getestet, bei Dauerbeanspruchung ließen sie aber in der Qualität deutlich nach. Die Hohlfaser aus recycelten PET-Flaschen ist bereits mit ÖKO-TEX zertifiziert und hat den Vorteil, dass die Kissen nach dem Waschen wieder aufbauschen. Sie sind auch für Allergiker geeignet.« Das junge Unternehmen fertigt in deutschen Manufakturen: Zum großen Teil wird jedes Kissen in Handarbeit hergestellt.

Gegen »Billig – will ich«
»Unsere Hauptaufgabe ist es zu vermitteln, wie genial das Innenleben ist«, so Vanessa Frank. Mit ihren gehobenen Preisen können die unsichtbaren Innenwerte in der Tat eine Hürde darstellen: Der Kunde muss sich mit dem Konzept erst einmal beschäftigen, um den Preis der Kissen richtig einschätzen zu können. Doch das gehört zum Konzept: Vanessa Frank will bewusst ein Zeichen gegen die »Geiz ist geil«-Mentalität setzen. Das Zielpublikum von Darling Little Place sind bewusste und anspruchsvolle Konsumenten.

www.darlinglittleplace.de

Unique Dog: Stil mit Sinn
Ökologisches Zubehör für Haustier und Halter

Nur wenige wissen, dass ich neben dem Schreiben auch fürs Schneidern brenne. Die Idee, nachhaltiges Zubehör für Haustier und Halter herzustellen, entstand 2013 als ich auf der Suche nach einer Hundedecke im Fachhandel nur Polyester-Produkte mit infantilem Pfötchen-Design vorgefunden habe. Da kam mir der Gedanke, es selbst herzustellen. Ich hatte damals einen übervollen Kleiderschrank, wusste nicht wohin mit den Sachen und war mir sicher, dass es vielen anderen Hundehaltern so geht. In meinem kleinen Atelier entstehen seitdem Betten und Decken, Leinen und Halsbänder, Spielzeuge und Futterbeutel sowie Mäntel und Pullis für Hunde. Katzenhalter finden in meinem Online-Shop handgehäkelte Körbe und Spielzeuge, gefüllt mit getrocknetem Baldrian oder Katzenminze. Mein Online-Angebot umfasst aber auch andere, ins Konzept passende Marken, die auf Nachhaltigkeit bauen.

SECOND HOUND: Unikate aus Rest- und Recycling-Stoffen

Zuerst gab es SECOND HOUND: Unikate aus Rest- und Recycling-Stoffen. Hochwertigen Kleidungsstücken und Gegenständen hauche ich neues Leben ein und kreiere daraus schöne und sinnvolle Hundesachen: Der Stoff ausrangierter Regenschirme landet in Futterbeuteln, Werbeplanen bekommen ihre zweite Chance als wasserdichte Gassitaschen und aus Jeanshosen entstehen robuste Leinen und Geschirre. Hundehalter können ihre eigenen Stoffe einschicken und daraus sehr persönliche und emotional behaftete Accessoires nähen lassen. Der Name SECOND HOUND soll natürlich die Assoziation mit »second hand« wecken, steht aber symbolisch für den «zweiten Hund", der durch eine Tierschutzspende unterstützt wird.

oben: Autoschondecke aus hochwertigen Stoff- und Kunstlederresten
rechts: Gym-Beutel aus Hanf-Denim

UNIQUE DOG: Produkte aus Bio-Stoffen

UNIQUE DOG, die jüngere der beiden Marken, setzt wiederum auf GOTS-zertifizierte Bio-Stoffe. Das Zubehör für Hunde, Katzen und Menschen entsteht in Serie und greift ausschließlich auf umweltfreundlich hergestellte Materialien aus deutschen und österreichischen Stoffmanufakturen zurück. Das GOTS-Zertifikat steht für einen Öko-Anbau ohne Pestizide, eine Produktion ohne giftige Farbstoffe und für faire Bedingungen in den Fabriken. Das »unique« im Namen spielt aber auch mit der Einzigartigkeit – meine Spezialität sind individuelle Kundenaufträge und Anfertigungen nach Maß.

Großer Traum im kleinen Rahmen

Mit meinen beiden Marken habe ich den Anspruch, die Umwelt zu entlasten und Ressourcen einzusparen. Deswegen verschicke ich alle Produkte ausschließlich in gebrauchten Kartons, die ich aus einem kleinen Bio-Laden in meinem Kiez bekomme. Für die Werbematerialien wähle ich Recycling-Papier, die Aufkleber sind vegan und auf Plastik-Tesafilm verzichte ich gänzlich. Greife ich zu gebrauchten Stoffen, um SECOND-HOUND-Produkte zu kreieren, werden sie zuvor mit Bio-Tensiden gewaschen. Zur Post fahre ich zu 95 Prozent mit meinem Drahtesel. Wird das Auftragsvolumen einmal größer, so dass mein Gepäckträgerkorb nicht ausreicht, kaufe ich ein Transportrad. Ein Bild, wie mein Gefährt aussehen wird, habe ich schon seit langem im Kopf. Zwei Prozent vom Umsatz und regelmäßige Sachspenden widme ich Tierschutzprojekten. Ich weiß aber, dass ich wohl für immer eine Nischenproduzentin bleibe. Dennoch möchte ich ein Zeichen für den Umweltschutz, für die Handarbeit und für kleine, engagierte Unternehmen setzen. Allen Billigprodukten, der allgegenwärtigen Schnäppchenmentalität und dem Wegwerfverhalten zum Trotz.

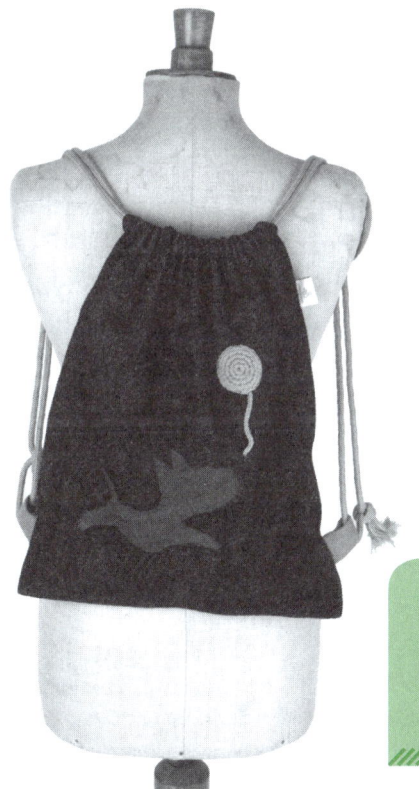

E-Shop: www.unique.dog

Hundeträume im Upcycling-Stil
Hundezubehör aus alten Sicherheitsgurten

Rote grün, blau, grau, hellbraun, allesamt fein säuberlich sortiert, in Schachteln verpackt, beschriftet, übereinander gestapelt und jederzeit griffbereit. Sicherheitsgurte sind der Stoff, aus dem Antonella Zaugg Hundeträume wahr werden lässt. Und nicht nur das. Denn das Material ist äußerst reißfest und damit auch für scharfe Hundezähne eine große Hürde. Schließlich besteht die ursprüngliche Aufgabe eines Sicherheitsgurtes darin, Auto-Insassen vor Verletzungen zu schützen. Um diese Anforderung bestmöglich erfüllen zu können, bestehen sie aus etwa 300 Fäden, die, miteinander verwoben, ein 46 bis 48 Millimeter breites und 1,2 Millimeter starkes Band ergeben. Diese textilen Eigenschaften macht sich die zweifache Mutter in ihrer kleinen Manufaktur zu nutze. Den Beweis legt Ämy auch gleich vor. Mit flatternden Ohren läuft die schwarze Mischlingshündin hinter dem geworfenen Spielzeug hinterher. Zupft ein wenig am leicht ausgefransten Eck und bringt es dann artig ihrem Frauchen. »Es ist nur ein Prototyp«, sagt die kreative Hundebesitzerin. Upcycling lautet das Zauberwort, auf das die Philosophie der Thurgauerin aufbaut.

///

Durchbeißsicher
In die Entwicklung hat Antonella Zaugg viel Zeit investiert. Dabei standen nicht die Spielis am Anfang ihrer Produktionsidee, sondern eine funktionale, strapazierfähige Hundeleine. Die Tierliebhaberin, deren Hunde alle aus dem Tierschutz stammen, weiß wie wichtig gerade in der Anfangszeit so ein praktisches Utensil ist. »Vor allem Angsthunde sollten in einer Schrecksekunde die Leine nicht so schnell durchbeißen können«, erzählt sie, die für ihre Ämy zwei Jahre brauchte, um sie richtig zu sozialisieren. Die Idee auf

dieses beständige Polyesterband zu setzen, stammt eigentlich von ihrem Sohn Samuel. »Er kam von einem Festival heim und erzählte beim Frühstück, dass sie wegen des starken Regens ein Auto aus dem Matsch schieben mussten.« Dabei hätte er dem Fahrer zugerufen, er solle sich anschnallen. Die Antwort, die daraufhin folgte, war dann die Initialzündung. Dieser rief nämlich zurück: »Ich hab keinen. Der wurde rausgeschnitten.«

Drei Millimeter Drahtseil
Noch am selben Tag setzte sie sich an ihre Bernina und nähte eine Hundeleine. »Das ging ganz schnell«, erinnert sie sich an die Anfänge zurück. Das Produkt sei zwar schön geworden, aber sonst hätte es alles andere als ihre hohen Erwartungen erfüllt. Es folgte ein Jahr der Produktentwicklung bevor sie überhaupt der Verkauf startete. Auch eine Zusammenarbeit mit dem Verein »CHWOLF« kam zustande. Umgesetzt werden sollte eine Leine, die sich auf für die Wölfe eignet. Das Team diskutiere, nähte, optimierte, diskutierte wieder, bis nach einem weiteren Jahr das bis heute zum meistbestellte und -gekaufte Produkt entstanden war.: »Die Hundeleine durchbeißsicher«. »Das ist sie, weil wir ein drei Millimeter dickes Drahtseil einarbeiten«, erklärt die Produktdesignerin und nimmt eine als Beispiel in

Unterm Dach hat sich Antonella Zaugg ein Atelier eingerichtet.

die Hand. »Sie liegt überraschend leicht in der Hand, gibt aber dennoch genügend Halt und Gripp«, setzt sie fort und legt die Leine zurück.

Kreative Autodidaktin

Gut 200 Meter Gurtmaterial vernäht Antonella Zaugg im Monat zu eben diesen Hundeleinen, aber auch zu Halsbändern, Leckerli-Apportier-Beuteln, Spielzeug, Bauchtaschen, Beuteln und vielem mehr. »Wir produzieren inzwischen 38 verschiedene Produkte«, ist die kreative Hundebesitzerin stolz auf das große Sortiment, dass es sowohl im Internet, aber auch bei ihr im Lädeli, an der Grubenackerstraße 3 in Bürglen/TG, zu kaufen gibt.

Manufaktur auf dem Dachboden

Unter dem Dach hat sie sich eine Produktionsstätte eingerichtet. Zwei Nähmaschinen, ein Bügelbrett und ein Zuschneide-Tisch. Antonella Zaugg muss beim Nähen nur noch nach hinten greifen. Auch die Fäden, Karabiner und sonstiges Zubehör ist ordentlich aufgereiht. Das verkürzt die Produktionszeiten, denn die Nachfrage in der noch jungen Manufaktur steigt stetig. Außerdem ist die Autodidaktin inzwischen so geübt, dass eine Leine in 65 Minuten fertiggestellt ist. Doch Schnelligkeit ist nicht ihr Ziel. »Ideen auszutüfteln, Farben zu kombinieren, die einzelnen Schritte der Produktion wahrzunehmen, das ist meine große Leidenschaft«, kommt sie ins Schwärmen. Gemeinsam mit ihrem Ehemann Markus verbringt sie mache Stunden auf dem heimeligen Dachboden. Der SBB-Bedienstete greift seiner Frau vor allem dort unter die Arme, wo eine starke Hand erforderlich ist. Und die Hunde: Die sorgen mit ihrem sanften, rhythmischen Schnarchen für den Sound, der letztlich die Phantasie wieder neu beflügelt. Apropos Vierbeiner: Für die gilt jetzt eine neue Gurtpflicht. Eine, der Frauchen und Herrchen ausgesprochen gerne nachkommen. Oder wer will schon gerne ein Gurtmuffel sein?

www.jana-shop.ch

Gastbeitrag von Marion Hofer

Wie Berlin-Kreuzberg

»FreiSchnauze« bietet kreative Handarbeit für Schweizer Hundehalter

Es ist wohl der kleinste Hundeladen der Welt: Auf 14 Quadratmetern, unscheinbar in ein ruhiges Wohnviertel am südwestlichen Stadtrand Basels eingebettet, bietet »Freischnauze« alles, was kreative Hundemenschen zum Spazieren, Schmücken oder Schlemmen brauchen. Der Name ist Programm: »Freischnauze bedeutet alles, was mir gefällt und Sinn macht«, erklärt Marina Hummel ihr Konzept. »Ich mache ein bisschen auf Berlin-Kreuzberg, nur nicht politisch«.

///

Individuelle Hundesachen kleiner Marken

Witzig, der Ruf der Kreuzberger Szene hallt also bis in die Schweiz? Der Vergleich ist jedenfalls sehr treffend und beschreibt das Sortiment von »FreiSchnauze« ziemlich genau. An der Wand hängen handgemachte, bunte Halsbänder, Regenmäntel und Anschauungsexemplare für Geschirre nach Maß. Zwischen den Drähten der Metallkörbchen lugt witziges Spielzeug hervor. In den Regalen stehen handbeschriebene Recyclingpapiertüten mit Kauartikeln. Für die Halter gibt es Geschenkartikel, Kissen mit Hundeportraits und Schlüsselanhänger, bedruckt mit unterschiedlichen Rassen. »Ich achte darauf, dass sich der Hund wohl fühlt und seine Würde respektiert wird. Einem Labrador oder Husky verkaufe ich keinen Mantel, weil sie das nicht brauchen. Ein Brautkleid für Chihuahua halte ich auch nicht für sinnvoll. Und Daunenjacken oder Pashmina-Pullis biete ich aus Tierschutzgründen nicht an«, zählt Marina ihre No-Gos auf.

Handgezeichnete Papiertüten mit Kauartikeln

Handmade für brave Bürger und nicht so brave Punker

Das Ambiente von »Freischnauze« bietet eine verquere Mischung aus gutbürgerlich und rockig-punkig: Neben selbst bestickten »I Love you«-Gassitaschen und Quietsche-Bällchen gibt es Knisterspielzeug in Totenkopf-Form, Totenkopf-Motive auf den Halsbändern oder Trinknäpfe, die mit auffälligen Kegelnieten besetzt sind. Manche sagen auch Killernieten dazu. »Ich biete Produkte, die ins Konzept passen und Schmunzeln ins Gesicht zaubern«, sagt die Eigentümerin. Ihre wilde Rocker-Punker-Vergangenheit, die sie ganz beiläufig erwähnt, merkt man der schmächtigen Rothaarigen nicht an. Heute, mit gerade 26 Jahren, ist sie im bodenständigeren Berufsleben angekommen und versucht ihren Traum zu realisieren. Die meisten Sachen für Hund und Halter näht sie selbst. »Meine Mutter ist Schaufensterdekorateurin und hat mir das Künstlerische mitgegeben«, erzählt Marina. »Den Rest, das Nähen habe ich mir durch Learning beim Doing beigebracht«.

www.freischnauze.ch

Ohne Chichi und Bling-Bling
Hundeladen für echte Hundskerle

Rosa-Schleifchen und Swarovski-Kristalle sucht man hier vergeblich. Der Name »hundskerle« ist nämlich Programm: Der Hundeladen im Herzen des Münchner Szene-Viertels Haidhausen führt Sachen für »ganze Hunde« und ihre kernigen Halter. Auf Chichi und Bling-Bling verzichtet Frauke Artz ganz bewusst. »Das Zubehör darf elegant, muss aber vor allem robust sein«, betont die Ladenbesitzerin und Frauchen von zwei Weimeranern. »Wir sind nicht die Rosa-Plüsch-Fraktion. Das scheint wohl eine Lücke am Markt zu sein.«

///

»Unsere Marken gibt es nicht bei Fressnapf«
Diese Lücke wusste die Wahl-Münchnerin gekonnt zu füllen. Angefangen hat sie 2006 mit einem Online-Shop. Fünf Jahre später eröffnete sie ein Geschäft in Vaterstetten. »Das Städtchen ist nett, aber mit 20.000 Einwohnern doch zu klein«, konstatiert Frauke Artz. So zogen »hundskerle« in die bayerische Hauptstadt, in die Rosenheimer Straße, verkehrsgünstig 150 Meter von einer S-Bahn-Station entfernt. In ihrem Portfolio hat Frauke Artz überwiegend kleine Marken und Manufakturen mit Maßanfertigung. »Wir nch men die Hersteller auf, die nicht bei den großen Ketten oder Discountern gelistet sind, arbeiten aber auch mit Einzelunternehmern zusammen, die Produkte unter unserem Label anfertigen«.

Nur regionales Hundefutter
Beim Futter bleibt Frauke Artz kompromisslos: Hungrige Leckermäule bekommen bei ihr nur gesunde Erzeugnisse regionaler Anbieter, darunter auch zwei vegane Marken. Das Futter mag sie am liebsten im Glas oder in Kunststoff-Folie, um den Abfall zu reduzieren. Die Kauartikel sind ausschließlich

Der Laden mit Futter-Bereich

luftgetrocknet, ohne jegliche Zusätze. »Die Sachen könnte man genauso gut auf dem Viktualienmarkt verkaufen«, sagt die Marketing-Fachfrau mit Überzeugung und meint damit den beliebten Feinschmecker-Markt in der Münchner Altstadt. Das Konzept stimmt.

! www.hundskerle.de

Das kommt in die Tüte
Kotbeutel: Zusammensetzung und ökologischer Abdruck

Auf dem Markt gibt es eine ganze Menge von Hüllen für Hundehinterlassenschaften: von herkömmlichen Kunststofftütchen aus Polyethylen (PE) über Recycling-Beutel bis hin zu Bio-Plastik oder Kartons. Die Meinungen über den Sinn und Unsinn der jeweiligen Lösungen gehen weit auseinander, doch keine der Optionen ist ökologisch 100 Prozent einwandfrei. Denn selbst wenn eine perfekte Kottüte hergestellt werden könnte, beispielsweise aus rein pflanzlichen Resten bestehend, nicht Erdöl-basiert und bereits bei 20–30 °C in freier Natur kompostierbar, würden die Herstellungskosten den Endpreis massiv in die Höhe treiben. Welche Tüten gibt es nun und wie groß ist ihr ökologischer Abdruck?

Polyethylen: Kottüte aus herkömmlichem Kunststoff
Die gewöhnliche und aufgrund der geringen Herstellungskosten auch die meist verbreitete Gassitüte besteht aus Polythylen (auch Polyethen oder PE). Die meisten Kommunen, die Kotbeutel kostenlos zur Verfügung stellen, entscheiden sich dafür – auch weil es die günstigste Variante im Fachhandel ist. Ausgangsmaterial für die Produktion von Polyethylen ist das Gas Ethen, das aus rohem Erdöl und Erdgas gewonnen wird. Die Kunststofftütchen greifen also auf eine endliche Ressource zu und sind biologisch nicht abbaubar. Sie tragen auch nicht unerheblich zu der globalen Plastiküberflutung bei: Von 10.000 Plastiktüten, die in Deutschland pro Minute (!) zum Einsatz kommen, entfallen knapp 4 Prozent auf die Gassi-Säckchen. Landen sie im Mülleimer, werden sie von den kommunalen Entsorgungsunternehmen verbrannt und erzeugen noch wertvolle Energie. Bleiben sie aber in der Landschaft liegen, überdauern die Beutel Jahrhunderte und verseuchen anschließend in Form von Mikroplastik den Boden und das Grundwasser.

Recycling-Tüte: Reduktion durch Wiederverwertung

Die Recycling-Tüte – also eine aus wiederverwertetem Plastik – verrottet ebenfalls nicht, verschwendet aber deutlich weniger Erdöl und minimiert die Emissionen. In der Regel bestehen solche Hundekotbeutel aus circa 70 bis 80 Prozent gebrauchtem Kunststoff und haben laut Deutscher Umwelthilfe eine verhältnismäßig gute Ökobilanz: Die CO_2-Ersparnis gegenüber dem PE-Neugranulat kann sogar über 70 Prozent betragen. Verwertung statt Verschwendung, heißt hier die Devise. Der Vorteil liegt auch bei der ausreichend großen Menge an Plastik-Abfall, der sich einigermaßen sinnvoll recyclen lässt. Dazu gehören PET-Trinkflaschen, Frischhaltefolien und anderer Kunststoff-Müll. Leider gibt es keine einheitliche Bezeichnung für die Recycling-Tüten, der Anteil des wiederverwerteten Kunststoffes kann also variieren.

Bio-Plastik: Schlechter als sein Ruf

Bio-Beutel lassen die Herzen vieler Hundehalter höher schlagen. Der Begriff Bioplastik ist allerdings nicht geschützt und ruft oft positivere Assoziationen hervor als er es verdient. »Bio« im Zusammenhang mit Kunststoff hat zwei Bedeutungen: den Ursprung des Produktes, dann heißt es biobasiert, oder seine spätere Entsorgung, optimalerweise durch Kompostierung. In dem Fall darf sich so eine Tüte »biologisch abbaubar« bzw. »kompostierbar« nennen. Eine besondere Kategorie von Bio-Plastik stellt die oxo-abbaubare Variante dar. Unabhängig von der Unterkategorie gibt es bei Bio-Plastik auch keine einheitliche Kennzeichnung des Materials: Die Hersteller haben freie Hand, mit ihrem grünen Image zu werben, und stehen in keinerlei Pflicht, die tatsächlich notwendigen Bedingungen für die Abbaubarkeit bzw. Kompostierbarkeit der Tüten zu nennen. »Es gibt nicht Biokunststoffe, sondern viele sehr unterschiedliche Materialien, daher sollte immer das spezifische Material für den tatsächlichen Einsatzzweck betrachtet werden. Wenn ich sicherstellen möchte, dass auch ein Hundekotbeutel nicht als Mikroplastik endet, sondern biologisch abgebaut werden kann, dann ist das mit mehreren der heute verfügbaren Biokunststoffe möglich«, sagt Arne Krämer, Initiator von Poop Map, einer Internetseite, auf der Menschen Fotos weggeworfener Gassibeutel hochladen können, und Geschäftsführer der Sustainable People GmbH. »Es gibt für Biokunststoffe sowohl Vorteile, z. B. Einsparung von Erdöl und CO_2 als auch Nachteile, z. B. stärkere Versauerung der Böden. Es kommt auf das jeweilige spezifische Material an.«

Biobasiert: Plastik aus nachwachsenden Rohstoffen

Die biobasierten Hundekottüten sind häufig auch nichts anderes als PE, entstehen aber teilweise oder vollständig aus nachwachsenden Rohstoffen, wie etwa Mais, Zuckerrohr, Weizen oder Kartoffeln. Hier handelt es sich also um eine pflanzliche Basis der Folie und die Schonung knapper Ressourcen wie Erdöl. Entgegen der weit verbreiteten Meinung ist leider nicht jede Plastiktüte aus nachwachsenden Rohstoffen auch biologisch abbaubar. Und nicht jedes biologisch abbaubare Tütchen wird aus nachwachsenden Rohstoffen hergestellt. »Biobasierte Beutel können genauso beständig sein wie die aus fossilen Rohstoffen und umgekehrt: Es gibt auch erdöl-basierte Taschen, die sich zersetzen können«, erläutert Gerhard Kotschik vom Umweltbundesamt. »Ob eine Tüte biologisch abbaubar ist oder nicht, entscheiden nicht ihre einzelnen Komponenten, sondern vielmehr deren Eigenschaften. Die biologische Abbaubarkeit ist ganz einfach durch die DIN-Norm EN 13432 geregelt, unabhängig davon, ob der Ausgangsstoff aus fossilen oder nachwachsenden Rohstoffen besteht«, ergänzt der Verpackungsexperte. Hier hat »bio« also nichts mit »ökologisch« zu tun: Bioplastik schont zwar fossile Bodenschätze, die Umwelt aber weniger als erhofft. Das Material benötigt viel Energie und viel Wasser für den Anbau der Rohstoffe und die Herstellung der Folie. Er ist auch schlechter recycelbar als herkömmlicher PE: Wird er zusammen entsorgt und recycelt, verschlechtert er leicht die Recycelbarkeit aller anderen Produkte.

Polymilchsäure: Kompostierbares / biologisch abbaubares Plastik

Die Polymilchsäure (PLA, Polylactic acid) wird aus Milchsäure produziert: Diese wiederum ist ein Produkt der Fermentation aus Zucker und Stärke durch Milchsäurebakterien. Die PLA ist ein klarer farbloser Thermoplast, der eine mittlere Sprödigkeit und gute mechanische Eigenschaften aufweist. Der Erweichungspunkt liegt bei etwa 60°C. Das Merkmal »kompostierbar« in der Bezeichnung solcher Bio-Folie bezieht sich also ausschließlich auf Industrieanlagen mit der Temperatur von mindestens 55°C. Laut der DIN-Norm EN 13432 gelten nur die Kunststoffe als kompostierbar, welche unter industriellen Bedingungen innerhalb von sechs Monaten zu 90 Prozent zerfallen. durch den Einfluss von Hitze, Feuchtigkeit, Sauerstoff und Bakterien oder Pilzen wird solche Folie dann zu Wasser, Kohlendioxid und Biomasse. Beim Kompost geht es also hauptsächlich um den Abbau pro Zeit. Kompostierbar können interessanterweise sowohl Kunststoffe aus pflanzlichen Bestandteilen als auch rohölbasierte Produkte. In der Regel bestehen die kompostierbaren Kotbeutel tatsächlich aus beiden Rohstoffen zu unterschiedlichen Anteilen.

Da die PLA ebenfalls auf Basis von Mais oder Zuckerrüben hergestellt wird, braucht sowohl der Anbau als auch die Herstellung verhältnismäßig viel Energie und Wasser. In Bezug auf die Ökobilanz im Vergleich zu normalem PE steht das Umweltbundesamt »der Produktgruppe der biologisch abbaubaren Kunststoffe auf Basis nachwachsender Rohstoffe« derzeit »zurückhaltend bis ablehnend gegenüber«. Insbesondere die langfristigen ökologischen Auswirkungen sind nämlich noch nicht abzusehen. Die Deutsche Umwelthilfe (DUH) bremst den Enthusiasmus über Bio-Plastik ebenfalls. »Aktuell ist es sinnvoller, die PLA zu verbrennen und die dabei entstehende Wärmeenergie zu nutzen«, erklärt der DUH-Experte Thomas Fischer. Zurzeit fehlt noch sowohl ein passendes Recycling-System als auch eine angemessene Kompostier-Technik auf Seiten der Entsorger, deswegen endet biologisch abbaubares Plastik meist in der Verbrennungsanlage, zusammen mit nicht-abbaubaren Stoffen.

Die Ausnahme: Oxo-biologisch abbaubares Plastik

Eine besondere Art von Bio-Plastik stellen die oxo-biologisch abbaubaren Tüten dar, die im Kern aus Erdölprodukten bestehen, bei der Herstellung aber mit den TDPA (Totally Degradable Plastic Additives) behandelt wurden. Diese chemischen Zusätze beschleunigen den Lebenszyklus der Folie, die dann unter der Sonne, Feuchtigkeit und mechanischem Druck schneller zerfällt, je nach Anteil der chemischen Verbindungen sogar innerhalb von 12 bis 24 Monaten. Laut Informationen des Europäischen Parlaments über Verpackungen und Verpackungsabfälle stellen die oxo-biologisch abbaubaren Tüten aber die ökologisch unattraktivste Variante in Bezug auf die Abbaubarkeit. »Im Falle dieser Kunststoffe werden herkömmlichen Kunststoffen »oxo-biologisch abbaubare« Zusatzstoffe, in der Regel Metallsalze, zugesetzt. Aufgrund der Oxidation dieser Zusatzstoffe zerfallen die Kunststoffe in kleine Partikel, die in der Umwelt verbleiben. Die Bezeichnung dieser Kunststoffe als »biologisch abbaubar« ist also irreführend. durch den Zerfall in kleine Partikel wird sichtbarer Abfall, beispielsweise in Form von Kunststofftüten, zu unsichtbarem Abfall in Form sekundärer Kunststoff-Mikropartikel. Dadurch wird das Abfallproblem nicht gelöst – die Umweltverschmutzung durch diese Kunststoffe wird sogar noch verstärkt. Aus diesem Grund sollten derartige Kunststoffe nicht für Kunststoffverpackungen verwendet werden.« Diesen Standpunkt teilt auch das Umweltbundesamt. »Wir stehen dem oxo-biologisch abbaubaren Kunststoff sehr kritisch gegenüber«, betont Gerhard Kotschik. »Die Bezeichnung ist irreführend und der Nutzen für die Umwelt gar keiner. Die Tüte wird zwar recht schnell unsichtbar, gelangt aber als Mikroplastik in den Boden«. Der Oxo-Beutel kann sogar noch größeren Schaden anrichten. »Gelangen die oxo-abbaubaren-Tüten in die gelbe Tonne, können sie tendenziell auch den Recycling-Prozess stören«, ergänzt Gerhard Kotschik.

Wasserlöslich: Die flüchtige Alternative

Die wasserlösliche Folie besteht aus Polivinylalkohol (PVOH): Es ist ein thermoplastischer Kunststoff, der durch Verseifung von Polyvinylacetat (PVAC) entsteht. Er liegt als weißes bis gelbliches Pulver vor. Natronlauge dient bei der Verseifung als Katalysator. Anschließend wird das Produkt getrocknet. Die wichtigste Eigenschaft der wasserlöslichen Folie liegt bereits in ihrem Namen: Im Kontakt mit kaltem oder warmem Wasser zerfällt der Kunststoff zu Kohlendioxid und Wasser, er löst sich also gewissermaßen vollständig auf. Der biologische Abbau von PVOH erfolgt in einem zweistufigen Prozess: Mikroorganismen wie Bakterien oder Pilze scheiden Enzyme aus, welche die Polymere zu kleineren Molekülteilchen abbauen. Die erzeugten wasserlöslichen Bruchstücke werden von den Zellen resorbiert und zu Kohlendioxid,

Wasser und Humus zersetzt. Laut Studien wird die PVOH-Folie in Klär- und Kompostieranlagen sowie im Erdreich abgebaut, solange die entsprechenden Mikroorganismen – derzeit sind 55 Arten bekannt – in der Umgebung vorkommen. Im Haushalt wird die Folie als Hülle für die Spülmaschinentabs verwendet, die man vor dem Gebrauch von ihrem transparenten Mantel nicht befreien muss. Hundehalter finden PVOH eben in den wasserlöslichen Varianten der Kottüten. Die größte Stärke des leicht zerfallenden Beutels ist gleichzeitig – jedenfalls im Falle von Hundehaltern – auch seine Schwäche: Ein flüssiges Ergebnis der Hundeverdauung zersetzt den Kunststoffbeutel binnen Sekunden. Für einen durchfallähnlichen Inhalt eignet sich die Gassitüte also keinesfalls und auch nicht für ein längeres Herumtragen von trockenen Darmerzeugnissen. Will man den so verpackten Kot in der Natur liegen lassen, belastet die PVO-Folie die Umwelt nicht, weil sie sich regelrecht verdünnisiert.

Plastikfrei: Eine Tüte aus Papier oder Karton
Eine Kottüte aus Papier hat zwei unbestrittene Vorteile. Sie ist biologisch abbaubar und greift nicht auf Erdöl zurück. Ohne wenn und aber. Allerdings ist die Herstellung der Beutel in geeigneter Papierstärke ebenfalls umweltbelastend und zwar sowohl in Bezug auf die Abholzung der Wälder oder die Züchtung von Monokulturen als auch wegen des enormen Wasserverbrauchs und der Verschmutzung durch den Chlor-Einsatz dabei. Im Vergleich mit einer Plastiktüte gewinnt ein Papierbeutel erst dann, wenn er sie mehrmals genutzt wird – was bei der Hundekot-Entsorgung ja nicht in Frage kommt. Papiertüten aus recyceltem Papier sind schon sinnvoller.

Die perfekte Tüte gibt es noch nicht
Die Qual der Wahl bei Gassibeuteln

Arne Krämer hat International Business und Marketing studiert und 2015 eine Abschlussarbeit zum Thema Umweltverschmutzung durch Hundekottüten geschrieben. Er ist auch Initiator von Poop Map, einer Webseite, auf der Menschen Fotos weggeworfener Gassibeutel hochladen können, deren Fundort anhand des GPS-Codes auf einer interaktiven Karte erscheint. Heute ist der 30-Jährige Geschäftsführer der Sustainable People GmbH, die biologisch abbaubare Beutel verkauft.

Du beschäftigst dich bereits seit mehreren Jahren mit dem Thema Kotbeutel. Woher die Leidenschaft?
Ich bin sehr naturverbunden und werde praktisch bei jeder Joggingrunde und jeder Angeltour mit herumliegenden Plastik-Hundekotbeuteln konfrontiert. Meine Leidenschaft gilt dem Erhalt der Natur. Mit der Stärkung des Problembewusstseins über die Poop Bag Map sowie dem Einsatz biologisch abbaubarer Hundekotbeutel, versuche ich meinen Beitrag dazu zu leisten.

Die Begriffe »Bioplastik«, »wasserlöslich« oder »nachwachsende Rohstoffe« klingen offenbar besser als sie sind. Ist »Bio-Plastik« bloß bewusste Irreführung seitens des Handels, um mehr Umsatz zu generieren?
Ein SUV mit bis zu 15,6 l Verbrauch und ein Kleinwagen mit 3 l sind beides Autos mit unterschiedlichem Materialverbrauch, Spritverbrauch und unterschiedlicher Leistung. Ähnlich ist es bei Biokunststoffen. Mit mehreren der heute verfügbaren Biokunststoffe ist es möglich, dass sie nicht als Mikroplastik enden, sondern biologisch abgebaut werden. Diese aus meiner Sicht entscheidende Kategorie für Hundekotbeutel wird oftmals nicht oder nur

unzureichend in den aufgestellten Öko-Bilanzen berücksichtigt. Es kommt immer auf das jeweilige spezifische Material an«.

Was empfiehlst du dem Hundehalter, angesichts der Tatsache, dass Bio-Plastik weder in die Natur noch in die Bio-Tonne gehört? Macht das überhaupt noch Sinn? Oder soll man – als verantwortungsvoller Hundehalter, der die Tütchen immer entsprechend entsorgt – eher zu herkömmlichen Kunststoffen bzw. zu Recycling-Tüten greifen?

Start des Vergleichstest: links zwei Bio-Tüten, rechts eine oxo-abbaubare Tüte

Eine Bio-Tüte nach 14 Wochen

Wenn zu 100 Prozent sichergestellt werden kann, dass nie auch nur ein einziger Beutel verloren geht, dann sind Rezyklat-Hundekotbeutel, also aus Altplastik hergestellt, durchaus ein empfehlenswertes Material. Zumindest solange wir Erdöl zur Energiegewinnung verbrennen.

Die schönsten Gassirunden haben aber eine Nähe zur Natur, in der Plastikmüll am wenigsten zu suchen hat und am schwierigsten wieder eingesammelt werden kann. Bei unseren Aufräumaktionen und der Poop Bag Map waren etwa 2/3 der Beutel gefüllt und somit nicht nur versehentlich aus der Hand gerutscht, sondern mit voller Absicht entsorgt. Die restlichen Beutel waren ungefüllt und teilweise noch gefaltet, sind also eher aus Versehen in die Umwelt gelangt. Bei allen Produkten, die vor allem in naturnahen Bereichen eingesetzt werden, würde ich biologisch abbaubaren Materialien ganz klar den Vorzug geben.

Ist die aktuelle Technik noch nicht ausgereift? Kommt die optimale Kottüte – die weder auf Erdöl-Reserven zurückgreift noch Mikroplastik im Boden und Grundwasser hinterlässt noch aus wertvollen Pflanzen besteht – in den nächsten Jahren?

Schon jetzt haben wir Biokunststoffe, die in unseren Tests schneller als Laubblätter abbauen und einen geringeren Wasserfußabdruck als beispielsweise Baumwolle haben. Doch es gibt noch jede Menge Verbesserungspotential. Bis 2020 erwarte ich, dass der Anteil nachwachsender Rohstoffe in Biokunststoffen deutlich erhöht wird und die Abbaugeschwindigkeit noch weiter beschleunigt werden kann. Zudem gibt es zahlreiche Bestrebungen, mehr und mehr Reststoffe z. B. aus Lignocellulose, organischen Abfällen oder CO_2 aus Industrieabgasen als Ausgangsmaterial einzusetzen. Daneben wird der Anteil der erneuerbaren Energien, die zur Produktion des Materials eingesetzt wird, steigen. Biokunststoffe sind noch nicht perfekt, doch in sensiblen Einsatzbereichen oder als Bio-Müllbeutel halte ich sie bereits für die beste Lösung.

www.poopmap.de
www.poop-bags.de

Der »Poop« mit Pepp
Pooplino macht Hundekotbeutel aus recycelten PET-Flaschen

Am Anfang war die Tretmiene. Und Daniel sah, dass es nicht gut war. Also schuf er Pooplino, ein Hundekotbeutel mit Mehrwert. Die Entstehungsgeschichte der recycelten Gassitüten dauerte keine sieben Tage, sondern vier Monate und war der äußerst komplizierten Entsorgungsproblematik geschuldet. Aber auch dem Anspruch, das leidige Häufchen-Thema lustiger aufzuziehen. Zum Vergnügen wird das Aufsammeln der hündischen Hinterlassenschaften durch die lustige Optik zwar immer noch nicht, die Aufmachung macht aber mehr Spaß. Die große Herausforderung lag allerdings gar nicht im Aussehen, sondern in der Zusammensetzung der Folie: Noch eine Plastiktüte, bloß schöner verpackt, wollte Daniel Oswald, Gründer von Pooplino, nicht produzieren.

///

Bio-Plastik kritisch

Oswalds Idee: Gefüllt und zugebunden, sollten die Tüten einfach im Bio-Müll entsorgt werden und später, im Laufe der Kompostierung, zerfallen. Eigentlich logisch. Wären da nicht die Entsorgungsunternehmen dazwischen, die Hundekot im Bio-Müll leider nicht erlauben und den, der dort trotzdem landet, aussortieren und verbrennen. »Mit den biologisch abbaubaren Beuteln würde ich die Erwartungen der Kunden nicht erfüllen können, das war mir schnell klar. Bio-Kunststoff löst bei vielen Menschen automatisch ein positives Bild im Kopf aus, es gibt aber sehr unterschiedliche Foliensorten, die nach dem Zersetzen auch Mikroplastik in der Erde hinterlassen«, erklärt der 46-Jährige. »Außerdem wären die pflanzlichen Ressourcen und die Energie, die für die Produktion solcher Bio-Folie nötig sind, umsonst verbraucht, wenn die Tüte am Ende doch noch nur in der Verbrennungsanlage landet«.

Zweite Chance für Gebrauchtgegenstände

Auf der Suche nach Alternativen stößt der Ideengeber von Pooplino auf Recycling-Granulat, das ihm – ökologisch gesehen – am sinnvollsten erscheint. Das Ergebnis seiner Bemühungen sind heute knallige, orangefarbene Beutel aus recycelten PET-Flaschen. »Durch unser Produkt werden weder Maisplantagen beansprucht noch kommt Lebensmittelverteuerung zustande. Wir verbrauchen auch kein Rohöl. Das ist ein Produkt aus Bestandteilen, die schon da sind und die andere weggeworfen haben: alte PET-Flaschen und andere ausgediente Kunststoffgegenstände. Wir geben vorhandenen Ressourcen eine zweite Chance«.

Kottüten aus recycelten PET-Flaschen in schicker Verpackung

Gebrauchtes Plastik bekommt bei »Pooplino« eine zweite Chance

Made in Germany

Die Pooplino-Produkte – im Moment vier unterschiedlich bedruckte Karton-Tuben und die Beutel selbst – entstehen ausschließlich in Deutschland. »China kommt für mich nicht in Frage, deswegen kann ich bisher auch noch keinen Recycling-Karton anbieten: Ich habe einfach keinen passenden Hersteller gefunden. Wenn man einen gewissen Nachhaltigkeitsanspruch hat, ist es extrem schwierig, akzeptable Preise zu bekommen.« Dafür ist der Tütenspender sehr stabil, langlebig und lässt sich leicht mit einer neuen Tütenrolle nachfüllen. Künftig sollen die Beutel auch in einer kleineren Rolle zur Verfügung stehen, die man leichter in einem transportablen Tüten-Spender unterbringt. Wenn sich ein deutscher oder europäischer Produzent findet.

www.pooplino.de

Tops & Flops

👍 Energie ist braun
Mehrere Länder generieren Energie aus Hundekot. In San Francisco werden Häufchen in biologisch abbaubaren Tüten in Biokonvertern durch Bazillen und Mikroorganismen in Methangas umgewandelt und zum Betrieb von Straßenlaternen verwendet. Im australischen Melbourn verwandelt ein Biogas-Generator der Firma »Poo Power!« Hundekot und anderen organischen Abfall in Energie. Das britische Startup Streetkleen sammelt Hundekot ein und lässt es in einem kleinen Bioreaktor vergären. Ergebnisse sind Dünger, Wärme und Methangas zur Verstromung. Das entstehende CO_2 soll mittels Algen weiter zu nutzbarer Biomasse umgesetzt werden.

👍 Hundebetten aus Kleidung
Die US-amerikanische Firma molly mutt produziert bunte Baumwoll-Bezüge für Hundebetten, die vom Halter mit ausrangierter Kleidung, Stoffresten, Handtüchern oder alter Bettwäsche gefüllt werden können. Das reduziert den textilen Abfall. www.mollymutt.com

👍 Hundesachen selber machen
Das Internetportal www.dogityourself.com bietet eine Community für kreative Bastler. Hundehalter bekommen dort kostenlose Nähanleitungen, Erklärvideos und Produkttests.

👍 Auf sicheren Pfoten
Das US-amerikanische Unternehmen Protex PAWZ bietet dünne, elastische, aber robuste, mehrmals einsetzbare und biologisch abbaubare Hundeschuhe aus Naturkautschuk. Die Schühchen aus unscheinbarem Stoff, aber in knalligen Farben schützen vor Kälte, Nässe, chemischen Stoffen und kommen ganz ohne Verschlüsse aus. www.pawzdogboots.com

👍 Das besondere Trinken

Hundenäpfe aus EM-Keramik bestehen aus Ton, der mehrere Monate mit effektiven Mikroorganismen fermentiert wurde. Beim Brennen sterben die Mikroorganismen, die Strukturen und Substanzen, die die effektiven Mikroorganismen gebildet haben, bleiben aber fest eingebrannt und waschen sich nicht aus. EM-Keramik verbessert die Wasserstruktur durch Clusterverkleinerung und prägt ähnlich wie in der Homöopathie positive EM-Information auf das Wasser. www.bio-bahnhof.de

👎 Nicht ganz öko

Die britische Marke BecoPets hat einen tollen Ansatz: Sie bietet robustes Hundezubehör auf pflanzlicher Basis. Leider lässt die Firma in China produzieren – das macht die Öko-Bilanz kaputt und trübt die Freude über unbedenkliches, biologisch abbaubares Spielzeug. Schließlich wird das aromatisch nach Vanille riechende Spielzeug billig produziert und dann tausende Kilometer lange per Schiff nach Europa transportiert.

👎 Pelziges Gefühl

Felldummys werden von den meisten Herstellern und E-Shops mit »Echt Pelz« oder »Full fur« beworben, kein einziger gibt aber die Herkunft des Felles an. Kommt das vielleicht aus einer der grausamen Pelzfarmen, wo verschiedene Tierarten auf kleinsten Raum nur für ihre Felle gezüchtet werden?

👎 Kostüme für Hunde

Ganz egal, ob Tüllrock, Löwenmähne oder Superman-Umhang – Kostüme für Hunde sind nicht artgerecht, entwürdigend und stressen den Hund. Oben drauf sind sie billig – meist in China – aus chemiebelasteten Stoffen produziert.

Billig? Will ich!

Mit einem Umsatz von 182 Millionen[46] Euro im Jahr 2016 hat der Bereich »Hundezubehör« im stationären Handel in Deutschland ein Plus von 6,4 Prozent verzeichnet. Nimmt man das Sortiment von Fressnapf – der größten Fachhandelskette für Tiernahrung und -zubehör in Europa – unter die Lupe, findet man fast ausschließlich billig produzierte Polyester-Massenware. Fressnapf betreibt in Deutschland 879 Märkte. Der Anteil gut sortierter kleiner Hundeläden mit regionalen Produkten ist nach wie vor verschwindend gering.

Tennisbälle ungeeignet

Auf der Suche nach billigem Hundespielzeug entdecken viele Halter ausrangierte Tennisbälle. Diese kriegt man bei Tennisvereinen sogar kostenlos, leider ist sowohl ihre Oberfläche als auch das Innenleben gefährlich für Hundezähne: Die raue Nylon-Wolle-Schicht wirkt wie ein Schmirgelpapier und schleift den Zahnschmelz nach und nach ab. Zerbeißt der Hund den Ball, nimmt er eine ganze Menge giftiger Chemikalien auf: Weichmacher, Farbstoffe und Stickstoff.

Anhang

»Dortmunder Appell«
für eine Wende in der Zucht zum Wohle der Hunde

Im Mutterland der Rassehundezucht Großbritannien hat das Jahr 2008 eine grundlegende Wende eingeleitet. Deren einziges Ziel ist, das Wohl und die Gesundheit der Hunde nunmehr konsequent und ohne Einschränkungen in den Mittelpunkt der Zucht zu stellen. Auch Österreich hat bereits Maßnahmen in diese Richtung ergriffen. Wir sehen auch für Deutschland die Notwendigkeit einer solchen Wende im Zuchtwesen. Die Unterzeichner sehen es als vorrangiges Ziel jedes Hundefreundes, sich für die Gesundheit und das Wohl unserer Hunde einzusetzen. Bisher wird in der Zucht aber viel zu wenig auf die Gesundheit der Hunde geachtet. Inzucht, Übertypisierungen, Erbkrankheiten bis hin zu Qualzuchtmerkmalen sind leider keine Seltenheit. Ganze Rassen können sich ohne aktive Hilfe des Menschen nicht mehr vermehren. Wir appellieren an die Verantwortlichen in den Zuchtvereinen und -verbänden, an die Züchter wie auch an die Hundehalter und Behörden, sich für eine nachhaltige Wende in der Zucht zugunsten des Wohles und der Gesundheit unserer Hunde einzusetzen!

///

Laufen, Atmen, Sehen

Mit diesen 3 Verben formuliert der größte Hundeverband der Welt, der britische »The Kennel Club«, seine Wende hin zu einer auf die Gesundheit der Hunde bedachten Zucht. Eigentlich sollte es eine Selbstverständlichkeit sein, dass elementare Funktionen des Lebens respektiert und gehütet werden. Gerade von den Züchtern unserer Hunde sollte erwartet werden, dass ohne Kompromiss die Gesundheit der Hunde respektiert und an die erste Stelle züchterischer Bemühungen gesetzt wird.

Keine Zucht nach Moden

Mit der Rassehundezucht haben sich bereits Standards etabliert, die als Grundlage anzusehen sind. Dennoch ist eine nicht vertretbare Entwicklung vorangeschritten, die durch hier angeführte Maßnahmen zu gesunden Hunden geführt werden soll. Das Exterieur der Hunde darf in keiner Weise das Atmen, Sehen, Laufen oder irgendein anderes natürliches Bedürfnis der Hunde beeinträchtigen. Es dürfen keine Beeinträchtigungen oder besondere Risiken hinsichtlich Gesundheit, insbesondere auch nicht Erbkrankheiten, oder hinsichtlich des Wohles der Hunde durch die besondere Betonung bestimmter Merkmale begünstigt werden. In diesem Sinne sind sämtliche Rassestandards zu überprüfen. Das Wohl und die Gesundheit der Hunde muss uneingeschränkt an erster Stelle stehen.

Nein zu Inzucht

Das Problem der Inzucht, Engzucht oder Linienzucht wird sehenden Auges in weiten Teilen der Rassehundezucht ignoriert oder verniedlicht. Dabei ist die Gefährlichkeit von Inzucht für das Risiko von Erbkrankheiten, für die Widerstandskraft, Vitalität und Lebenserwartung aller Säugetiere wissenschaftlich eindeutig geklärt. Inzucht ist als Tierquälerei anzusehen, die auf Dauer ganze Populationen erfasst. Für alle Rassen müssen Regeln aufgestellt werden, die in Zukunft genetische Vielfalt fördern und sichern. Hierzu ist eine Gendatenbank einzurichten. Deckrüden muss eine Beschränkung auferlegt werden. Künstliche genetische Schranken etwa wegen der Vereinszugehörigkeit oder Fellfarben sind abzubauen.

Für eine Neuausrichtung des Ausstellungswesens

Prämierungen dürfen nicht mehr nur oder vorrangig nach dem äußeren Erscheinungsbild vorgenommen werden. Kosmetische Manipulationen an den Hunden sind abzulehnen. Im Mittelpunkt der Prämierungen müssen das Wesen, die Gesundheit und die genetischen Vorzüge für die Population stehen, die es nachzuweisen gilt. Entsprechend sind Charakter und Ablauf von Ausstellungen zu ändern, sind die Richter auszubilden, anzuweisen und auszuwählen.

Der Tierschutz als aktives Recht auch in der Zucht
Das deutsche Tierschutzgesetz besagt zwar, dass keinem Tier Schmerz oder Leid zugefügt werden darf, aber die Realität der Hundezucht scheint dieses Gesetz zuweilen außer Kraft zu setzen. Es gibt Rassen, die sich fast nur noch per Kaiserschnitt oder andere Hilfen des Menschen reproduzieren können. Die gezielte Zucht mit Erbkrankheiten, Übertreibungen einzelner Merkmale wie Fell, Farben, Falten, Ohren, abfallende Rücken, Winkelungen der Hinterhand, extremer Zwergen- wie Riesenwuchs etc. führen zu enormem Leid bei den Hunden, ohne dass das Tierschutzrecht praktisch greift. Auch massive Schädigungen in der Sozialisation der Welpen etwa durch Hundehandel werden vom heutigen Recht nicht erfasst. Wir brauchen ein Tierschutzrecht, dass auch in der Praxis wirkt.

Hunde befähigen, ihre Aufgaben zu meistern
Die Ansprüche des Menschen an unsere Hunde sind in der heutigen Zeit sehr hoch gesteckt. Es bedarf eines neutralen Wesens des Hundes. Der Hund darf keine Eigeninitiative in Richtung Aggressionen gegen Menschen und/oder Artgenossen zeigen. Der Welpe soll bereits beim Züchter mit möglichst vielen Umweltreizen konfrontiert werden, um einen neutralen und wesensfesten Hund zu erhalten. Übermäßige Unsicherheit/Ängstlichkeit, vor allem auch bei Hündinnen durch Prägung auf die Welpen soll nicht toleriert werden. Der Mensch muss umfassend dafür Sorge tragen, dass die Welpen eine möglichst gute Sozialisation zur Befähigung ihrer anspruchsvollen Aufgaben erhalten.

Für eine neue Ethik der Zucht
Wir brauchen eine neue Ethik der Zucht, die konsequent an dem Wohl und der Gesundheit der Hunde orientiert ist und sie für ihr Leben in unserer Gesellschaft rüstet. Für die Zucht von Rassehunden bedarf es des Nachweises der Fachkunde der Einhaltung verbindlicher und transparenter Regeln sowie der Zulassung unabhängiger Kontrollen hierüber. Auf dieser Basis bedarf es einer staatlichen Zulassung zur Zucht und Veräußerung von Hunden. Züchterische Maßnahmen zulasten der Gesundheit der

Hunde sind zu sanktionieren. Wir brauchen ein unabhängiges Qualitätsmanagement der Zucht. Die Zucht unseres »besten Freundes« sollte uns mehr Fürsorge wert sein.

Dortmund im Juni 2009

Initiatoren und Ansprechpartner:
Christoph Jung, Sprecher Initiative Petwatch
info@petwatch.de

Heike Beuse, Sprecherin Qualitätsmanagement
Zucht Absolut-Hund GbR/VDHW
info@absolut-hund.de

Hundefutter-Lexikon
Die Zutaten aufgeschlüsselt

Algen: enthalten Kohlenhydrate und Proteine und liefern Mineralien und Vitamine, werden meist in getrockneter Form verwendet. Wegen des Jodgehalts sollten sie nur maßvoll verzehrt und bei Schilddrüsenüberfunktion gemieden werden.

Amaranth (E123): ein roter Farbstoff, der Lebensmittel einen appetitlichen Rotton verleiht. In Amerika ist E123 nicht als Lebensmittelfarbstoff zugelassen, weil der Verdacht besteht, dass er Pseudoallergien, Hautraktionen und Asthma auslösen kann.

Amaranth (Pflanze): ein glutenfreies Pseudogetreide mit leicht verwertbaren Nähr- und Vitalstoffen, eine der ältesten Kulturpflanzen der Welt.

Antioxidansien: auch Radikalfänger genannt, schützen den Körper vor freien Radikalen. Das sind Stoffwechselmoleküle, denen ein Elektron fehlt. Sie sind deshalb plus-geladen und haben eine so große Bindungstriebkraft, dass sie in Sekundenbruchteilen mit allem reagieren, womit sie in Berührung kommen. Wenn Moleküle aus den Körpergeweben dazu gezwungen werden, ihre Elektronen an freie Radikale abzutreten, erleiden ihre Zellen Schaden. Ein Antioxidans kann die Kettenreaktionen der freien Radikale unterbrechen: Bevor die freien Radikale ein Elektron aus einer Zellmembran oder von einem wichtigen Körperprotein an sich reißen, springen die Antioxidansien ein und geben dem freien Radikal eines ihrer Elektronen ab. Wenn ausreichend Antioxidansien vorhanden sind, bleiben die Körperzellen geschützt. Es gibt natürliche und künstliche Antioxidansien. Zitronensaft enthält Vitamin C, ein ausgezeichnetes Antioxidans. Antioxidansien sind u. a. auch in Muttermilch enthalten, wo sie als Radikalfänger zum Aufbau des Immunsystems beitragen. Lecithin gehört beispielsweise zur Gruppe der Antioxidansien (E 322).

Ascorbinsäure: ein synthetisches Äquivalent von Vitamin C, das allerdings nicht als komplettes Vitamin herzustellen ist. Ascorbinsäure ist die äußere

Schicht eines vollständigen Vitamin C-Komplexes. Im Futter häufig als natürliches Antioxidans eingesetzt.

Aspartam (E 951): synthetisch hergestellter Süßstoff, weniger energiereich und weniger schädlich für die Zahngesundheit als Zucker, vom Bundesinstitut für Risikobewertung als unbedenklich befunden. Dennoch steht gerade Aspartam immer wieder kontrovers im Mittelpunkt von Presse und wissenschaftlichen Studien, insbesondere wegen des bislang nicht eindeutig bestätigten Verdachts, krebserregend oder -begünstigend zu wirken.

Aspergillus: eine Gattung der Schlauchpilze, wird als Konservierungsmittel und Prebiotikum eingesetzt

BHA = Butylhydroxyanisol (E320): künstliches Antioxidans, in der menschlichen Nahrung bereits verboten

BHT = Butylhydroxytoluol (E321): künstliches Antioxidans. Beide Antioxidansien sind bedenklich, weil sie im Verdacht stehen, Allergien beim Hund auszulösen und organische Veränderungen hervorzurufen.

Bierhefe: ein hochwertiges Nebenprodukt der Bierherstellung, oft als Nahrungsergänzung angeboten, um Hunde im Fellwechsel zu unterstützen. Bierhefe enthält viel Vitamin B und Proteine.

Biotin: Vitamin H oder I, gehört eigentlich zur Gruppe der B-Vitamine (früher wurde es auch Vitamin B7 genannt). Gut für die Stärkung von Haut und Haar.

Carrageen (E 407): ein Verdickungs- und Geliermittel, das aus Rot-Algen gewonnen wird.

Calciumsorbat (E 203): ein Konservierungsmittel

Cholin: ein Bestandteil von Lecithin und gehört zur Gruppe der B-Vitamine. Ein Hund braucht Cholin in der Regel nicht, da sein Körper es selbst herstellen kann.

Blut und Blutmehl: gehören einerseits zu den »tierischen Nebenerzeugnissen«, sind aber hochwertige natürliche Lieferanten für Mineralien, ob in flüssiger oder getrockneter Form.

Brauner oder unpolierter Reis: pflanzlicher Faseranteil, in der Reismühle von seiner ungenießbaren Spelze – also der obersten Hülle befreit. Ohne gute Verwertbarkeit

Brewer's Rice: bleibt bei Bier- und Schnapsherstellung übrig und dient als nährstoffloser Ballaststoff
Calciferol: synthetisches Vitamin D
Calciumcarbonat: natürliches Calcium, auch als Kalk bezeichnet
Calciumpantothenat: synthetisches Vitamin B5
Calciumoxid: natürliche Calciumverbindung
Casein: Protein aus der Milch von Kühen. Kann Allergien auslösen.
Cerealien: von der römischen Göttin des Ackerbaus namens »Ceres« abgeleitet, klingt besser als es ist: In der Regel sind es nur Abfälle von der Müsliherstellung und dienen als Ballaststoffe von niedriger Qualität
Cellulose (Zellulose): pflanzliche Faser, die häufigste organische Substanz der Erde. Gras, Stängel oder Blätter bestehen zu einem Drittel aus Zellulose, sie macht Pflanzen reißfest und zäh. Zellulose ist ein Polysaccharid und besteht – ähnlich wie Stärke – aus Glukose-Resten, allerdings sind diese in der Zellulose anders miteinander verknüpft. Im Futter dient häufig als Bezeichnung für Erdnusshülsen und Stroh. Die meisten Tiere können Zellulose nicht verdauen, auch Hunde nicht, weil ihnen die Enzyme dazu fehlen.
Cholin: zählt im weitesten Sinne zu den Vitaminen, wichtig für viele Stoffwechselvorgänge
Cholinchlorid: synthetisch hergestelltes Cholin
Cobalamin: Vitamin B 12
Digest: Flüssigkeit, die zur Verdauungsförderung eingesetzt wird, da sie schon vorverdaut ist
DL-Methionin / DL-Lysin: synthetisch hergestellte Aminosäuren.
Docosahexaensäure (DHA): eine mehrfach ungesättigte Fettsäure, die der Hund selbst bilden kann, sobald er das Welpen-Alter hinter sich gelassen hat. Für Welpen ist diese Fettsäure wichtig, im Erwachsenenalter braucht der Hund sie aber nicht mehr. Deshalb ist Docosahexaensäure (DHA) oft in Welpenfutter enthalten, in Hundefutter für ausgewachsene Hunde aber meist nicht mehr.
EWG-Zusatzstoffe: Antioxidantien, die verhindern, dass Fett ranzig wird, des öfteren in Futter zu finden, das mit der Aussage »ohne künstliche

Konservierungsstoffe« wirbt. Dazu gehören auch schädliche Stoffe wie z. B. BHT (E321), BHA (E320), Propylgallate, Ethoxyquin. Diese Stoffe sammeln sich auf Dauer in der Leber und dem Fettgewebe an und können zu Krankheiten wie Allergien, Krebs, Nerven- und Leberschäden führen.

Eisenoxid: natürliches Eisen

Eisensulfat oder Ferrosulfat: synthetisch hergestelltes Eisen

Erdnusshülsen: unverdauliche, billige Magenfüller

Erythrosin (E 127): künstlich hergestellter, stark jodhaltiger Farbstoff mit appetitlicher rosa-roter Farbe, steht in Verdacht, Allergien auszulösen, die Schilddrüsenfunktion zu beeinflussen und Krebs zu verursachen. Daher nur noch sehr eingeschränkt zugelassen – etwa in Cocktailkirschen, Lippenstiften oder eben in Tiernahrungsprodukten.

Ethoxyquin: künstliches Antioxidans, das in Deutschland nicht in Lebensmitteln verarbeitet werden darf, da es eine giftige Wirkung hat. Ursprünglich genutzt, um die Haltbarkeit von Gummi zu verbessern.

EWG oder EU Zusatzstoffe: wenn nicht genau benannt wird, welcher Zusatzstoff gemeint ist, handelt es sich dabei oft um einen umstrittenen EU-Zusatzstoff wie beispielsweise BHA/BHT.

Farbstoffe: sollen das Futter schön einheitlich aussehen lassen und finden sich häufig unter den E-Bezeichnungen oder unter Begriffen wie z. B. Curcumin oder Riboflavin, manchmal wird auch Karamell als Farbstoff eingesetzt.

Fett: in Form von gesättigten Fettsäuren als billiger Energieträger eingesetzt. Der Anteil an ungesättigten Fettsäuren soll den der gesättigten überwiegen. Leinöl oder Hanföl beispielsweise beinhalten gute Omega-3 und Omega-6-Fettsäuren. Bei der Inhaltsangabe darf Fett nicht an einer der ersten drei Stellen erscheinen, es sei denn man hat einen Windhund oder Schlittenhund, der in der Saison eine erhöhte Kalorienzufuhr benötigen.

Fischmehl: getrockneter, gemahlener Fisch im Ganzen oder auch nur bestimmte Teile vom Fisch

Fischnebenerzeugnisse: Unterschiedliche Teile des Fisches, wie Innereien, Flossen, Köpfe, Gräten

Fisch bzw. Fleisch: ohne genaue Bezeichnung der verwendeten Sorte versteht man hier eine Mischung aus verschiedenen Sorten von reinem Fleisch bzw. Fisch ohne deren Nebenprodukte
Fleischmehl: getrocknete und gemahlene Schlachtnebenprodukte
Folsäure/Folacin: Vitamin B9 oder B 11 und ist in Gemüsen, in geringer Menge auch in Obst, Fisch und Fleisch enthalten.
Geflügelmehl: gemahlene Schlachtabfälle wie etwa Kopf, Innereien, oft oft auch Federn, Krallen, Schnäbel, also eher ein minderwertiges Protein.
Geflügelfleischmehl: besteht aus getrocknetem und gemahlenem Fleisch. Wichtig ist darauf zu achten, dass -fleischmehl und nicht nur -mehl auf der Packung angegeben ist
Gelatine: ein Verdickungsmittel, das meist aus Schweineschwarten hergestellt wird.
Glucosamin: Bestandteil des Bindegewebes, natürliche Gelenkschmiere
Glycin (E 640): eine süßliche Aminosäure, die als Geschmacksverstärker eingesetzt wird. Gesundheitliche Nebenwirkungen sind bislang nicht bekannt.
Grieben: gemahlenes Abfallprodukt aus der Rinderhaut
Inositol: vitaminähnliche Substanz aus der Vitamin B-Reihe, wichtig u. a. für die Übertragung von Nervensignalen im Körper. Kann vom Hund selbst hergestellt werden.
Jod: Spurenelement
Johannisbrotkernmehl (E 410): ein sehr gutes Stärke- und Verdickungsmittel aus den gemahlenen Samen des Johannesbrot-Baumes. Johannisbrotkernmehl ist uneingeschränkt und damit auch für Bio-Produkte zugelassen.
Kaliumsorbat (E 220): Das Kaliumsalz der Sorbinsäure, wird zur Konservierung und als Geschmacksstoff verwendet. Es kommt auch in der Natur in den unreifen Früchten der Eberesche vor, industriell verwendet aber das aus der Sorbinsäure synthetisch hergestellte Kaliumsorbat. Bei gesunden Menschen und Hunden gilt es als unbedenklich.
Karamell (oder Caramell): erhitzter Zucker. s. Zucker
Kleber: im Getreide teigbildende Kleber-Eiweißstoffe

Kleie: Schalenrückstand aus der Getreideverarbeitung, besteht aus dem Keimling und den Randschichten des Korns, ein Zuviel kann die Aufnahme und Verwertung von Calcium und Zink im Körper behindern

Knochenmehl: gemahlene Knochen. Knochenmehl besteht aus organischen und anorganischen, also nicht kohlenstoffhaltigen Teilen. Die anorganische Komponente wird als Hydroxylapatit bezeichnet und enthält viel Kalzium und Phosphat. Das ist an sich positiv, es sei, der Anteil an Knochenmehl ist zu groß. Gibt die Analyse der Bestandteile den Wert der »Rohasche« mit über 7 Prozent an, besteht die Gefahr einer Überversorgung mit Kalzium. Das Kalzium muss über die Niere ausgeschieden werden und kann in erhöhten Mengen zu Belastungserscheinungen der Niere und zu Nierensteinen führen.

Kobalt: lebenswichtiges Mineral

Künstliche Aromastoffe: alle nicht natürlich vorkommenden Aromen. Aromen vermitteln den Geschmack und Geruch eines Futters.

Kupfer: lebenswichtiges Mineral

Kupfercarbonat: natürliches Kupfer, dient als Grundlage zur Herstellung anderer Kupferverbindungen

Kupfergluconat: synthetisches Kupfer

Kupfersulfat: synthetisches Kupfer, ist umweltgefährdend und gesundheitsschädlich

Künstliche Aromastoffe: rein synthetisch hergestellt, kommen in der Natur so nicht vor.

Lactobacillus: ein Bakterium, das der Nahrung hinzugefügt wird, um den Darm und das Immunsystem zu stärken. Natürliche Lactobazillen kommen in Milch, Fleisch und Fisch vor.

Lactoflavin oder Riboflavin (E 101): Lebensmittelfarbstoff, chemisch identisch mit Vitamin B2, aber künstlich hergestellt, auch unter Einsatz von gentechnisch veränderten Bakterien (Bacillus subtilis). Als natürlicher gelber Farbstoff findet sich in vielen Pflanzen und ist als Vitamin B2 ein wichtiger Nährstoff.

Lecithin (E 322): ein Emulgator, der das Vermischen von Wasser und Ölen erlaubt. Er wird aus dem Rohstoff Sojabohnenöl meist synthetisch gewonnen. Lecithin ist uneingeschränkt und auch für Bio-Produkte zugelassen und findet sich in vielen Lebensmittel wie Backwaren, Margarine und Schokoladenprodukten.

Lignozellulose: steht für Holz (lat. Lignum) und Zellulose, eine pflanzliche Faser. Holz ist uneingeschränkt verfügbar und löst keine Allergien aus, für den Hund ist es aber kein Nahrungsmittel. s. Zellulose.

Linolsäure: essentielle, zweifach-ungesättigte Fettsäure, die zu den Omega-6-Fettsäuren zählt.

L-Lysin: essentielle, schwefelhaltige Aminosäure Aminosäure, die hauptsächlich in rohem Rinder- oder Geflügelfleisch vorkommt. Künstlich hergestelltes Lysin wird oft zur Protein-Aufwertung von minderwertigen pflanzlichen Eiweißen in Hundefutter verwendet.

L-Methionin: eine Aminosäure und damit ein Bestandteil von Proteinen. Da der Hund diese Aminosäure nicht selbst synthetisieren kann, ist er auf die Zufuhr durch seine Ernährung angewiesen.

Magnesiumoxid: natürliche Magnesiumquelle, in Lebensmitteln darf es als Trennmittel zugesetzt werden.

Manganoxid: Mangan III Verbindung = Mineralstoff

Mangansulfat: Mangan II Verbindung = Mineralstoff

Maisgluten: bleibt bei der Herstellung von Mais-Sirup oder -stärke übrig, liefert Eiweiß

Melasse: Zuckersirup, Nebenprodukt aus der Kristallzuckerproduktion. S. Zucker

Menadion: in Salzform vorliegendes Vitamin K3, wird in der Humanmedizin und in der Lebensmittelindustrie nicht mehr verwendet, da die Risiken den Nutzen überwiegen, aus Kostengründen nach wie vor in Tierfutter zu finden. Im Gegensatz zu seinem Verwandten Vitamin K 1 ist es leicht toxisch.

Molkereierzeugnisse: hierzu zählen Molke, Käse, Milchpulver etc., enthalten oft versteckten Zucker

Niacin (oder Nikotinsäure): Vitamin B3

Natriumchlorid: Kochsalz

Natriumselen: synthetisches Selen

Natriumhexametaphosphat/Natriumnitrit (E 250): das Natriumsalz der Salpetrigen Säure, nur unter bestimmten Auflagen als Konservierungsstoff zugelassen. Im Gemisch mit Kochsalz wird es zum Pökeln verwendet, darf dabei aber nur bis zu 0,5 Prozent ausmachen. In Mischungen mit über 5 Prozent wirkt es giftig, auch in geringeren Konzentrationen soll es krebserregend wirken.

Natriumsorbat (E201): ein Antioxidans, das mittlerweile nicht mehr zugelassen ist, da es in Verdacht steht, erbgut-verändernd zu wirken.

Natriumsulfat (E 514): schwefelsaures Natron, das unter dem Namen Gaubersalz häufig als Abführmittel verwendet wurde. Abführend wirkt es jedoch nur in einer hohen Dosierung. In Lebensmitteln wird es als Säureregulator und Festigungsmittel eingesetzt und ist unbedenklich.

Natürliche Aromastoffe: werden aus natürlichen Stoffen – pflanzlichen oder tierischen Ursprungs – hergestellt. Darunter fallen allerdings nicht nur Lebensmittel. Z. B. Werden Hölzer für das Aroma von Sherry und Whisky verwendet oder Mikroorganismen zur Fermentierung. Es gibt etwa 200 verschiedene Basiskomponenten natürlichen Ursprungs – meist ätherische Öle von Pflanzen – die in verschiedenen Kompositionen unterschiedliche Geschmacksrichtungen ergeben. Aus wirtschaftlichen Gründen ist es nur in sehr wenigen Fällen möglich, einen bestimmten Geschmack tatsächlich aus dem direkt bezeichneten Geschmacksträger zu gewinnen.

Naturidentische Aromastoffe: chemisch hergestelltes Äquivalent des natürlichen Pendants, das Ergebnis der Herstellung ist identisch mit einem natürlichen Aromastoff

Nicotinsäure (Niacin (E 375): unbedenklich, wird als Antioxidans verwendet und gehört zur Gruppe der B-Vitamine (Vitamin B3 bzw. B5).

Omega-3 Fettsäuren: gehören zu den essentiellen, ungesättigten Fettsäuren. Für den Hund sind sie lebensnotwendig, da er sie nicht selbst produzieren kann. Natürliche Omega-3-Fettsäuren kommen in pflanzlichen Ölen (Leinsamenöl, Hanföl, Sojaöl) und Ölen tierischen Ursprungs vor (Lachsöl, Fischöl).

OPC: Oligomere Proanthocyanidine, in Pflanzen natürlich vorkommende Stoffe, die zur Gruppe der Flavanole gehören. Neben antioxidativen und entzündungshemmenden Eigenschaften wurde durch OPC auch eine dosisabhängige Wachstumshemmung von Dickdarmkrebszellen beobachtet. OPC sind möglicherweise Katalysatoren, die die positiven Wirkungen von Vitamin A, C und E verstärken können.

Pangaminsäure: wasserlöslicher Vitamin B-Stoff, auch Vitamin B15 bezeichnet

Pantothensäure / Pantotheniesäure: ein anderer Begriff für Vitamin B5.

Pektine (E 440): ein beliebtes Gelier- und Verdickungsmittel, meist aus Pressrückständen von Äpfeln, Zitrusfrüchten oder Rüben gewonnen und sind unbedenklich.

Pflanzliche Nebenerzeugnisse/Nebenprodukte: in der Regel der Abfall, der bei der Lebensmittelproduktion für Menschen anfällt, wie etwa Stängel, Spelzen oder Schalen oder Stärke. In Getreidenebenprodukten können Pilze bzw. deren Toxine vorkommen. Bisher sind über 100 Mykotoxine aus verschiedenen Pilzarten bekannt – diese sind hitzebeständig und überleben auch hohe Temperaturen beim Herstellungsprozess des Trockenfutters. Futtermilben sind wiederum der häufigste Auslöser für Allergien.

Phenylalanin: eine Aminosäure und damit ein Bestandteil von Proteinen. Phenylalanin gehört zu den Aminosäuren, die für Hunde lebensnotwendig sind und über die Nahrung aufgenommen werden müssen.

Phyllochinon: Vitamin K1.

Potassiumchlorid: Quelle für Kalium, Potassium ist eine englische und französische Bezeichnung für Kalium

Potassiumcitrat: natürliches Kalium

Propylenglycol: Konservierungsstoff und Süßstoff, als Frostschutzmittel bekannt und schädlich für den Hund

Propylgallat (E 310): Antioxidations- und Konservierungsmittel, die in hoher Dosierung zu Zyanose, einer bläulichen Verfärbung der Haut oder Schleimhäute führen können. Nicht ganz unbedenklich.

Pyridoxinhydrochlorid: synthetisch hergestelltes Vitamin B6. In natürlicher Form heißt Vitamin B6 Pyridoxin und kommt beispielsweise in Lachs oder Weizenkeimen vor.

Riboflavin: Vitamin B2

Rübentrockenschnitzel: oft mit dem Zusatz »entzuckert«. Der faserige Anteil der Zuckerrübe ist theoretisch gut als Ballaststoff geeignet, kann aber als solcher vom Körper nicht verdaut werden. Der Anteil von Ballaststoffen soll 5 Prozent nicht übersteigen, wenn aber auch Inhaltsstoffe wie Getreide enthalten sind, ist der Faseranteil längst abgedeckt.

Selen: lebensnotwendiges Mineral

Sojamehl: Nebenprodukt aus der Sojabohnenölherstellung, liefert hochwertiges Eiweiss, allerdings auch ein hohes Allergiepotential

Sorbinsäure (E 200): ein Konservierungsstoff, der weitestgehend sehr verträglich ist, unter den Konservierungsstoffen wohl der harmloseste, mit geringem allergenem Potenzial

Taurin: Aminosäure (lebenswichtig für Katzen)

Tocopherol: Vitamin E, in Futter häufig als natürliches Antioxidans

Thiaminhydrochlorid / Mononitrat: synthetisches Vitamin B1

Thiaminmonocitrat: synthetisches Vitamin B1

Tierische Nebenerzeugnisse: Schlachtabfälle. Je nach Grad der von ihnen ausgehenden Gefahr für die Gesundheit von Mensch und Tier werden sie in drei Risikokategorien eingeteilt, die demzufolge unterschiedlich zu verarbeiten oder zu entsorgen sind. Kategorie 3 steht für Material mit einem geringen gesundheitlichen Risiko, hierzu gehören etwa Häute und Hufe, Schnäbel und Sehnen, Federn und Knochen sowie Blut und Tiermehl. Der Begriff »tierische Nebenerzeugnisse« ist typisch für eine geschlossene Deklaration, die ungünstig klingende Inhaltsstoffe von Industriefutter unter einem Sammelbegriff verpackt.

Tiermehl: wird aus Schlachtabfällen hergestellt, leider manchmal auch aus Tierkörperbeseitigungsanstalten

Threonin: eine Aminosäure, die für den Hund lebensnotwendig ist und über die Nahrung zugeführt werden muss.

Tocopherol (E 306): ein Vitamin E und wird als Konservierungsmittel eingesetzt – auch für Bio-Lebensmittel zugelassen.

Trockenschnitzel: getrocknete Rübenschnitzel = klein geschnittene Rüben

Tryptophan: eine essentielle Aminosäure. Sie kann vom Hund nicht selbst hergestellt werden und muss über die Nahrung aufgenommen werden.

Tyrosin: eine Aminosäure, die der Hund selbst herstellen kann und deshalb nicht über die Nahrung zugeführt bekommen muss.

Valin: eine Aminosäure, die der Hund über die Nahrung aufnehmen muss, da er sie nicht selbst produzieren kann.

Zinkcarbonat: basische Zinkquelle

Zinkoxid: natürliches Zink

Zinksulfit: synthetisches Zink

Zucker: eignet sich sowohl zur Konservierung als auch als billiger Energielieferant und Lockstoff, der die Akzeptanz vieler Futtersorten verbessert. Auf Dauer führt es zu Übergewicht, Schädigungen der Bauchspeicheldrüse und den Zähnen und hat im Hundefutter nichts zu suchen.

Zusatzstoffe: Das Spiel mit den »E«
Was versteckt sich hinter den E-Nummern?

Zusatzstoffe werden dem Futter nachträglich zugeführt, um es zu optimieren: Die Form und Farbe für den Kunden, den Geruch und Geschmack für den Hund, die Haltbarkeit für den Umsatz.
Die gängigen Zusatzstoffe[47] werden in drei Kategorien eingeteilt: technologische Zusatzstoffe, sensorische Zusatzstoffe und Nährstoff-Zusätze oder – deutlich lebensnäher – in sieben Gruppen:

- Farbstoffe: E 100 – 180
- Konservierungsstoffe: E 200 – 297 + E1105
- Antioxidations- und Säuerungsmittel: E 300 – 385 + E 586
- Verdickungs- und Feuchthaltemittel: E 400 – 495
- Säuerungsmittel: E 500 – 585
- Geschmacksverstärker: E 620 – 650
- Süßstoffe: E 950 – 1521

1. Technologische Zusatzstoffe sind Substanzen, die die Hunde-Nahrung haltbar und unverderblich machen. Sie verleihen ihr auch eine bestimmte, für Hundehalter ansprechende Form. Dazu gehören:

a) Konservierungsmittel: Stoffe oder gegebenenfalls Mikroorganismen, die Futtermittel vor den schädlichen Auswirkungen von Mikroorganismen oder deren Metaboliten schützen;
b) Antioxidationsmittel: Stoffe, die die Haltbarkeit von Futtermitteln und Futtermittel-Ausgangserzeugnissen verlängern, indem sie sie vor den schädlichen Auswirkungen der Oxidation schützen;
c) Emulgatoren: Stoffe, die es ermöglichen, die einheitliche Dispersion zweier oder mehrerer nicht mischbarer Phasen in einem Futtermittel herzustellen oder aufrecht zu erhalten;

d) Stabilisatoren: Stoffe, die es ermöglichen, den physikalisch-chemischen Zustand eines Futtermittels aufrecht zu erhalten;
e) Verdickungsmittel: Stoffe, die die Viskosität eines Futtermittels erhöhen;
f) Geliermittel: Stoffe, die einem Futtermittel durch Gelbildung eine verfestigte Form geben;
g) Bindemittel: Stoffe, die die Tendenz der Partikel eines Futtermittels, haften zu bleiben, erhöhen;
h) Stoffe zur Beherrschung einer Kontamination mit Radionukliden: Stoffe, die die Absorption von Radionukliden verhindern oder ihre Ausscheidung fördern;
i) Trennmittel: Stoffe, die die Tendenz der einzelnen Partikel eines Futtermittels, haften zu bleiben, herabsetzen;
j) Säureregulatoren: Stoffe, die den pH-Wert eines Futtermittels regulieren;
k) Silierzusatzstoffe: Stoffe, einschließlich Enzyme oder Mikroorganismen, die Futtermitteln zugesetzt werden, um die Silageerzeugung zu verbessern;
l) Vergällungsmittel: Stoffe, die, wenn sie bei der Herstellung verarbeiteter Futtermittel verwendet werden, den Herkunftsnachweis für bestimmte Lebensmittel oder Futtermittel-Ausgangserzeugnisse ermöglichen;
m) Stoffe zur Verringerung der Kontamination von Futtermitteln mit Mykotoxinen: Stoffe, die die Aufnahme von Mykotoxinen unterdrücken oder verringern, ihre Ausscheidung fördern oder ihre Wirkungsweise verändern können;
n) Stoffe zur Verbesserung der hygienischen Beschaffenheit: Stoffe oder gegebenenfalls Mikroorganismen, die die Hygieneeigenschaften eines Futtermittels durch die Verringerung einer spezifischen mikrobiologischen Kontamination positiv beeinflussen.

2. Sensorische Zusatzstoffe sprechen die Sinne an: Sie färben die Hunde-Nahrung appetitlich, verleihen ihr ein bestimmtes Aroma oder regen den Appetit des Hundes an.

a) Farbstoffe:
  i. Stoffe, die einem Futtermittel Farbe geben oder die Farbe in einem Futtermittel wiederherstellen;
  ii. Stoffe, die bei Verfütterung an Tiere Lebensmitteln tierischen Ursprungs Farbe geben;
  iii. Stoffe, die die Farbe von Zierfischen und -vögeln positiv beeinflussen;

b) Aromastoffe: Stoffe, deren Zusatz zu Futtermitteln deren Geruch oder Schmackhaftigkeit verbessert.

3. Nährstoff-Zusätze ergänzen die Hunde-Nahrung in ernährungsphysiologischer Hinsicht, um sicher zu stellen, dass alle wichtigen Hunde-Nährstoffe enthalten sind. Künstlich hergestellte Vitamine, Spurenelemente und Mineralstoffe werden meist nachträglich auf das Nass- oder Trockenfutter aufgesprüht oder ihm beigemischt, da beim Erhitzen der Inhaltsstoffe die natürlichen Nährstoffe zu großen Teilen zerkocht werden. Dazu gehören:

a) Vitamine, Provitamine und chemisch definierte Stoffe mit ähnlicher Wirkung;
b) Verbindungen von Spurenelementen;
c) Aminosäuren, deren Salze und Analoge;
d) Harnstoff und seine D

Bedenkliche Zutaten in Hundeshampoos
Chemische Formeln leicht gemacht

Nicht jeder Hundehalter kennt sich mit den Eigenschaften der chemischen Substanzen aus, die in den Hundeshampoos landen. Die folgende Zusammenfassung bietet einen Überblick über Stoffe, die für Hundehaut (aber auch für Menschenhaut) schädlich sein können.

Konservierungsstoffe

Formaldehyd
Formaldehyd ist sehr verbreitet und wird zur Konservierung in Kosmetika, zur Desinfektion, Leichenkonservierung und zur Herstellung von Klebern, Lacken, Farben und Holzschutzmitteln verwendet. In Kosmetika muss es angegeben werden, wenn die Konzentration 0,05 Prozent überschreitet, Hundeprodukte betrifft das nicht (Detergenzienverordnung). Formaldehyde gelten als stark hautirritierend, aber auch krebserregend. In reiner Form kommt Formaldehyd sehr selten vor, viel häufiger als Derivat: Da es mit anderen Stoffen zu Abspaltungen kommen kann, taucht der Begriff »Formaldehyd« eher selten auf Produktverpackung auf.
  Alternative Begriffe: Quanternium-15, DMDM Hydantoin, Diazolidinyl Urea, Sodium Hydroxymethyl Glycinate, 2-bromo-2-nitropropane-1,3-diol (Bromopol)

Parabene
Parabene sind Salze und Ester der para-Hydroxybenzoesäure und sehr günstige Konservierungsmittel. In Shampoos und anderen wasserhaltigen

Pflegemitteln sollen sie einen vorzeitigen Verderb der Kosmetika, also Befall durch Bakterien oder Schimmelpilze verhindern. Die Stoffe haben eine schwache, östrogen-ähnliche Wirkung und sind dadurch in der Lage, den Hormonhaushalt aus dem Gleichgewicht zu bringen. Seit einer britischen Studie 2014 stehen Parabene auch im Verdacht, Krebs auszulösen.

Alternative Begriffe: Butylparaben, Ethylparaben, Methylparaben, Propylparaben.

Emulgatoren, Tenside, Rückfetter oder Feuchthaltemittel

Propylene Glycol (PG)
Ein Löse- und Feuchthaltemittel, gewonnen aus Erdöl. Enthalten in Brems- und Hydraulikflüssigkeit sowie Frostschutzmitteln, aber auch ein häufiger Bestandteil von Hundeshampoos. Er sorgt für Schaum bei der Anwendung und verhindert, dass das Shampoo austrocknet. Durch seine aggressive Reizwirkung macht PG die Haut durchlässig und kann die Protein- und Zellstruktur schwächen. Es wird ihm auch nachgesagt, dass er sich in Organen anreichern und langfristig zu Nieren- und Leberschäden führen kann. PG ist stark genug, um Rankenfußkrebse und Seepocken von den Boots- und Schiffsrümpfen zu entfernen.

Alternative Begriffe: 1,2-Propandiol, Propylenglycoldicaprylat / Dicaprat, Propylenglycolidicapras, Propylenglykol.

Tenside
Tenside sind waschaktive Substanzen, die Fett und Wasser verbinden, d. h. in Kombination mit Wasser lösen sie Öl oder Fett auf. Dank Tensiden werden Fette und Öle benetzt, von Haaren abgelöst und gelangen als winzigkleine Fetttröpfchen ins Wasser. Ein Tensidmolekül hat ein wasserfreundliches (hydrophiles) und ein hydrophobes, also ein in Wasser nicht lösliches Ende. Die hydrophoben Enden sammeln sich um Schmutzteilchen (z. B. Fett) und bilden drum herum eine Art Hülle. Die hydrophilen Enden der Moleküle verbinden sich mit dem Putzwasser. So entstehen »Schmutzteilchen mit Tensidhüllen«, die sich im Wasser lösen. Man unterscheidet nichtionische,

anionische, kationische und amphotere Tenside. Der Kopf eines Tensidmoleküls besteht aus geladenen Teilchen. Anionische Tenside haben einen negativ, kationische Tenside einen positiv geladenen Kopf. Bei nichtionischen Tensiden tragen die Köpfe keine Ladung.

Anionische Tenside haben die höchste Waschkraft, in konventionellen Hundeshampoos kommen allerdings nur synthetische, erdölbasierte Tenside zum Einsatz. Dadurch wird nicht nur die knappe Ressource Erdöl verschwendet, sondern auch die Umwelt belastet. Für Wasserorganismen können die Substanzen toxisch sein und für die Hunde-, aber auch Menschenhaut sind sie sehr bedenklich.

Anionische Tenside trocknen Haut und Schleimhäute aus und machen sie so anfälliger für Allergien und Ausschläge. Zu anionischen Tensiden gehören:

- **Sodium Lauryl Sulfat** (SLS), synthetisch und sehr aggressiv, gilt als häufiges Hautallergen und wirkt stark irritierend
- **Ammonium Lauryl Sulfat** (ALS), ein natürliches, aber scharfes, sehr allergenes Tensid, das häufig zu Hautirritationen und starken Schleimhautreizungen führt. ALS besteht aus Laurylsäure, Schwefeltrioxid und Ammoniak, ist etwas weniger reizend als SLS, kann die Haut aber stärker austrocknen
- **Sodium Laureth Sulfate** (SLeS): synthetisch, nicht so aggressiv wie SLS, kann aber die Haut sehr stark austrocknen.
- **Sodium Myreth Sulfat**, ein synthetisches Tensid. Wirkt etwas milder als SLS und SLeS.
- **MIPA-Laureth Sulfat**, basiert auf PEG (Polyethylenglykol, milder als SLeS, kann für empfindliche Kopfhaut immer noch zu aggressiv sein.

Sodium Laureth Sulfat (SLES) und Sodium Lauryl Sulfat (SLS)
Natriumlaurylsulfat (Sodium Lauryl Sulphate) und Natriumlaurylethersulfat (Sodium Laureth Sulphate) sind die meistgenutzten, aber auch die aggressivsten Tenside auf dem Markt. Durch ihre günstige Herstellung sind sie sehr beliebt und in fast jedem herkömmlichen Hundeshampoo zu finden. Das englische Wort Sodium steht für Natrium, Sulfate für Schwefelsäure. Sie haben eine stark entfettende und schaumbildende Wirkung und machen Pfle-

geprodukte geschmeidiger. Leider trocknen die synthetischen Tenside die Haut auch stark aus und sind häufig Auslöser von allergischen Reaktionen und Juckreiz. SLS und SleS reagieren mit den Proteinbausteinen der Zellen, lassen Hornschicht und Haare aufquellen, so dass oft deutlich mehr Fett entfernt wird, als erwünscht. Die Haut wird spröde, kann schuppen und sich röten. Die Chemikalien können auch Rückstände von Dioxan enthalten, der Hauptsubstanz in dem chemischen Entlaubungsmittel »Agent Orange«-, das als krebserregend unter Verdacht steht. Angeblich sollen sich auch für Organschäden an Herz, Leber, Augen (grauer Star) und Gehirn mitverantwortlich sein, es gibt hierzu aber noch keine verlässlichen Studien. SLeS ist die alkoholische (ethoxylierte) Form des SLS und wirkt etwas weniger reizend als SLS.

Alternative Begriffe: Sodium-Lauryl-Sulfate, Natriumlaurylsulfat, Natriumlaurethsulfat, Natriumlaurylethersulfat, Natrium Alkyloxysulfuricum, Natriumdodecylsulfat, Natriumdodecylpoly-Oxyethylen, natrii laurilsulfas, Texapon K12, Ethersulfat und Natriumpolyoxyethylen (1-4)dodecylethersulfat.

Nichtionische Tenside sind biologisch gut abbaubar, hautfreundlicher als anionische Tenside und weniger wasserhärteempfindlich. Zu ihnen zählen die so genannten Zucker-Tenside, die vollständig aus nachwachsenden Rohstoffen hergestellt werden können. Leider wird dafür überwiegend Palmöl verwendet und die wachsende Nachfrage nach Palmöl hat massive Abholzung von Regenwald zur Folge. Nur Palmöl aus nachhaltigem Anbau oder palmölfreie Pflegemittel sind vertretbar.

Polyethylenglykole (PEG)
PEGs werden synthetisch und sehr günstig hergestellt und kommen in Medikamenten, industriellen Anwendungen und Kosmetika als oberflächenaktive Hilfsstoffe zum Einsatz. Je nach Zusammensetzung dienen sie als Emulgatoren, Tenside, Rückfetter oder Feuchthaltemittel. Sie wirken penetrationsfördernd, weichen also die Zellwände auf und machen die Haut durchlässiger für gute Wirkstoffe, aber ebenso für Gifte, die in die Blutbahn und dann in den gesamten Körper eindringen können. Die syn-

thetischen Stoffe stören den Abwehrmechanismus des Körpers: Es kann zu unerwünschten Immunreaktionen kommen. Der Hauptbestandteil der Polyethylenglykole ist Ethylenoxid – ein hochgiftiger, erbgutschädigender, fruchtschädigender und krebserregender Stoff. Anders als die Formaldehyde sind die Polyethylenglykole in der INCI-Liste einfach zu sehen. Sie tragen meist die Großbuchstaben PEG und eine Zahl im Namen, also beispielsweise PEG-9 oder PEG-14 Glyceryl Oleate. Auch Substanzen mit der Silbe »eth« gehören ebenfalls zu dieser Stoffgruppe. Zu den bekanntesten Polyethylenglykolen gehört der Tensid Sodium Laureth Sulfat (SLS).
Alternative Begriffe: Polyglykol, Polysorbate, Copolyol.

Künstliche Farbstoffe

Viele herkömmliche Hundeshampoos enthalten synthetische Farbstoffe, die nicht selten schädliche Auswirkungen auf den Körper haben. Die meisten Farbstoffe werden unter der Bezeichnung CI (= Color-Index) plus einer fünfstelligen Zahl an den hinteren Stellen der INCI gekennzeichnet. Oft kommen Azofarbstoffe zum Einsatz, von denen einige im Verdacht stehen, aromatische Amine oder Anilin freizusetzen, welche als krebserregend gelten. Farbstoffe – wie etwa dienen rein dem Marketing, für die Wirkung eines Shampoos tragen Farbstoffe allerdings nichts bei.

Synthetische Duftstoffe

Fast alle herkömmlichen Shampoos enthalten synthetische duftstoffe, die den Eigengeruch verwendeten Chemikalien überdecken sollen. Künstliche duftstoffe lösen oft starke allergische Reaktionen aus und sind darüber hinaus für die empfindliche Hundenase extrem unangenehm. Die sehr verbreiteten Moschusverbindungen haben sogar eine krebserregende und erbgutschädigende Wirkung. Bei Produkten für Menschen müssen 26 duftstoffe einzeln mit ihrem INCI-Namen auf der Produktverpackung aufgeführt werden, weil sie ein hohes Allergiepotential haben. 18 davon sind natürlich vorkommende Bestandteile ätherischer Öle, die aber auch synthetisch hergestellt werden können: Linalool, Limone, Farnesol, Citronellol, Benzyl Cinnamate, Benzyl Benzoat, Anise Alkohol, Isoeugenol, Geraniol, Eugenol, Coumarin, Citral, Cinnamal, Cinamyl Alkohol, Benzyl Salicylate, Benzyl-Alkohol, Eichenmoosextrakt, Baummoosextrakt.

DEA, MEA, TEA (Diethanolamin, Monoethanolamin, Triethanolamin)
Die Chemikalien werden als Weichmacher in herkömmlichen Hundeshampoos eingesetzt, sie sollen auch den pH-Wert der Produkte regulieren. In Hundeshampoos sorgen sie für eine reichhaltige Textur. Gefährlich sind weniger die Stoffe selbst, als das, was während der Verarbeitung entstehen kann: durch die Kombination mit synthetischen Konservierungsstoffen (Nitriten) bilden sich in den Pflegeprodukten Nitrosamine (NDELA). Nitrosamine gelten bereits in geringer Konzentration als potenziell krebserregend und stehen unter Verdacht, bleibende Schäden an Leber, Nieren und Erbsubstanz zu verursachen.

Alternative Begriffe:
DEA: Dihydroxydiethylamin, 2,2'-Iminodiethanol, 2,2'-Iminobisethanol (IUPAC), Aminodiethanol, Bishydroxyethylamin, DOLA
MEA: 2-Aminoethanol (IUPAC), Ethanolamin, Aminoethanol, Aminoethylalkohol, Colamin, Olamin (INN)
TEA: Nitrilo-2,2N,2NN-Triethanol, 2,2N,2NN-Nitrilotriethanol, 2,2N,2NN-Nitrilotrisethanol, Triaethanolamin-NG, 2-Aminoethanol, Tricolamin, Tromethanin und Trolamin

Silikone
Silikone bewirken, dass das Fell leichter kämmbar, glänzend und glatter werden. Leider bilden sie dabei einen Film auf Haut und Haaren und lassen sich nicht auswaschen – diese Stoffe sind nämlich nicht wasserlöslich. Das kann dazu führen, dass Schadstoffe über andere Hautstellen ausgeschieden werden: Es kommt dann zu Ekzemen und im schlimmsten Fall zu Neurodermitis.
Alternative Begriffe: sämtliche Dimethicone, Cyclomethicone, Amodimethicone, Polymethylsiloxan, Substanzen mit der Endung –cone oder – xane, Trideceth-12, Hydroxypropyl, Polysiloxane, Lauryl methicone copolyol Amodimethicone, Cetearyl methicone, Cyclopentasiloxane, Dimethiconol und Quaternium 80.

Anmerkungen

1. www.nachhaltigkeit.info
2. »Warum wir Hunde lieben, Schweine essen und Kühe anziehen: Karnismus – eine Einführung«, Melanie Joy, compassion media, 2013
3. Tierbesuch und Tierhaltung im Krankenhaus – Eine Untersuchung zu Verbreitung, Chancen und Grenzen von Tierkontakt als therapie-flankierende Möglichkeit für Patienten der Psychiatrie, Pädiatrie, Geriatrie und Psychosomatik. Ludwig-Maximilians-Universität. München: med. vet. Diss., 2000
4. Heimtiere als Prävention, Haase G. Psychologisches Institut der Universität Bonn, 1995
5. Pet ownership and risk factors for cardiovascular disease. Med. J. Aus, Anderson WP, Reid CM, Jennings GL, 1992
6. Heimtierstudie »Wirtschaftsfaktor Heimtierhaltung«, Prof. Dr. Renate Ohr, Universität Göttingen*, November 2014
7. Environmental impacts of food consumption by dogs and cats, Greogry Okin, Plos One. 8 / 2017
8. Das Prinzip der Klimabilanz basiert auf der Menge an CO_2-Emissionen, die ein Mensch – oder ein Tier – in einer bestimmten Zeit verursacht. Bei einem großen CO_2-Fußabdruck werden überdurchschnittlich viele Emissionen verursacht, ein kleiner Fußabdruck impliziert ein klimafreundliches Handeln. Dazu zählen Stromverbrauch, Heizbedarf, Konsumverhalten, Essgewohnheiten, Transport oder Abfallproduktion.
9. Statista, www.statista.de, Anzahl der Haustiere in deutschen Haushalten nach Tierarten
10. VDH, Daten zur Hundehaltung
11. Statista, www.statista.de, Ranking der meistgenutzten Sorten von Tierfutter 2012 – 2015
12. »Katzen würden Mäuse kaufen – Wie die Futterindudustrie unsere Tiere krank macht«, Hans-Ulrich Grimm, Knaur 2016
13. Bedeutung der Pflege- und Haltungsbedingungen für Gesundheit und Wohlbefinden von Hunden als Fund-und Abgabetiere in Tierheimen des Landes Nordrhein-Westfalen, Ursula Mischke-Koning, 2014
14. Deutscher Bundestag, Bestandsaufnahme Tierschutz – Versprechen und Umsetzungen der Bundesregierung im Heimtierbereich. 4 / 2017
15. »Reine Rasse, volle Kasse – Das Geschäft mit der Hundezucht«, WDR, 2016
16. »Dortmunder Appell für eine Wende in der Zucht zum Wohle der Hunde«, www.dortmunder-appell.de

17 Freiwilliges Engagement in Deutschland – Zentrale Ergebnisse des Deutschen Freiwilligensurveys 2014
18 »Alles für die Katz?«, Stiftung Warentest, Zeitschrift »test«, 12 / 2013
19 »Wirkungstransparenz bei Spendenorganisationen«, Phineo gemeinnützige AG, im Auftrag von Spiegel Online, 2016
20 Animal Right Watch: www.ariwa.org
21 Biowahrheit: www.biowahrheit.de
22 Deutscher Tierschutzbund e. V.: www.tierschutzbund.de
23 Heimtierstudie »Wirtschaftsfaktor Heimtierhaltung«, Zur wirtschaftlichen Bedeutung der Heimtierhaltung in Deutschland, Universität Göttingen, November 2014
24 »Katzen würden Mäuse kaufen – Schwarzbuch Tierfutter«, Hans-Ulrich Grimm, Heyne Verlag 2009
25 statista.de, Ranking der meistgenutzten Sorten von Tierfutter (Verwendung mindestens mehrmals im Monat) in Deutschland in den Jahren von 2013 bis 2015
26 BARF aus dem Englischen: Bones and raw food, im Deutschen oft als Biologisch artgerechte Rohfütterung übersetzt.
27 Prüfung und Aktualisierung der Ökobilanzen für Getränkeverpackungen«, Umweltbundesamt, 19 / 2016
28 »Anzahl der Verwender der beliebtesten Marken von Hundefutter in Deutschland von 2013 bis 2016 (in Millionen)«, Statista
29 11.933 Tierärzte, Deutsches Tierärzteblatt 5/2015. Zusammen mit Tierärzten, die in der Veterinärverwaltung, der Wissenschaft/Forschung oder industriellen Unternehmen arbeiten sind es 28.469 Personen.
30 Heimtierstudie »Wirtschaftsfaktor Heimtierhaltung« Zur wirtschaftlichen Bedeutung der Heimtierhaltung in Deutschland, Prof. Dr. Renate Ohr, Universität Göttingen, November 2014
31 Statistisches Bundesamt, Fachserie 14, Reihe 8.1 (Umsatzsteuerstatistik), 2012, vom 18. März 2014.
32 Empfohlene Impfungen sind Staupe, Parvovirose, Hepatitis sowie Tollwut in den Ländern, die nicht als TW-frei gelten.
33 Ein Tipp von Dr. vet. Med. Jutta Ziegler
34 »The complete herbal handbook for the dog and cat«, Juliette de Bairacli-Levy, Faber & Faber Main, 1991
35 Nach Angaben des Bundesamtes für Verbraucherschutz und Lebensmittelsicherheit (BVL)
36 Meine Hündin, die an Arthrose leidet und wegen mehrerer Titan-Schrauben sehr geschwächte Sprunggelenke hat, hat nach zwei Wochen aufgehört zu hinken.
37 Gutachten zur Auslegung von § 11b des Tierschutzgesetzes (Verbot von Qualzüchtungen), 2. Juni 1999
38 »Die Wahrheit über Büffelhaut-Kauknochen«, Bela Wolf, www.fischundfleisch.com

39 »10-Light-und-Diaethundefutter-im-Test«, ÖKO TEST, 2011
40 Test: Hunde- und Katzenflohmittel, ÖKO TEST, 9 / 2010
41 »Efficacy of 1 % Geraniol (Fulltec®) as a tick repellent«, 9 / 2009, Volume 16
42 Statista, Ausgaben für Hundeaccessoires und -bedarfsartikel in Deutschland 2008 – 2011
43 »Gift auf unserer Haut – Leder und Pelze für Deutschland«, ZDF 10 / 2013
44 Konsument, Das österreichische Testmagazin 11 / 2013
45 Die Untersuchung erfolgte durch das Umweltbundesamt. Die Proben wurden mittels Festphasenextraktion vorbereitet. Die Substanzbestimmungen wurden mit GC-MS sowie mittels Flüssigchromatographie-Tandem-Massenspektrometrie (LC-MS/MS) vorgenommen.
46 Deutscher Heimtiermarkt 2016 , Industrieverband Heimtierbedarf
47 VERORDNUNG (EG) Nr. 1831/2003 DES EUROPÄISCHEN PARLAMENTS UND DES RATES über Zusatzstoffe zur Verwendududung in der Tierernährung, 22. September 2003

Bildverzeichnis

Covermotiv: © Alekksall / Shutterstock

S. 13 Quelle Anke Peters, www.fotografie-ankepeters.de
S. 17 Eigene Zeichnung anhand des Wikipedia-Artikels über das Drei-Säulen-Modell der Nachhaltigkeit
S. 23 Quelle: Pixabay
S. 26 Quelle: Kinga Rybinska
S. 29 Quelle: Bedeutung der Pflege- und Haltungsbedingungen für Gesundheit und Wohlbefinden von Hunden als Fund- und Abgabetiere in Tierheimen des Landes Nordrhein-Westfalen, Ursula Mischke-Koning, Inaugural Dissertation zur Erlangung des Grades einer Doktorin der Veterinärmedizin
S. 30 Quelle: Tierschutzverein für Berlin / Clara Rechenberg
S. 43 Quelle: Pixabay
S. 47 Quelle Christoph Jung
S. 55 Quelle: Das Deutsche Zentralinstitut für Soziale Fragen, DZI
S. 59 Quelle: Welttierschutzgesellschaft
S. 62 Quelle: Sonia-Ellen Hösl
S. 65 Quelle: Kinga Rybinska
S. 71 Quelle: Pixabay
S. 76 Quelle: Anke Jobi
S. 81 Quelle: Pixabay
S. 85 Quelle: Praxis Berger & Berger
S. 89 Quelle: Pixabay
S. 92 Quelle: Pixabay
S. 95 Quelle: Peta Deutschland e. V.
S. 99 Quelle: FinePic

S. 107 Quelle: Pixabay
S. 113 Quelle: Oscar & Trudie
S. 116 Quelle: Kinga Rybinska
S. 120 Quelle: Jörg Meissmer
S. 123 Quelle: Naftie
S. 124 Quelle: Naftie
S. 127 Quelle: VegDog
S. 128 Quelle: VegDog
S. 131 Quelle: Kinga Rybinska
S. 132 Quelle: Pixabay
S. 134 Quelle: Kinga Rybinska
S. 135 Quelle: Kinga Rybinska
S. 136 Quelle: Phillys
S. 140 Quelle: Die Kochpfoten
S. 141 Quelle: Die Kochpfoten
S. 147 Quelle: Pixabay
S. 150 Quelle: Kinga Rybinska
S. 151 Quelle: Kinga Rybinska
S. 153 Quelle: Kinga Rybinska
S. 166 Quelle Anna Sasson
S. 171 Quelle: wurmCheck
S. 179 Quelle: Pixabay
S. 187 Quelle: Kinga Rybinska
S. 187 Quelle: Kinga Rybinska
S. 190 Quelle: Sunasar
S. 193 Quelle: Doggy Deluxe
S. 196 Quelle: Kinga Rybinska
S. 203 Quelle: Pixabay
S. 211 Quelle: Lila loves it
S. 215 Quelle: Hund & Herrchen
S. 218 Quelle LindGrow
S. 223 Quelle: Pixabay
S. 229 Quelle: Ecodog
S. 233 Quelle: Sleepy Dog
S. 235 Quelle: Hundenerd
S. 238 Quelle: Treusinn
S. 242 Quelle: Kinga Rybinska
S. 245 Quelle: Darlings Little Place
S. 248 Quelle: Kinga Rybinska

S. 249 Quelle: Kinga Rybinska
S. 251 Quelle: Marion Hofer
S. 254 Quelle: Kinga Rybinska
S. 256 Quelle: Kinga Rybinska
S. 264 Quelle: Arne Krämer
S. 264 Quelle: Arne Krämer
S. 267 Quelle: Pooplino
S. 268 Quelle: Pooplino

Adressverzeichnis

Das Adressverzeichnis ist keinesfalls vollständig, sonst müsste das ein grünes Telefonbuch werden.

Im Bereich **Hundezubehör** findest Du hier alle Marken und Manufakturen, die im Buch vorgestellt wurden, sowie eine Auswahl anderer Firmen, die zu dem nachhaltigen Konzept passen.

Auch im Bereich **Pflegeprodukte** und **Ernährung** kommen ein paar Marken mehr vor als nur die, die ich im Buch vorstellt habe.

Lediglich der Bereich der **Tierärzte, -heilpraktiker und -ernährungsberater** bleibt sehr klein: Hier sind nur meine Gesprächspartner aufgelistet. Alles andere wäre aus Platzgründen nicht machbar.

Wird das Buch neu aufgelegt, finden hier weitere gute Firmen Zugang – die Idee der nachhaltigen Hundehaltung soll ja wachsen und gedeihen. Gerade bei Tierschutzorganisationen ist die Liste denkbar kurz – bei mehreren Hundert Organisationen war eine gerechte Auswahl gar nicht möglich.

Tierschutz-Organisationen

Auf der Seite des Deutschen Zentralinstituts für soziales Fragen unter www.dzi.de/spenderberatung/datenbanksuchmaske/ kannst Du nach größeren förderungsfähigen Organisationen suchen.

4animals! e. V.
Weiße-Ewald-Straße 16
44287 Dortmund
www.for-animals.de

Albert Schweitzer Stiftung für unsere Mitwelt
Dircksenstraße 47
10178 Berlin
www.albert-schweitzer-stiftung.de

Allgemeiner Tierhilfsdienst e. V.
Tierheim und Gnadenhof
Im Winkel 51
38489 Rohrberg – OT Ahlum / Altmark
wps.allgemeiner-tierhilfsdienst.de

Animals' Angels e. V.
Rossertstraße 8
60323 Frankfurt am Main
www.animals-angels.de

Bund gegen Missbrauch der Tiere e.V.
Iddelsfelder Hardt
51069 Köln
www.bmt-tierschutz.mobil-desktop.de

Bund Deutscher Tierfreunde e. V.
Am Drehmannshof 2
47475 Kamp-Lintfort
www.bund-deutscher-tierfreunde.com

Deutscher Tierschutzbund e. V.
In der Raste 10
53129 Bonn
www.tierschutzbund.de

Deutsches Tierschutzbüro e. V.
Gubener Straße 47
10243 Berlin
www.tierschutzbuero.de

**IFAW
Internationaler Tierschutz-
Fonds GmbH**
Max-Brauer-Allee 62 – 64
22765 Hamburg
www.ifaw.org

Mensch·Umwelt·Tier e.V.
Kaiserdamm 97
14057 Berlin
www.mut-ev.org

Mobile Tierrettung e.V.
Gartenstrasse 30
85757 Karlsfeld
www.mobile-tierrettung.org

**NABU – Naturschutzbund
Deutschland e. V.**
Charitéstraße 3
10117 Berlin
www.nabu.de

PETA Deutschland e. V.
Friolzheimer Str. 3a
70499 Stuttgart
www.peta.de

Pro Animale für Tiere in Not e. V.
Im I. Wehr 1
97424 Schweinfurt
www.pro-animale.de

**Provieh
Verein gegen tierquälerische Massentierhaltung e. V.**
Küterstraße 7 – 9
24103 Kiel
www.provieh.de

Respektiere e. V.
In der Schley 38
41189 Mönchengladbach
www.respektiere.com

SOKO Tierschutz e. V.
Jakoberstraße 57
86152 Augsburg
www.soko-tierschutz.org

**TASSO-Haustierzentralregister
für die Bundesrepublik Deutschland e. V.**
Otto-Volger-Straße 15
65843 Sulzbach/Ts.
www.tasso.net

**Terra Mater Umwelt- und
Tierhilfe e. V.**
Oehleckerring 2
22419 Hamburg
www.terra-mater.de

TSV griechische Fellnasen e. V.
c/o Sofia Becic
Zeppelinstraße 21
84130 Dingolfing
www.griechische-fellnasen.de

Vier Pfoten
Stiftung für Tierschutz
Schomburgstraße 120
22767 Hamburg
www.vier-pfoten.de

Welttierschutzgesellschaft e. V.
Reinhardtstraße 10
10117 Berlin
www.welttierschutz.org

WWF Deutschland
Reinhardstraße 18
10117 Berlin
www.wwf.de

Futter: Marken und Läden

BARF (mit Bio-Fleisch und Öko-Ansätzen)

Barf Bio
Bioland-Fleischerei
Kleine Seite 34
31174 Schellerten
www.barf-bio.de

Barfbike
Bruchsaler Straße 4
10715 Berlin
www.barfbike.de

Bio Tierkost
Darmstädter Straße 52
64397 Modautal
www.bio-tierkost.de

carnivora
Kehrstraße 9
CH-8344 Bäretswil
www.carnivora.ch

Galloway Biohof:
Bio-Katzen- und Hundefutter
Schwarzer Weg 2
21635 Jork
www.galloway-biohof.de

Pets Bio World
Appersbergerstraße 23
A-4073 Hitzing/Wilhering
www.pets-bio-world.at

Nassfutter

Biopur
Bruchstraße 13
67098 Bad Dürkheim
www.biopur.de

defu – dem Leben verpflichtet
Neue Bergstraße 13
64665 Alsbach
www.defu.de

Edenfood
Hauptstraße 13a
82131 Gauting
www.edenfood.de

Hermanns
Am Ölfeld 6
85617 Assling
www.herrmanns-manufaktur.com

Leyen Hundefutter
Dimmersteinstraße 8
66763 Dillingen
www.leyen-hundefutter.de

Oscar & Trudie
Wickenburggasse 4/5
A-1080 Wien
www.oscarandtrudie.at

Terra-Pura
Queichheimer Hauptstraße 87
76829 Landau
www.terra-pura-tiernahrung.de

Wildsterne GmbH
Friedenstraße 10
81671 München
www.wildsterne.de

Vegan

Naftie
Linderstaße 5
86949 Windach
www.naftie-shop.de

Vegan4Dogs - Edgar
Raumerstraße 36a
10437 Berlin
www.vegan4dogs.com

VegDog
Schleissheimer Straße 100a
80797 München
www.vegdog.de

Snacks & Kekse

Bio-Pfoten
Gebelsbergstraße 39
70199 Stuttgart
www.bio-pfoten.de

Green Dog Bakery
Küstrinerstraße 53
13055 Berlin
www.greendogbakery.com

Phillys Keksmanufaktur
Müllnergasse 23–25
A-1090 Wien
www.phillys.at

Qchefs Dental
Max von Laue Straße 19
30966 Hemmingen
www.qchefsdental.de

Tierärzte

Ganzheitliche Tierarztpraxis Jutta Ziegler
Glaneckerweg 6
A-5400 Hallein bei Salzburg
www.dr-ziegler.eu

Tierarztpraxis für ganzheitliche Medizin
Peter Berger
Drosaer Gartenstraße 150
06386 Osternienburger Land – OT Drosa

Tierärztliches Institut für angewandte Kleintiermedizin
Rahlstedter Straße 156
22143 Hamburg-Rahlstedt
www.tieraerzte-hamburg.com

Tierärztliche mobile Gemeinschaftspraxis Schleich & Wiese
Dr. med. vet. Simone Schleich
Dr. med. vet. Frigga Wiese
Badensche Straße 44
10715 Berlin

Heilpraktiker

Tierheilpraktikerin Anne Sasson
Eichholzer Straße 18
03238 Heideland – OT Eichholz
www.berlin-tierhomoeopathie.de

Ernährungsberater

Ernährungsberaterin Anke Jobi
Repser Gasse 25
51674 Wiehl
www.clean-feeding.de

Hundezubehör

Betty Woof | E-Shop
Steinacherstraße 19
CH-8630 Rüti ZH
www.bettywoof.com

Darlings LIttle Place | E-Shop
Wolfslachstraße 14
76297 Stutensee
www.darlinglittleplace.de

Dog Filou's | E-Shop
Josef Lanner-Straße 20
A-2353 Guntramsdorf
www.dogfilous.com

Dogsmopolitan | E-Shop und 2 Läden
Belsenstraße 15
40545 Düsseldorf
Noordstraat 4
4357AP Domburg
www.dogsmopolitan.de

ecodog® | E-Shop
Meraner Straße 23
14612 Falkensee
www.ecodog.de

FreiSchnauze | Laden
Bündtenmattstraße 97
CH-4102 Binningen
www.freischnauze.ch

Hundskerle | Laden & E-Shop
Rosenheimer Straße 69
81667 München-Haidhausen
www.hundskerle.de

Hundenerd® | E-Shop
Im Potzweiler 21
55413 Oberdiebach
www.hundenerd.de

Julinka Pets | E-Shop
Stutsmoor 32
22607 Hamburg
www.julinka-pets.de

Love and Peas | E-Shop
Jahnstraße 19 a
76865 Rohrbach
www.loveandpeas.d

Manufaktur Zaugg | Laden & E-Shop
Grubbenackerstraße 3
CH-8575 Bürglen TG
www.jana-shop.ch

Martha & Lotte | Laden
S6 20 am Friedrichsring
68161 Mannheim
www.martha-lotte.de

Myluni | E-Shop
Muhliusstraße 72
24103 Kiel
www.myluni.com

Poodlewohl | Laden & E-Shop
Schulweg 45
20259 Hamburg
www.poodlewohl.de

Sleepy Dog | E-Shop
Katharinenstraße 46
73728 Esslingen
www.ecodog.de

Treu Hamburg | Laden
Lehmweg 5
20251 Hamburg
www.treu-hamburg.de

Treusinn | E-Shop
Weißenburger Straße 19
81667 München
www.treusinn.com

UNIQUE DOG | E-Shop
Lindenblütenstraße 13A
12526 Berlin
www.unique.dog

Pflegeprodukte

ANIBIO | E-Shop
Borsigstrasse 19 b
21465 Reinbek
www.anibio.de

Hund & Herrchen | E-Shop
Mallaustraße 99
68219 Mannheim
www.hund-herrchen.com

Küstenseifen | E-Shop
Koitenhagen 5
18461 Weitenhagen
www.kuestenseifen-shop.de

Lila loves it | E-Shop
Kirchstraße 3
86926 Greifenberg/Beuern
a. Amperes
www.lila-loves-it.com

LindGrow Manufaktur | E-Shop
Steindamm 31
16928 Groß Pankow
www.lindgrow.de